好奇心书系
图鉴系列

WILD FLOWERS OF
THE NORTHEASTERN CHINA

东北野花
生态图鉴

— 周繇 著 —

重庆大学出版社

内容简介

　　《东北野花生态图鉴》由吉林省通化师范学院生命科学学院周繇教授历经数十年时间完成，是迄今为止第一部系统研究东北地区野生花卉资源的专著。全书共收录各种类型野生花卉73科、286属、560种、25变种、21变型，配有作者亲自拍摄彩色图片2 256张。整本书的分类是按照最新的APG分类系统进行的，充分展现了分子生物学研究的最新成果。全书共分总论和各论两部分：在总论中，具体介绍了东北地区自然概况、东北地区野花的分布、东北地区野花的观赏类型及东北地区野花的园林用途等；在各论中，系统介绍了每一种野花的中文名、学名、科名、属名、别名、识别要点、花期、果期、生境及分布范围等。

　　本书是国内外研究东北地区野生花卉资源的重要参考文献，是有关部门制定经济发展规划和进行野生花卉资源保护的重要参考资料。本书广泛适用于园林学、林学、农学、生态学、环境学等领域的学习和研究，也适合热爱大自然、热爱植物、热爱摄影的广大读者阅读、欣赏和收藏。

图书在版编目（CIP） 数据

东北野花生态图鉴 / 周繇著. --重庆：
重庆大学出版社，2024.3
　（好奇心书系. 图鉴系列）
　ISBN 978-7-5689-3615-6

　I.①东… 　II.①周… 　III.①野生植物—花卉—东北
地区—图集 　IV.①Q969.408-64

中国国家版本馆CIP数据核字(2023)第175989号

东北野花生态图鉴
DONGBEI YEHUA SHENGTAI TUJIAN

周繇 著
策　划：鹿角文化工作室

策划编辑：梁　涛
责任编辑：文　鹏　　版式设计：周　娟　钟　琛　刘　玲　贺　莹
责任校对：刘志刚　　责任印刷：赵　晟
＊
重庆大学出版社出版发行
出版人：陈晓阳
社址：重庆市沙坪坝区大学城西路21号
邮编：401331
电话：(023) 88617190　88617185 （中小学）
传真：(023) 88617186　88617166
网址：http://www.cqup.com.cn
邮箱：fxk@cqup.com.cn （营销中心）
全国新华书店经销
重庆亘鑫印务有限公司印刷
＊
开本：889mm×1194mm　1/16　印张：46.5　字数：1575千
2024年3月第1版　　2024年3月第1次印刷
ISBN 978-7-5689-3615-6　　定价：498.00元

代 序

　　东北地区（黑龙江省、吉林省、辽宁省及内蒙古自治区东部）地域辽阔，植被类型多样，植物区系十分复杂，生态条件非常优越，地带差异性特别显著；既有逶迤起伏的大兴安岭，又有一望无际的呼伦贝尔草原，还有沼泽众多的三江湿地，更有沟壑纵横的长白山脉；是欧亚东大陆一个巨大的立体野生花卉资源宝库，是地球同纬度地区观赏植物类型最丰富的地方；素有"东方大花园""观赏植物的故乡""园林绿化植物的摇篮""奇花异卉的保留地"等美誉；是大自然恩赐给人类的一笔宝贵财富。其野生花卉在长期进化的过程中，演化形成了独特的形态结构和外貌特征，具有自然性、原生性、新奇性及美观性，从而体现出浓郁的东北地方特色，是进行城市园林绿化的重要元素。

　　东北地区拥有优越的自然环境和独特的地质地貌，自古以来就以"藏天然之秘，蕴万古之灵"的胸怀而闻名于世，为各种类型野生花卉的生长创造了最基本的条件。其主要代表种类有转子莲、长瓣铁线莲、金莲花、长瓣金莲花、莲、睡莲、芍药、木通马兜铃、狗枣猕猴桃、东陵绣球、太平花、白鹃梅、金露梅、银露梅、玫瑰、伞花蔷薇、花楸树、毛樱桃、榆叶梅、山荆子、山楂、山杏、山樱花、千屈菜、柳兰、灯台树、红瑞木、兴安杜鹃、迎红杜鹃、

大字杜鹃、樱草、胭脂花、箭报春、二色补血草、荇菜、锦带花、聚花风铃草、紫斑风铃草、桔梗、猫耳菊、猪牙花、大苞萱草、卷丹、山丹、溪荪、玉蝉花、燕子花、水芋、大花杓兰、掌裂兰等。其具有花期长、花径大、气味香、居群密、群落集中等优点，彰显出了大东北野生花卉迷人的风采和极高的园林观赏价值。

东北地区的野生花卉资源虽然十分丰富，但由于种种原因，一直缺少一本全面、系统、科学、准确、翔实地介绍野花的大型彩色图鉴。鉴于此，吉林省通化师范学院生命科学学院的周繇教授，经过数十年的不懈努力和常态化的野外考察，在经费十分拮据的情况下，在近40年巨大的时空尺度上，拍摄各种野生花卉照片15万张，又经过长期的调查整理、数据汇总、补充完善、精心编撰，反复修订、数易书稿，终于完成了《东北野花生态图鉴》的撰写工作。本书配有彩色照片2256张，收录各种野生花卉73科、286属、560种、25变种、21变型。整本书的分类是按照最新的APG（Angiosperm Phylogeny Group）分类系统进行的，充分展现了分子生物学研究的最新成果。从某种意义上讲，本图鉴是周繇教授近40年"磨一剑"的成果，是铢积寸累、集腋成裘的精品，填补了东北地区无鉴定野生花卉大型彩色图鉴的空白。其严谨的治学态度、务实的工作作风、执着的敬业精神、精益求精的理念及高尚的爱国主义情怀，令人由衷钦佩与赞叹。

本图鉴物种鉴定准确，照片清晰、生动、鲜活、漂亮，文字浅显易懂、短小精炼，在保证科学性、专业性、知识性的前提下，具有观赏性和收藏性。它既是目前国内外收集东北地区野花种类较为齐全、照片质量及摄影技术俱佳、内容丰富的高端学术专著，又是便于初学者快速识别、鉴定、查找和掌握东北地区野花的普通工具书。我非常欣喜地看到本图鉴初稿，仿佛穿越时空，徜徉在白山黑水之间那花的海洋……东北大地不愧为伟大祖国的一方沃土。本图鉴的出版，对东北地区野生花卉资源的开发利用及保护具有重要的科学意义，对促进经济社会的可持续发展将起到一定的推动作用。同时，也为研究东北乃至于东北亚地区野生花卉的专家、学者、教授及广大的植物爱好者提供了一份十分珍贵的参考资料。

前 言

著书感怀
周 繇

兴安飘香，三江色艳，长白绿涛。望广袤东北，杜鹃火红；百合端庄，玫瑰含笑。樱草报春，芍药潇洒，柳兰卷丹试比高。待日出，赏溪荪桔梗，分外妖娆。

关东奇花异卉，引众多游客竞折腰。黑龙江调研，吉林拍摄；内蒙古普查，辽宁科考。历经数载，集腋成裘，喜得美片分外娇。花甲年，著彩色图鉴，再领风骚。

东北地区野生花卉资源特别丰富，自古以来就享有"东方大花园"的美誉。那一株株色彩艳丽、柔美如画的柳兰，那一簇簇气质高雅、流光溢彩的金莲花，那一片片端庄典雅、芳香四溢的芍药，那一山山风姿绰约、灿若云霞的兴安杜鹃，不知挽留了多少文人的脚步，装饰了多少骚客甜美的梦境。特别是在冰雪中绽放的侧金盏花，不仅给蛰伏在漫长冬天里的人们捎来了第一缕春天的消息，还诠释了生命的顽强与倔强，给单调的早春带来了无限的生机和希冀，自古以来就受到了广大植物爱好者的青睐。

东北地区生态环境复杂，植物类型丰富多彩，既有遮天蔽日的长白林海，又有广袤辽阔的呼伦贝尔草原，还有鸟语花香的三江湿地，更有峰峦叠嶂的辽西山地。独特地理及气候条件，使这里蕴藏着大量的野生花卉资源。大花杓兰、紫点杓兰、大苞萱草、小黄花菜、芍药、千屈菜、睡莲、樱草、猪牙花、胭脂花、燕子花、玉蝉花、短瓣金莲花、长白金莲花、长白山罂粟、野罂粟、荷青花、剪秋罗、丝瓣剪秋罗、浅裂剪秋罗、聚花风铃草、紫斑风铃草、桔梗、狭苞橐吾、全缘橐吾、猫耳菊、毛百合、大花卷丹、卷丹、垂花百合、掌裂兰、玫瑰、大字杜鹃、高山杜鹃、太平花、东北山梅花、鸡树条、锦带花、金露梅、银露梅、红瑞木、灯台树、秋子梨、山荆子、山楂、东北李、稠李、斑叶稠李、毛樱桃、榆叶梅、花楸树、山樱花等都是非常著名的野生花卉，每年都吸引了成千上万的外地游客前来旅游观光、摄影留念。

东北地区野花中，有许多都是园林绿化中的重要植物，还有许多是尚待开发的观赏植物。她们红的灿烂、粉的娇媚、橙的华丽、黄的潇洒、蓝的深邃、紫的高贵、白的高雅……每当积雪融化的时候，她们便睁开了惺忪的眼睛，从春到秋，次第开放，她们用迷人的笑靥，靓丽的倩影，高雅的气质，华丽的外表，醉人的芳香，窈窕的身材……来展示自己的独特魅力和迷人风采。这些奇妙的大自然精灵，在上亿年的演进过程中，与环境之间形成了错综复杂的联系，进化出各种各样的独门绝技和生态智慧。

东北地区的野花，具有极高的观赏和美学价值。牛皮杜鹃的花冷艳绝伦，有傲霜寒、顶冰雪的特性，当长白山高山苔原带积雪刚刚消融的时候，她便脱掉了御寒的冬装，在冰雪中悄然绽放，享有"冰山雪莲"的美誉。莲的花气味清香，娇艳欲滴，盛花时节，叶片婆娑，花影攒动，空气中散发出淡淡的清香，亭亭玉立的花叶之中不时地有翠鸟掠过，蜻蜓时时舞，鱼戏莲叶间，构成一幅十分唯美的画面。野罂粟的花风姿绰约，楚楚动人，薄薄的花瓣质薄如绫，光洁似绸，盛花时节，微风吹来，轻盈的花冠飘然起舞，宛如妙龄少女跳起欢快的舞蹈，美不胜收。东北杏的花风情万种，端庄妩媚，早春时节，整个树冠胭脂万点，花繁姿娇，占尽春风，一片粉红，分外妖娆，煞是好看。迎红杜鹃的花芳香浓郁，气质高雅，初春时节，万花怒放，整个山坡一片粉红，仿佛是天空上的绚丽晚霞降落到人间，其亮丽的色彩、迷人的神韵和丰富的文化内涵可与玫瑰相媲美。二色补血草的花娇媚绝伦，绚丽多姿，盛花时节，花团锦簇，整个群落色彩斑斓，姹紫嫣红，在东北被誉为"草原上的干枝梅"。荇菜的花光鲜亮丽，精美别致，盛花时节，整个池塘一片亮黄，漂亮的茎叶和靓丽的花朵倒映在水面上，仿佛是一幅美丽的油画，让人们在寒冷的北方也能欣赏到江南水乡的风采。山丹的花俏丽动人，香气扑鼻，热烈奔放，如同热情的女神，寄托着人们对美好生活的向往，被草原牧民亲切称为"萨日朗"。溪荪的花造型新颖别致，好像是一只只美丽的凤蝶在植株上翩翩起舞、追逐嬉戏和谈情说爱，盛花时节，万花怒放，整个群落宛如一个硕大无朋的溪荪王国，那随风摇曳的花朵，好像是无数位美丽少女，跳起欢快的舞蹈，在向游人点头微笑……总之，东北地区的许多野花以花径大、花期长、色泽艳、香味浓、颜值高、居群密及群落集中等优点，

备受广大园林工作者的青睐和褒奖；特别是在绿化方面，更是发挥了十分重要的作用，不仅降低了管理成本，防止了外来物种的入侵，避免了景观的雷同，还传承了华夏的植物文化。

为了翔实、系统、科学、全面、准确地反映东北地区丰富的野花资源，为国内外专家、学者、教授及广大的植物爱好者提供一把开启这一自然宝藏的金钥匙，实现几代东北野生花卉研究人要出版一部大型彩色图鉴的梦想。从 1982 年起，我就开始进行大量野外考察工作，掌握了许多第一手原始资料，为《东北野花生态图鉴》的撰写工作做准备。40 年来，我行程共 30 万余公里，拍摄各种类型野花照片 15 万余张，积累了丰富的创作素材。本书精选了 2 256 张精美照片，详细介绍了 73 科、286 属、560 种、25 变种、21 变型野生花卉。

在内容编排上，全书分为总论和各论两部分：总论重点介绍了东北地区自然概况及东北地区野花的分布、观赏类型及园林用途等；各论详细地介绍了每一种野花的中文名、学名、别名、识别要点、花期、果期、生境及分布范围等。为了便于识别和鉴定，本书绝大多数物种都配有植株、枝条、花、果实及群落等照片。特别是在介绍花的时候，在保证不重复的前提下，尽可能多选用一些照片（不同的色彩，花的正面及侧面等），最大限度为读者提供有价值的信息。书后还有中文名和学名索引，便于读者快速地查阅。另外，整本书的分类是按照最新的 APG 分类系统进行的，充分保证了与现代分子生物学研究成果的一致性、同步性及相关性。

在具体野花种类选择上，每个人欣赏角度不同，审美情趣不同，关注点不同，文化内涵不同，专业水准不同，这给物种最后确定带来了极大的困难（有的物种，如果不收录，说明内容不全；如果收录，又过于牵强，将来会引起争议，甚至会受到诟病）。因此，本书将收录的物种按照自己多年来积累的经验，特别是接受了专家指导意见，将东北地区野生花卉的种类具体划为一般野花（在目录物种前面标有"☆"，这类物种具有一定的观赏价值）和重要野花（在目录物种前面标有"☆☆"，这类物种具有极高的观赏价值，在园林绿化中发挥十分

重要的作用或具有潜在的园林用途）两大类型。这样更便于从事园林绿化的专家、学者、教授及广大植物爱好者进行遴选、评判和参考。

已故的中国科学院植物研究所王文采院士生前十分关心本书的出版工作，并在病榻上为本书作序。在此，向王老表示深深的敬意和深切的怀念！

本图鉴所指东北地区的范围包括黑龙江省、吉林省、辽宁省和内蒙古自治区东部（赤峰市、兴安盟、通辽市、锡林郭勒盟、呼伦贝尔市）。本书有关野花的形态特征描述均引自《中国植物志》。本书中的生境是指根据作者实地调查记录和有关参考文献，介绍该物种的生长环境。

尽管编纂工作跨越了 40 年，但由于作者水平有限，不足之处在所难免，欢迎广大读者和同仁批评指正。

出版《东北野花生态图鉴》一书，是一项浩大的工程。下面，我用一首小诗表达自己多年来对东北地区野花研究的执着和热爱。

考察野花实在难，风餐露宿受热煎。

黎明启程白山下，夜深泊车黑水边。

内蒙高原拍马蔺，大兴安岭摄杜鹃。

纵横关东多豪迈，出版图鉴可心安。

目录
Contents

VII

XIII

总论
Zonglun

（一）东北地区自然概况

吉林长白山国家级自然保护区森林冬季景观

东北，古称营州、辽东、关东、关外，是中国东北方向国土的统称，包括辽宁省、吉林省、黑龙江省和内蒙古自治区东部（赤峰市、兴安盟、通辽市、锡林郭勒盟、呼伦贝尔市）。总面积为 145 万平方公里，占全国土地总面积的 15.1%，2020 年人口 1.11394187 亿，占全国总人口的 7.8%。东北地区是我国自然地理单元完整、自然资源丰富、多民族深度融合、开发历史似、经济联系密切、经济实力雄厚的大经济区域，在全国经济发展中占有重要地位。

东北地区位于我国的寒温带和温带湿润、半湿润地区，以冷湿的森林和草甸草原景观为主。东北地区的界线，北面与东面以国界为界；西界大致从大兴安岭西侧的根河口开始，沿大兴安岭西麓的丘陵台地边缘，向南延伸至阿尔山附近，然后向东沿洮儿河谷地跨越大兴安岭至乌兰浩特以东，再沿大兴安岭东麓南下，经突泉、至白音胡硕，然后沿松辽分水岭南缘，经瞻榆、宝康，沿新开河、西辽河至东西辽河汇口处。这条界线相当于干燥度1.25的等值线和黑钙土在平地上分布的西界。界线以西的呼伦贝尔高原、大兴安岭南段与西辽河平原属温带半干旱草原景观，划归内蒙古地区。东北地区的南界，即与华北地区的分界，大致从彰武经康平、昌图折向南，再经铁岭、抚顺、宽甸抵鸭绿江畔，它相当于气温 ≥ 10 ℃活动积温 3 200 ℃的等值线。界线以南的辽河下游平原和辽东半岛属暖温带夏绿林。

东北地区在自然景观上表现出冷湿的特征，它的形成和发展，与它所处的地理位置有密切关系。东北地区是我国纬度位置最高的区域，冬季寒冷，高纬度固然是基本因素，但它的相关位置也有明显作用。北面与北半球的"寒极"——维尔霍扬斯克—奥伊米亚康所在的东西伯利亚为邻，从北冰洋来的寒潮经常侵入，致使气温骤降。西面是海拔高度高达千米的蒙古高原，西伯利亚极地大陆气团也常以高屋建瓴之势，直袭东北地区。因而本区冬季气温较同纬度大陆低 10 ℃以上。东北面与素称"太平洋冰窖"的鄂霍次克海相距不远，春夏季节从这里发源的东北季风常沿黑龙江下游谷地进入东北，使东北地区夏温不高，北部及较高山地甚至无夏。本区是我国经度位置最偏东地区，并显著地向海洋突出。其南面临近渤海、黄海，东面临近日本海。从小笠原群岛（高压）发源，向西北伸展的一支东南季风，可以直奔东北。至于经华中、华北而来的变性很深的热带海洋气团，亦可因经渤海、黄海补充湿气后进入东北，给东北带来较多雨量和较长的雨季。由于气温较低，蒸发微弱，降水量虽不十分丰富，但湿度仍较高。这使东北地区在气候上具有冷湿的特征。东北地区有着大面积针叶林、针阔混交林带和草甸草原，肥沃的黑色土壤，广泛分布的冻土和沼泽等自然景观，都与温带湿润、半湿润大陆性季风气候有关。

内蒙古自治区陈巴尔虎旗莫日格勒河草原秋季景观

黑龙江大沾河湿地国家级自然保护区秋季景观

（二）东北地区野花的分布

黑龙江省加格达奇市呼中区小白山森林秋季景观

1.大兴安岭区

指以大兴安岭山脉为主的广大林区，范围包括黑龙江省加格达奇市和内蒙古自治区呼伦贝尔盟、兴安盟、通辽市、赤峰市等地广袤的林区。主要代表种类有北侧金盏花、白花驴蹄草、东北高翠雀花、长瓣铁线莲、西伯利亚铁线莲、短瓣金莲花、芍药、黄海棠、黑水罂粟、银露梅、山荆子、稠李、兴安杜鹃、高山杜鹃、越橘、地桂、野苏子、聚花风铃草、桔梗、玉蝉花、中亚鸢尾、杓兰、紫点杓兰等。

内蒙古自治区白狼山林业局白狼峰景区森林秋季景观

黑龙江省朗乡林业局小白林场钻天锥森林秋季景观

黑龙江大沾河湿地国家级自然保护区湿地秋季景观

2.小兴安岭区

指以小兴安岭山脉为主的广大林区，范围包括黑龙江省伊春、黑河、鹤岗、佳木斯、五大连池等市及所属的县（市、区）。主要代表种类有剪秋罗、侧金盏花、黑水银莲花、荷青花、落新妇、土庄绣线菊、珍珠梅、刺蔷薇、山楂、花楸树、线裂老鹳草、樱草、箭报春、七瓣莲、暴马丁香、返顾马先蒿、松蒿、金银忍冬、鸡树条、紫斑风铃草、狭苞橐吾、铃兰、大花杓兰、手参等。

3.长白山区

指以长白山、张广才岭、老爷岭、完达山、龙岗山及千山山脉为主的广大林区，范围包括牡丹江、鸡西、延边、白山、通化、本溪、抚顺、丹东、鞍山等市及所属的县（市、区）。主要代表种类有浅裂剪秋罗、五味子、天女花、长白金莲花、长瓣金莲花、长白山罂粟、东亚仙女木、东北杏、东北李、灯台树、牛皮杜鹃、迎红杜鹃、大字杜鹃、叶状苞杜鹃、粉报春、高山龙胆、长白山橐吾、猪牙花、大花卷丹、山兰等。

吉林长白山国家级自然保护区高山苔原带冬季景观

吉林长白山国家级自然保护区高山苔原带秋季景观

内蒙古自治区陈巴尔虎旗莫日格勒河草原秋季景观

4.内蒙古高原草原区

　　指内蒙古高原东部的呼伦贝尔盟、锡林郭勒盟、赤峰市、兴安盟等所属的草原旗县。主要代表种类有石竹、瞿麦、长毛银莲花、大花银莲花、掌叶白头翁、金莲花、瓣蕊唐松草、野罂粟、角茴香、金露梅、蓝花棘豆、披针叶野决明、白鲜、胭脂花、天山报春、二色补血草、长筒滨紫草、达乌里芯芭、柳穿鱼、红纹马先蒿、红色马先蒿、全缘橐吾、马蔺、卷鞘鸢尾、大苞鸢尾等。

内蒙古自治区东乌珠穆沁旗满都宝力格草原夏季景观

内蒙古科尔沁国家级自然保护区草原秋季景观

5.松辽平原区

指位于大兴安岭、小兴安岭和长白山之间，主要由松花江、嫩江、辽河冲积而成的广袤平原，范围包括齐齐哈尔、大庆、绥化、白城、松原、四平、铁岭、沈阳、辽阳等市所属的县（市、区）。主要代表种类有翠雀、欧李、苦马豆、黄花补血草、罗布麻、杠柳、蓬子菜、田旋花、黏毛黄芩、猫耳菊、小黄花菜、条叶百合、长梗韭、绵枣儿、射干、北陵鸢尾、细叶鸢尾、囊花鸢尾、十字兰、掌裂兰等。

内蒙古科尔沁国家级自然保护区巴彦塔拉湿地秋季景观

6.三江湿地区

指黑龙江及乌苏里江交汇处，是我国东北端面积最大、原始风貌最典型的一块低地高寒湿地，范围包括佳木斯市、双鸭山市、鸡西市等市及所属县（市、区）的湿地。主要代表种类有丝瓣剪秋罗、二歧银莲花、驴蹄草、芡、莲、睡莲、萍蓬草、千屈菜、柳叶菜、荇菜、毛水苏、华水苏、山罗花、穗花马先蒿、茶菱、缬草、橐吾、湿生狗舌草、花蔺、水鳖、北黄花菜、雨久花、燕子花、溪荪、水芋等。

黑龙江挠力河湿地国家级自然保护区湿地夏季景观

黑龙江珍宝岛湿地国家级自然保护区湿地夏季景观

7.辽西山地丘陵区

指主要由东北向西南走向的努鲁儿虎山、松岭、黑山、医巫闾山组成的广袤区域。范围包括锦州、阜新、朝阳、葫芦岛等市及所属的县（市、区）。主要代表种类有华北楼斗菜、瓦松、独根草、大花溲疏、东陵绣球、太平花、齿叶白鹃梅、三裂绣线菊、榆叶梅、山桃、山杏、全缘栒子、中华秋海棠、照山白、岩生报春、紫丁香、旋蒴苣苔、北京忍冬、锦带花、蚂蚱腿子、卷丹、黄花油点草等。

辽宁医巫闾山国家级自然保护区森林秋季景观

辽宁大黑山国家级自然保护区森林秋季景观

辽宁省大连市瓦房店市驼山乡排石风景区秋季景观

8.辽宁滨海区

指沿黄渤海海岸线分布的区域，范围包括丹东、大连、营口、葫芦岛及其所属的沿海县（市、区）。主要代表种类有三桠乌药、辽吉侧金盏花、转子莲、獐耳细辛、白头翁、鲜黄连、全叶延胡索、诸葛菜、小米空木、鸡麻、伞花蔷薇、玫瑰、山樱花、毛樱桃、合欢、花木蓝、牛奶子、东方堇菜、三裂瓜木、迎红杜鹃、白檀、玉玲花、肾叶打碗花、海州常山、忍冬、垂花百合、老鸦瓣、无柱兰等。

辽宁省盘锦市红海滩湿地秋季景观

（三）东北地区野花的观赏类型

东北地区的野花种类十分丰富，按其观赏颜色的不同，可分为8种色系。

1）蓝色花系：具体代表种类主要有白山楼斗菜、长瓣铁线莲、翠雀、诸葛菜、长白山龙胆、达乌里秦艽、扁蕾、长筒滨紫草、多花筋骨草、荨麻叶龙头草、蓝盆花、草本威灵仙、聚花风铃草、桔梗、高山紫菀、翠菊、驴欺口、雨久花、马蔺、北陵鸢尾、溪荪、燕子花等。

2）紫色花系：具体代表种类主要有华北楼斗菜、宽苞翠雀花、东北高翠雀花、白头翁、朝鲜白头翁、鲜黄连、猫头刺、杠柳、薄皮木、串铃草、胼囊草、地黄、紫菀、山飞蓬、紫苞鸢尾、玉蝉花等。

3）粉色花系：具体代表种类主要有红蓼、头石竹、石竹、瞿麦、莲、巨紫堇、长药八宝、落新妇、玫瑰、山刺玫、刺蔷薇、山樱花、毛樱桃、东北杏、榆叶梅、多叶棘豆、蓝花棘豆、千屈菜、柳兰、红花鹿蹄草、松毛翠、大字杜鹃、叶状苞杜鹃、兴安杜鹃、迎红杜鹃、樱草、箭报春、粉报春、红丁香、刺旋花、野苏子、锦带花、漏芦、花蔺、猪牙花、垂花百合、绵枣儿、布袋兰、大花杓兰、朱兰、绶草等。

4）红色花系：具体代表种类主要有剪秋罗、丝瓣剪秋罗、浅裂剪秋罗、苦马豆、胭脂花、有斑百合、山丹、条叶百合、大花百合、毛百合、大花卷丹、卷丹、射干等。

5）黄色花系：具体代表种类主要有侧金盏花、驴蹄草、深山毛茛、牡丹草、萍蓬草、木通马兜铃、黄海棠、角茴香、荷青花、林石草、东北扁核木、披针叶野决明、北芸香、球尾花、黄连花、蒙古芯芭、柳穿鱼、鼻花、

北陵鸢尾花

华北楼斗菜花

胭脂花花序

辽吉侧金盏花花

紫斑风铃草花

东北杏花

山芍药花

睡莲花

天女花花

甘菊、线叶菊、复序橐吾、蹄叶橐吾、麻叶千里光、长白狗舌草、款冬、北黄花菜、小黄花菜、长白鸢尾、中亚鸢尾、杓兰、北火烧兰等。

6）**橙色花系：**具体代表种类主要有金莲花、短瓣金莲花、长瓣金莲花、长白金莲花、糖芥、菊蒿、红轮狗舌草、猫耳菊、大苞萱草、朝鲜百合、东北百合等。

7）**白色花系：**具体代表种类主要有天女花、多被银莲花、大花银莲花、长毛银莲花、转子莲、菟葵、睡莲、山芍药、黑水罂粟、大花溲疏、梅花草、太平花、东北山梅花、银露梅、花楸树、秋子梨、东北李、省沽油、三裂瓜木、杜香、地桂、白檀、玉玲花、修枝荚蒾、鸡树条、紫斑风铃草、水鳖、铃兰、宝珠草、老鸦瓣、吉林延龄草、水芋、十字兰、密花舌唇兰、二叶舌唇兰等。

8）**绿色花系：**具体代表种类主要有北重楼、蜻蜓兰、东亚舌唇兰等。

（四）东北地区野花的园林用途

东北地区的野花资源非常丰富，其园林绿化效果好，园林用途也多种多样，按其在园林上的应用可分为11类。

1）**园景树类**：指具有较高观赏价值，在园林绿地中能独自构成景物的野花。主要代表种类有天女花、三桠乌药、水榆花楸、花楸树、山杏、稠李、东北李、玉玲花、白檀等。

花楸树植株

稠李植株

山杏植株

暴马丁香植株

合欢植株

东北杏植株

山楂植株

山樱花植株

秋子梨植株

　　2）**行道树类**：指自然分布或种植在各种道路两侧及分车带，具有较高观赏价值的野花。主要代表种类有山樱花、东北杏、朝鲜槐、刺槐、灯台树、暴马丁香等。

　　3）**庭荫树类**：指冠大浓郁，在园林中起庇阴和装点空间作用的野花。主要代表种类有山楂、山荆子、杜梨、秋子梨、合欢、梓等。

齿叶铁线莲植株　　　　　　　狗枣猕猴桃植株　　　　　　　葛植株

4）垂直绿化类：指沿墙面或其他设施攀附上升形成绿化景观的野花，按其生活型可以分成两类。

（1）木本类：主要代表种类有木通马兜铃、五味子、狗枣猕猴桃、软枣猕猴桃、葛枣猕猴桃、伞花蔷薇、葛、杠柳、忍冬等。

（2）草本类：代表种类有转子莲、长瓣铁线莲、齿叶铁线莲、辣蓼铁线莲、短尾铁线莲、荷包藤、赤飑、鼓子花、打碗花、藤长苗、牵牛、圆叶牵牛等。

5）绿篱类：指园林中密集栽植，可将观赏园区划分为若干个小单元，阻止人畜对草坪的践踏形成绿篱的野花。主要代表种类有黄芦木、金露梅、银露梅、野蔷薇、白玉山蔷薇、刺蔷薇、长白蔷薇、东北扁核木等。

6）花坛类：指植株低矮、枝叶繁茂、花朵色彩艳丽的野花。主要代表种类有头石竹、浅裂剪秋罗、剪秋罗、金莲花、短瓣金莲花、长白金莲花、长瓣金莲花、山芍药、芍药、野罂粟、白鲜、千屈菜、月见草、柳兰、柳穿鱼、鼻花、聚花风铃草、紫斑风铃草、桔梗、翠菊、亚洲蓍、猫耳菊、大苞萱草、渥丹、卷丹、毛百合、垂花百合、溪荪、玉蝉花、手参等。

柠条锦鸡儿植株　　　　　　　银露梅植株　　　　　　　　　金露梅植株

芍药植株　　　　　　　　　　溪荪植株　　　　　　　　　　千屈菜植株

野罂粟植株

钩齿溲疏植株

兴安杜鹃植株

榆叶梅植株

紫丁香植株

7）花境类：指花朵美丽漂亮、植株高低错落、花期交替拟自然生长模式的野花。按其生活型可以分成两类。

（1）木本类：主要代表种类有大花溲疏、东陵绣球、太平花、绣线菊、土庄绣线菊、三裂绣线菊、小米空木、水栒子、毛樱桃、榆叶梅、省沽油、三裂瓜木、红瑞木、迎红杜鹃、兴安杜鹃、大字杜鹃、紫丁香、金银忍冬、北京忍冬、葱皮忍冬、鸡树条、修枝荚蒾、锦带花等。

（2）草本类：主要代表种类有红果类叶升麻、东北高翠雀花、黄海棠、块根糙苏、角蒿、败酱、女菀、旋覆花、菊芋、楔叶菊、菊蒿、大花千里光、驴欺口、火媒草、紫苞雪莲、美花风毛菊、大花卷丹等。

8）地被类：指株丛紧密、低矮（50 cm 以下）用以覆盖园林地面而避免杂草孳生的野花。按其生活型可以分成两类。

（1）木本类：主要代表种类有伞形喜冬草、杜香、牛皮杜鹃、越橘、百里香、展毛地椒等。

（2）草本类：主要代表种类有侧金盏花、二歧银莲花、拟扁果草、菟葵、鲜黄连、牡丹草、蕨麻、多叶棘豆、野火球、山酢浆草、大黄花堇菜、独丽花、红花鹿蹄草、假报春、多花筋骨草、山罗花、狗舌草、款冬、七筋姑、铃兰、猪牙花、东北玉簪、吉林延龄草、囊花鸢尾、长尾鸢尾、小黄花鸢尾、布袋兰、山西杓兰、掌裂兰、山兰等。

中亚鸢尾植株

鲜黄连植株

侧金盏花植株

驴蹄草植株

长白山罂粟植株

猪牙花植株

樱草植株

9）水景类：指常年生活在水中或在其生命周期内有短时间生活在水中的野花。按其绿化的位置不同可以分成两类。

（1）湿地和浅水处类：主要代表种类有丝瓣剪秋罗、膜叶驴蹄草、高山杜鹃、野苏子、旌节马先蒿、山梗菜、橐吾、红轮狗舌草、湿生狗舌草、泽泻、花蔺、大花百合、山鸢尾、燕子花、水芋、十字兰、朱兰等。

（2）水面类：主要代表种类有莲、萍蓬草、芡、睡莲、睡菜、荇菜、菱菱、浮叶慈姑、水鳖、雨久花等。

10）岩生类：指具有抗逆性，尤其是抗旱和耐贫瘠能力，植株低矮或匍匐，可与岩石搭配用以造园的野花。按其生活型可以分成两类。

（1）木本类：主要代表种类有东亚仙女木、小叶金露梅、毛掌叶锦鸡儿、猫头刺、松毛翠、叶状苞杜鹃、蒙古荛等。

荇菜植株

菱菱植株

睡莲植株

雨久花植株

水芋植株

东亚仙女木植株

岩生报春植株

叶状苞杜鹃植株

松毛翠植株

猫头刺植株

（2）草本类：主要代表种类有钝叶瓦松、狼爪瓦松、黄花瓦松、华北八宝、槭叶草、独根草、石生委陵菜、长白棘豆、旱生点地梅、岩生报春、脬囊草、铃铃香青、小红菊、小山菊、无柱兰等。

11）草坪类：指植株低矮、覆盖力强、耐修剪、耐践踏的野花。主要代表种类有白车轴草、红车轴草、杂种车轴草等。

白车轴草植株

（五）东北地区野花的民间利用

　　东北野花具有极高的观赏价值，其在民间利用的历史可以追溯到远古时期，尤其在现在，它们已经成为园林绿化中的重要元素，颇受广大园林工作者及人民群众的喜爱。在公园里，人们把天女花、花楸树、东北杏、山樱花、稠李、东北李、白檀、梓等观赏乔木孤植或群植在一起，其布局参差不齐，错落有致，或密不透风，或疏可跑马。春天看花，夏天观叶，秋天赏果，整个园林异彩纷呈，妙趣横生，尤其是下了轻霜后，各种颜色交织在一起，仿佛一幅美丽的油画。

二色补血草群落

黄花补血草植株

蓝花棘豆植株

在庭院中，人们栽植了山楂、山荆子、秋子梨、合欢、灯台树、玉玲花等优良绿化树种。春天姹紫嫣红，花繁姿娇，蜂飞蝶舞，占尽春风，尤其是秋子梨、山楂及花楸树等，开花时宛若层林点雪，满树银花，情景十分动人，饶有雅趣。夏季浓密的树冠遮住了炽热的阳光，孩子们在树下嬉戏玩耍，妇女们在树下休闲纳凉，老人们打着瞌睡在甜美的梦境中追忆逝去的岁月。到了秋季，苍老的古树、斑斓的色彩，在水中映出了美丽的倒影，整个庭院宛如仙境，美不胜收。适逢冬天，在湛蓝的天空下，一些小鸟在白雪覆盖的果枝上叽叽喳喳，上跳下跃，极大地丰富了冬日的景观。

在路旁，在林缘，在墙隅，包括在草坪中间，栽植了榆叶梅、锦带花、红瑞木、兴安杜鹃、迎红杜鹃、毛樱桃及紫丁香等花灌木。这些植物都是中国北方地区非常重要的观赏植物。既可以孤植，又可以列植，还可以群植，甚至物种之间可以混植。它们有的色彩斑斓、香气袭人，有的花团锦簇、静娴柔美，有的洁白无瑕、端庄典雅，有的娇艳似火、精美绝伦，有的雍容华贵、色泽艳丽，有的风姿绰约、妩媚动人，有的迎风傲雪、热情奔放，有的潇洒飘逸、婀娜多姿，有的俏丽无比、柔美如画……整个绿化区域就是一个硕大无朋的大花园，那迷人的神韵、漂亮的倩影、潇洒的姿态、华丽的容颜、醉人的笑靥……令人流连忘返，心旷神怡，魂牵梦绕。

在长廊，在棚架，在墙垣，包括在树林中，人们栽植了木通马兜铃、五味子、软枣猕猴桃、葛枣猕猴桃、葛及忍冬等。这些植物具有超强的缠绕和攀缘能力，它们枝条蜿蜒屈曲，婀娜多姿，随风摇曳，妩媚动人，可形成一条绿色垂直生态屏障，不仅增大了绿量，还降低了墙壁和地面的温度。特别是栽植的狗枣猕猴桃，其叶子色彩斑斓（雄株见光的叶片刚发出来的是绿色的，后来由于受真菌的感染，前端逐渐由绿变白，随着时间的推移再变粉，最后变紫色，持续时间大约100天），更是让人目不暇接，赞不绝口。

在河岸，在湖畔，在池边，包括在池塘里，人们栽植了千屈菜、柳兰、花蔺、莲、芡、睡莲、荇菜及雨久花等。盛花时节，各种水生野花次第绽放，争奇斗艳，展尽风流，风姿绰约，俏丽动人，诉说自己到了最浪漫的季节。微风吹来，花影攒动，婀娜多姿，柔美如画，空气中弥漫着醉人的芳香，逗得蝶儿乱飞，蜂儿乱舞，甲虫乱闯……特别是在栽植溪荪、燕子花及玉蝉花的池塘里，整个群落一片翠蓝，那随风摇曳的花朵，宛如

燕子花植株

紫斑风铃草植株

山丹植株

驴欺口植株

无数只燕子在展翅飞翔。其优美的姿态、潇洒的身影、高雅的气质，特别受到广大植物爱好者的赞美，若与荷花、睡莲、荇菜、水芋等水生花卉配植更会相得益彰，具有极强的渲染力和视觉效果。

在学校，在街道，在小区，包括在工厂，人们栽植了大花卷丹、芍药、金莲花、短瓣金莲花、长瓣金莲花、剪秋罗、野罂粟、黑水罂粟、柳穿鱼、聚花风铃草、紫斑风铃草、桔梗、猫耳菊、驴欺口、大苞萱草等观赏花卉。它们红的艳丽，紫的高雅，粉的妩媚，橙的富贵，黄的繁华，蓝的深邃，绿的俊秀，白的无瑕……远远望去，仿佛一个巨大漂亮的调色板，让人感叹：伟大的自然力是一位多么神奇的艺术家，为人类描绘出这样一幅绚丽的画卷。特别是在大量栽植大苞萱草、北黄花菜及小黄花菜的区域，它们华丽的外表，灿烂的微笑，浓郁的芳香……更是让人见了笑逐颜开，心情愉悦，赞不绝口，乐而忘忧。

在室内，还有许多艺术大师，充分利用东北地区丰富的盆景制作素材，把金露梅、银露梅、小叶金露梅、兴安杜鹃及迎红杜鹃等制作成一件件精美绝伦的工艺品。它们有的古拙苍劲，有的枝干虬曲，有的悬根露爪，有的古老健硕……大师们以大东北丰富的文化内涵为底蕴，用经典造型和极具有视觉冲击力的艺术效果诠释了生命的顽强和倔强。这不仅使东北地区盆景资源得到了充分的开发，还调整了产业结构，有力拉动了地方经济，而且使本区域成为整个东北亚地区最大的盆景制作、经营和贸易中心。

玉蝉花植株

毛百合植株

猫耳菊植株

芍药植株

各论
Gelun

萍蓬草花

萍蓬草果实

萍蓬草属 *Nuphar*

萍蓬草 *Nuphar pumila*

　　【别名】萍蓬莲。【外观】多年水生草木。【根茎】根状茎横卧，肥厚肉质，略呈扁柱形。【叶】叶生于根状茎先端，飘浮水面，叶纸质，宽卵形或卵形，少数椭圆形，长 6~17 cm，宽 6~12 cm，先端圆钝，中央主脉明显，侧脉羽状，几次二歧分枝；叶柄扁柱形，有柔毛。【花】顶生一花，直径 3~4 cm，花梗长；萼片 5 枚，呈花瓣状，黄色，外面中央绿色，长圆状椭圆形或椭圆状倒卵形；花瓣多数，短小，倒卵状楔形，先端微凹，雄蕊多数，花丝扁平；子房广卵形，柱头盘状，常 10 浅裂，淡黄色或带红色。【果实】浆果卵形，长约 3 cm。

【花期】	6—7 月
【果期】	8—9 月
【生境】	水泡子或池塘
【分布】	黑龙江大部、吉林东部及中部、辽宁东部、内蒙古东北部

萍蓬草植株

萍蓬草居群

芡花（侧）

芡属 *Euryale*

芡 *Euryale ferox*

　　【别名】芡实。【外观】一年生大型水生草本。【根茎】具白色须根。【叶】沉水叶箭形或椭圆肾形，两面无刺；叶柄无刺；浮水叶革质，椭圆肾形至圆形，直径 10~130 cm，盾状，全缘，下面带紫色，两面在叶脉分枝处有锐刺；叶柄及花梗粗壮，皆有硬刺。【花】花长约 5 cm；萼片披针形，肉质，内面紫色，外面密生稍弯硬刺；花瓣多数，长圆状披针形或披针形，长 1.5~2 cm，呈 3~5 轮排列，向内渐变成雄蕊；外轮鲜紫红色，中层紫红色，具白斑，内层内面白色，外面具紫红色斑点；雄蕊多数，常 60 枚左右，花丝白色；子房下位，卵状球形；柱头椭圆形，红色。【果实】浆果球形，乌紫红色，外面密生硬刺。

【花期】	7—8 月
【果期】	8—9 月
【生境】	池沼、湖泊及水泡子
【分布】	黑龙江东部和西部、吉林东部和西部、辽宁（南部、中部和北部）

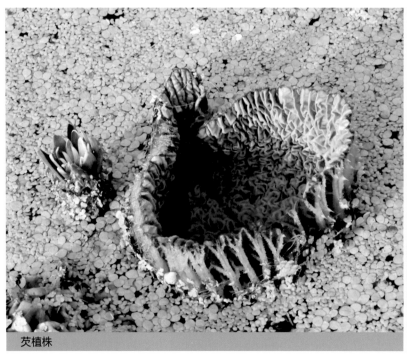

芡植株

芡果实

芡群落

睡莲属 *Nymphaea*

睡莲 *Nymphaea tetragona*

　　【别名】莲蓬花、睡莲菜、子午莲。【外观】多年水生草本。【根茎】根状茎短粗，横卧或直立，生多数须根及叶。【叶】叶浮于水面，叶纸质，心状卵形或卵状椭圆形，长 5~12 cm，宽 3.5~9 cm，基部具深弯缺，约占叶片全长的 1/3，裂片急尖，稍开展或几重合，全缘，上面光亮，下面带红色或紫色；叶柄长。【花】花直径 3~5 cm，花梗细长；花萼基部四棱形，萼片革质，宽披针形或窄卵形，宿存；花瓣白色，宽披针形、长圆形或倒卵形，内轮不变成雄蕊；雄蕊比花瓣短，花药条形；子房短圆锥状，柱头盘状，具 5~8 辐射线。【果实】浆果球形，为宿存萼片包裹。

【花期】	6—7 月
【果期】	8—10 月
【生境】	池沼、水泡子
【分布】	黑龙江、吉林东部和中部、内蒙古东北部

睡莲群落

睡莲花

睡莲花（侧）

睡莲植株

五味子植株

五味子属 *Schisandra*

五味子 *Schisandra chinensis*

【别名】北五味子。【外观】落叶木质藤本。【根茎】幼枝红褐色，老枝灰褐色，常起皱纹，片状剥落。【叶】叶膜质，宽椭圆形、卵形、倒卵形、宽倒卵形，或近圆形，长3~14 cm，宽2~9 cm，先端急尖，基部楔形。【花】雄花花梗中部以下具狭卵形的苞片；花被片粉白色或粉红色，6~9枚，长圆形或椭圆状长圆形，长6~11 mm，宽2~5.5 mm；雄蕊仅5~6枚，互相靠贴。雌花花梗比雄花梗长，花被片和雄花相似；雌蕊群近卵圆形，心皮17~40枚，子房卵圆形或卵状椭圆体形。【果实】聚合果长1.5~8.5 cm，小浆果红色，近球形或倒卵圆形，果皮具不明显腺点。

【花期】	5—6月
【果期】	8—10月
【生境】	土壤肥沃湿润的林中、林缘、山沟灌丛间及山野路旁
【分布】	黑龙江（北部、东部及南部）、吉林东部和南部、辽宁（东部、南部及西部）、内蒙古东北部

五味子雌花

五味子雄花

五味子枝条

樟科 Lauraceae

山胡椒属 *Lindera*

三桠乌药 *Lindera obtusiloba*

【别名】三桠钓樟。【外观】落叶乔木或灌木，高3~10 m。【根茎】树皮黑棕色；小枝黄绿色；芽卵形，先端渐尖。【叶】叶互生，近圆形至扁圆形，长5.5~10 cm，宽4.8~10.8 cm，先端急尖，全缘或3裂，常明显3裂，基部近圆形或心形，有时宽楔形。【花】花序在腋生混合芽，花芽内有无总梗花序5~6，混合芽内有花芽1~2；总苞片4枚，长椭圆形，内有花5朵；雄花花被片6枚，长椭圆形，能育雄蕊9枚，退化雌蕊长椭圆形，花柱、柱头不分，成一小凸尖；雌花花被片6枚，长椭圆形，长2.5 mm，宽1 mm，退化雄蕊条片形，子房椭圆形，无毛，花柱短。【果实】果广椭圆形，成熟时红色，后变紫黑色，干时黑褐色。

【花期】	4—5 月
【果期】	8—10 月
【生境】	杂木林中及林缘
【分布】	吉林东南部、辽宁南部和东部

三桠乌药植株

三桠乌药花序

三桠乌药果实

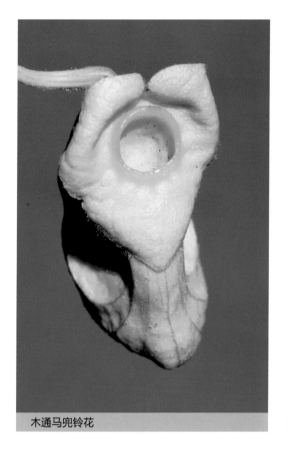

木通马兜铃花

马兜铃属 *Aristolochia*

木通马兜铃 *Aristolochia manshuriensis*

【别名】东北木通、关木通。【外观】落叶木质藤本，长逾 10 m。【根茎】嫩枝深紫色；茎皮灰色，表面散生淡褐色长圆形皮孔，具纵皱纹或木栓层。【叶】叶革质，心形或卵状心形，长 15~29 cm，宽 13~28 cm，顶端钝圆或短尖，基部心形至深心形。【花】花单朵，稀 2 朵聚生于叶腋；花梗常向下弯垂，中部具小苞片；花被管中部马蹄形弯曲，下部管状，直径 1.5~2.5 cm，外面粉红色，具绿色纵脉纹，内面暗紫色而有稀疏乳头状小点，檐部绿色，有紫色条纹，边缘浅 3 裂；喉部圆形并具领状环。【果实】蒴果长圆柱形，暗褐色，有 6 棱。

【花期】	5—6 月
【果期】	8—9 月
【生境】	较潮湿的山坡杂木林内、林缘或河流附近潮湿地
【分布】	黑龙江东南部、吉林南部及东部、辽宁东部

木通马兜铃果实

木通马兜铃植株

天女花属 *Oyama*

天女花 *Oyama sieboldii*

　　【别名】天女木兰、小花木兰。【外观】落叶小乔木，高可达 10 m。【根茎】当年生小枝细长，淡灰褐色。【叶】叶膜质，倒卵形或宽倒卵形，长 6~25 cm，宽 4~12 cm，先端骤狭急尖或短渐尖，基部阔楔形、钝圆、平截或近心形。【花】花与叶同时开放，白色，芳香，杯状，盛开时碟状，直径 7~10 cm；花梗着生平展或稍垂的花朵；花被片 9 枚，近等大，外轮 3 片长圆状倒卵形或倒卵形，顶端宽圆或圆，内两轮 6 片，较狭小；雄蕊紫红色，两药室邻接，内向纵裂；雌蕊群椭圆形，绿色。【果实】聚合果熟时红色，倒卵圆形或长圆柱形；蓇葖果狭椭圆体形，沿背缝线 2 瓣全裂，顶端具喙。

【花期】	6—7 月
【果期】	9—10 月
【生境】	阴坡、半阴坡土壤肥沃湿润的杂木林中
【分布】	吉林南部、辽宁东部及南部

天女花花

天女花花（边缘粉色，雄蕊淡紫色）

天女花枝条

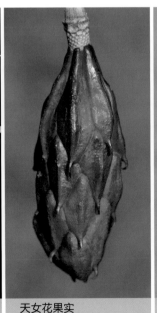

天女花果实

天女花果实（果皮开裂）

天南星属 *Arisaema*

东北南星 *Arisaema amurense*

【别名】东北天南星。【外观】多年生草本。【根茎】块茎小，近球形。【叶】叶 1 枚，叶柄长 17~30 cm；叶片鸟足状分裂，裂片 5 枚，倒卵形，倒卵状披针形或椭圆形，先端短渐尖或锐尖，基部楔形；中裂片和侧裂片具柄，长 7~11 cm，宽 4~7 cm，侧裂片与中裂片近等大，边缘全缘。【花】花序柄短于叶柄，长 9~15 cm；佛焰苞长约 10 cm，管部漏斗状，白绿色，檐部直立，卵状披针形，渐尖，绿色或紫色具白色条纹；肉穗花序单性，雄花序长上部渐狭，花疏，雌花序短圆锥形，各附属器具短柄，棒状；雄花具柄，花药 2~3 枚，药室近圆球形，顶孔圆形；雌花子房倒卵形，柱头大，盘状，具短柄。【果实】浆果红色。

【花期】	6—7 月
【果期】	8—9 月
【生境】	沟谷、河岸、林下潮湿地、林间及林缘
【分布】	黑龙江东部和南部、吉林东部和中部、辽宁（东部、南部和西部）、内蒙古东部
【附注】	本区尚有 3 变型：紫苞东北南星，佛焰苞淡紫色、紫色或暗紫色，具白色脉纹，其他与原种同；齿叶紫苞东北南星，叶裂片边缘有不规则锯齿，佛焰苞淡紫色、紫色或暗紫色，具白色脉纹，其他与原种同；齿叶东北南星，叶裂片边缘有不规则锯齿，佛焰苞绿色，其他与原种同

东北南星植株

东北南星花序

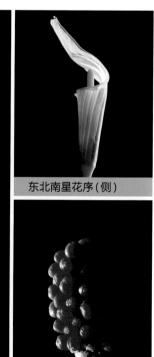

东北南星花序（侧）

东北南星果实

紫苞东北南星 f. *serrata*

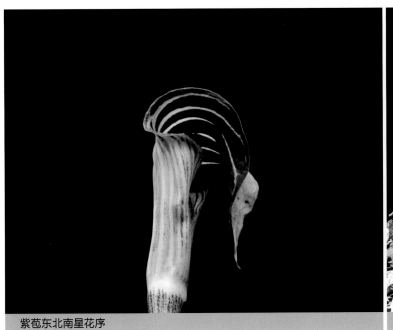

紫苞东北南星花序

紫苞东北南星植株

齿叶紫苞东北南星 f. *purpureum*　　　　　## 齿叶东北南星 f. *violaceum*

齿叶紫苞东北南星植株

齿叶东北南星植株

细齿南星 *Arisaema peninsulae*

【别名】朝鲜天南星。【外观】多年生草本。【根茎】块茎扁球形，顶部生根；鳞叶 3 枚，有紫色斑纹。【叶】叶 2 枚，叶柄长，鞘筒状；叶片鸟足状分裂，裂片 5~14 枚，长椭圆形或倒卵状长圆形，两端渐狭，中裂片具长柄，侧裂片具短柄，向外渐无柄；中裂片长 9~18 cm，宽 3.5~9 cm，向外渐小。【花】佛焰苞绿色，具白条纹，长 9~10 cm，管部长 5 cm，圆筒形，喉部边缘斜截形，无耳，檐部长圆形，骤狭渐尖；肉穗花序单性，雄花序花较密，雄蕊 2~3 枚，无柄，药室圆球形，顶孔开裂为圆形；附属器具长 4~5 mm 的柄，基部截形，直立或略弯，先端钝圆；果序长圆锥形，常具宿存附属器。【果实】浆果干时橘红色，卵球形。

【花期】	5—6 月
【果期】	9—10 月
【生境】	沟谷、河岸、林下潮湿地、林间及林缘
【分布】	黑龙江东南部、吉林东部、辽宁东部和南部

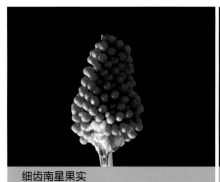

细齿南星果实

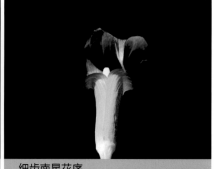

细齿南星花序(侧)　　　　细齿南星花序

细齿南星植株(花期)

细齿南星植株(果期)

臭菘属 *Symplocarpus*

臭菘 *Symplocarpus foetidus*

【外观】多年生草本，植株有蒜气味。【根茎】根状茎短，粗壮，密生许多绳索状根。【叶】一年抽基生叶，叶基生，叶柄具长鞘；叶片宽大，长 20~40 cm，宽 15~35 cm，心状卵形，先端渐狭或钝圆。【花】另一年出鳞叶和花序；花序柄外围鳞叶片，花序柄短；佛焰苞基部席卷，中部肿胀，半扩张成卵状球形，暗青紫色，外面带青紫色条纹，先端渐尖，弯曲呈喙状，长 10~15 cm，宽 4~5 cm；肉穗花序青紫色，圆球形，具短梗；花两性，有臭味，花被片 4 枚，向上呈拱状扩大，顶部凸尖；雄蕊 4 枚，花药黄色，花丝扁平，超出子房；子房伸长，下部陷于花序轴上，1 室，1 胚珠。

臭菘花序（苞片淡黄绿色）

【花期】	5—6 月
【果期】	7—8 月
【生境】	水湿草地、林内湿地、潮湿混交林下、林缘及高山草地上
【分布】	黑龙江东部、吉林东部和南部

臭菘花序（无苞片）　　臭菘植株（侧）

臭菘植株　　　　　　　　　　臭菘花序

水芋属 *Calla*

水芋 *Calla palustris*

【别名】水葫芦、水浮莲。【外观】多年生水生草本。【根茎】根茎匍匐，粗壮，节上具多数细长的纤维状根。【叶】鳞叶披针形，渐尖；成熟茎上叶柄圆柱形，下部具鞘，上部 1/2 以上与叶柄分离而成鳞叶状；叶片长 6~14 cm，宽几与长相等；Ⅰ、Ⅱ级侧脉纤细，下部的平伸，上部的上升，全部至近边缘向上弧曲，其间细脉微弱。【花】花序柄长 15~30 cm，粗 0.8~1.2 cm；佛焰苞外面绿色，内面白色，长 4~6 cm，稀更长，宽 3~3.5 cm，具长 1 cm 的尖头，果期宿存而不增大；肉穗花序长 1.5~3 cm，花期粗 1 cm。【果实】果序近球形，宽椭圆状，具长 5~7 mm 的梗。

【花期】	6—7 月
【果期】	8 月
【生境】	沼泽地、水甸子或湖边浅水中
【分布】	黑龙江北部和东部、吉林东部和南部、辽宁东部、内蒙古东北部

水芋群落

水芋果实

水芋植株

泽泻属 *Alisma*

泽泻 *Alisma plantago-aquatica*

【别名】东方泽泻。【外观】多年生水生或沼生草本。【根茎】块茎直径 1~2 cm。【叶】叶多数；挺水叶宽披针形、椭圆形，长 3.5~11.5 cm，宽 1.3~6.8 cm，先端渐尖，基部近圆形或浅心形，叶脉 5~7 条；叶柄长 3.2~3.4 cm。【花】花葶高 35~90 cm；花序具 3~9 轮分枝，每轮分枝 3~9 枚；花两性，直径约 6 mm，花梗不等长；外轮花被片卵形，长 2~2.5 mm，宽约 1.5 mm，内轮花被片近圆形，比外轮大，白色、淡红色；心皮排列不整齐，花柱直立，花药黄绿色或黄色，花托在果期呈凹凸。【果实】瘦果椭圆形，背部具 1~2 条浅沟，腹部自果喙处凸起，呈膜质翅，两侧果皮纸质，果喙自腹侧中上部伸出。

【花期】	6—7 月
【果期】	8—9 月
【生境】	湖泊、水塘、稻田、沟渠及沼泽中
【分布】	东北地区广泛分布

泽泻植株

泽泻花

泽泻果实

慈姑属 *Sagittaria*

浮叶慈姑 *Sagittaria natans*

浮叶慈姑花

【别名】小慈姑。【外观】多年生水生浮叶草本。【根茎】根状茎匍匐。【叶】沉水叶披针形，或叶柄状；浮水叶宽披针形、圆形、箭形，长 5~17 cm，叶柄长；花葶高 30~50 cm，粗壮，直立，挺水。【花】花序总状，具花 2~6 轮，每轮 2~3 花；花单性，外轮花被片长 3~4 mm，宽约 3 mm，广卵形，先端近圆形，边缘膜质，不反折，内轮花被片白色，长 8~10 mm，宽约 5.5 mm；雌花 1~2 轮，花梗粗壮，心皮多数，两侧压扁，分离，密集呈球形；雄花多轮，有时具不孕雌蕊，雄蕊多数，不等长，花丝通常外轮较短，花药黄色，椭圆形至矩圆形。【果实】瘦果两侧压扁，背翅边缘不整齐，斜倒卵形，果喙位于腹侧。

浮叶慈姑果实

【花期】	7—8 月
【果期】	8—9 月
【生境】	池塘、水甸子、小溪及沟渠等静水或缓流水体中
【分布】	黑龙江北部和东部、吉林东部、辽宁北部、内蒙古东北部

浮叶慈姑居群

野慈姑植株

野慈姑 *Sagittaria trifolia*

【别名】野茨菰、三裂慈姑、慈菇。【外观】多年生水生或沼生草本。【根茎】根状茎横走,较粗壮。【叶】挺水叶箭形,叶片长短、宽窄变异很大,通常顶裂片短于侧裂片;叶柄基部渐宽,鞘状,边缘膜质,具横脉。【花】花葶直立,挺水,高 15~70 cm,通常粗壮;花序总状或圆锥状,具分枝 1~2 枚,具花多轮,每轮 2~3 花;苞片 3 枚,基部多少合生,先端尖;花单性,花被片反折,外轮花被片椭圆形或广卵形,长 3~5 mm,宽 2.5~3.5 mm,内轮花被片白色或淡黄色,较大;雌花通常 1~3 轮,花梗短粗,心皮多数,两侧压扁;雄花多轮,花梗斜举,雄蕊多数,花药黄色,花丝长短不一。【果实】瘦果两侧压扁,倒卵形,具翅,果喙短。

【花期】	7—8 月
【果期】	8—9 月
【生境】	湖泊、沼泽、稻田及沟渠
【分布】	东北地区广泛分布
【附注】	本区尚有 1 变种:剪刀草,叶裂片狭线状披针形或披针形,其他与原种同

野慈姑雌花

野慈姑果实

野慈姑雄花

剪刀草 var. *angustifolia*

剪刀草植株

剪刀草居群

花蔺花

花蔺花（子房白色）

花蔺属 *Butomus*

花蔺 *Butomus umbellatus*

【别名】蒲子莲。【外观】多年生水生草本。【根茎】有粗壮的横生根状茎。【叶】叶基生，上部伸出水面，三棱状条形，长20~100 cm，宽3~8 mm，先端渐尖，基部成鞘状。【花】花葶圆柱形，与叶近等长；伞形花序顶生，基部有苞片3枚，卵形，长约2 cm，宽约5 mm；花两性，花梗长4~10 cm；外轮花被片3枚，椭圆状披针形，绿色，稍带紫色，长约7 mm，宿存；内轮花被片3枚，椭圆形，长约1.5 cm，初开时白色，后变成淡红色或粉红色；雄蕊9枚，花丝基部稍宽，花药带红色；心皮6枚，粉红色，排成1轮，基部常连合，柱头纵折状，子房内有多数胚珠。【果实】蓇葖果成熟时从腹缝开裂。

【花期】	7—8 月
【果期】	8—9 月
【生境】	池塘、湖泊浅水处及沼泽中
【分布】	黑龙江西部和东部、吉林西部及南部、辽宁（北部、中部及南部）、内蒙古东部

花蔺群落

花蔺植株

水鳖花

水鳖果实

水鳖属 *Hydrocharis*

水鳖 *Hydrocharis dubia*

【别名】马尿花。【外观】多年生浮水草本。【根茎】须根长可达30 cm；匍匐茎发达。【叶】叶簇生，多漂浮，有时伸出水面；叶片心形或圆形，长 4.5~5 cm，宽 5~5.5 cm，先端圆，基部心形，全缘；叶脉 5 条，中脉明显。【花】雄花序腋生；佛焰苞 2 枚，膜质，苞内雄花 5~6 朵，每次仅 1 朵开放；萼片 3 枚，离生，长椭圆形；花瓣 3 枚，黄色，与萼片互生，广倒卵形或圆形，长约 1.3 cm，宽约 1.7 cm；雄蕊 12 枚，成 4 轮排列，花药长约 1.5 mm。雌佛焰苞小，苞内雌花 1 朵；花梗长 4~8.5 cm；花大，直径约 3 cm；萼片 3 枚，先端圆；花瓣 3 枚，白色，基部黄色，广倒卵形至圆形；退化雄蕊 6 枚，花柱 6 枚，每枚 2 深裂，子房下位，不完全 6 室。【果实】果实浆果状，球形至倒卵形。

【花期】	8—9 月
【果期】	9—10 月
【生境】	湖泊及静水池沼中
【分布】	黑龙江东部、辽宁中部及北部

水鳖居群

藜芦科 Melanthiaceae

延龄草属 *Trillium*

吉林延龄草 *Trillium camschatcense*

【别名】白花延龄草、延龄草、芋儿七。【外观】多年生草本。【根茎】茎丛生于粗短的根状茎上，高30~50 cm，基部有1~2枚褐色的膜质鞘叶。【叶】叶3枚，无柄，轮生于茎顶，广卵状菱形或卵圆形，长10~17 cm，宽7~15 cm，近无柄，先端渐尖或急尖，基部楔形，两面光滑，无毛。【花】花单生，花梗自叶丛中抽出，长1.5~4 cm；花被片6枚，外轮3片卵状披针形，绿色，长2.5~3.5 cm，宽0.7~1.2 cm，内轮3片白色，少有淡紫色，椭圆形或广椭圆形，长3~4 cm，宽1~2 cm；雄蕊6枚，花药比花丝长，药隔稍突出；子房上位，圆锥状，柱头3深裂，裂片反卷。【果实】浆果卵圆形，具多数种子。

吉林延龄草花

【花期】	5—6 月
【果期】	8—9 月
【生境】	林下阴湿处及林缘
【分布】	黑龙江南部、吉林南部及东部、辽宁东部

吉林延龄草花（侧）

吉林延龄草植株

吉林延龄草幼株

重楼属 *Paris*

北重楼 *Paris verticillata*

　　【别名】七叶一枝花、长隔北重楼、轮叶王孙。【外观】多年生草本，植株高 25~60 cm。【根茎】根状茎细长；茎绿白色，有时带紫色。【叶】叶 5~8 枚轮生，披针形、狭矩圆形、倒披针形或倒卵状披针形，长 4~15 cm，宽 1.5~3.5 cm，先端渐尖，基部楔形，具短柄或近无柄。【花】花梗长 4.5~12 cm；外轮花被片绿色，极少带紫色，叶状，通常 4~5 枚，纸质，平展，倒卵状披针形、矩圆状披针形或倒披针形，长 2~3.5 cm，宽 0.6~3 cm，先端渐尖，基部圆形或宽楔形；内轮花被片黄绿色，条形，长 1~2 cm；花药长约 1 cm，花丝基部稍扁平，子房近球形，紫褐色，花柱具 4~5 分枝，分枝细长，并向外反卷。【果实】蒴果浆果状，不开裂，具几颗种子。

北重楼花（侧）

北重楼果实

【花期】	5—6 月
【果期】	8—9 月
【生境】	腐殖质肥沃的阴湿地、沟边、山坡、林下、林缘及草丛
【分布】	黑龙江（南部、东部及北部）、吉林（东部和南部）、辽宁（东部、北部及西部）、内蒙古东北部
【附注】	本区尚有 1 变种：倒卵叶重楼，外花被片 5 枚，雄蕊 9~10 枚，花柱 5 枚，其他与原种同

北重楼植株（叶片5枚）

北重楼植株（叶片6枚）

北重楼花（花被片3）

北重楼花

北重楼植株（叶片7枚）

北重楼植株（叶片8枚）

倒卵叶重楼 var. *obovata*

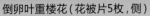

倒卵叶重楼花（花被片5枚，侧）

倒卵叶重楼花（花被片6枚）

藜芦属 *Veratrum*

尖被藜芦 *Veratrum oxysepalum*

　　【别名】光脉藜芦。【外观】多年生草本。【根茎】植株高达 1 m，基部密生无网眼的纤维束。【叶】叶椭圆形或矩圆形，长 3~29 cm，宽达 14 cm，先端渐尖或短急尖，有时稍缢缩而扭转，基部无柄，抱茎。【花】圆锥花序长 30~50 cm，密生或疏生多数花，侧生总状花序近等长，长约 10 cm，顶生花序多少等长于侧生花序，花序轴密生短绵状毛；花被片背面绿色，内面白色，矩圆形至倒卵状矩圆形，长 7~11 mm，宽 3~6 mm，先端钝圆或稍尖，基部明显收狭，边缘具细牙齿，外花被片背面基部略生短毛，花梗比小苞片短；雄蕊长为花被片的 1/2~3/4，子房疏生短柔毛或乳突状毛。【果实】蒴果长椭圆形，绿色。

【花期】	7—8 月
【果期】	8—9 月
【生境】	湿草地、草甸、林下、林缘及亚高山草地
【分布】	黑龙江南部、吉林东部及南部、辽宁东部

尖被藜芦花序

尖被藜芦群落

尖被藜芦植株

宝珠草花

宝珠草植株

万寿竹属 *Disporum*

宝珠草 *Disporum viridescens*

【别名】绿宝铎草。【外观】多年生草本，高 30~80 cm。【根茎】根状茎短，通常有长匍匐茎；根多而较细；茎直立，光滑，下部数节具白色膜质的鞘，有时分枝。【叶】叶纸质，椭圆形至卵状矩圆形，长 5~12 cm，宽 2~5 cm，先端短渐尖或有短尖头，横脉明显，下面脉上和边缘稍粗糙，基部收狭成短柄或近无柄。【花】花漏斗状，绿白色，1~2 朵生于茎或枝的顶端，花梗长 1.5~2.5 cm；花被片 6 枚，张开，矩圆状披针形，长 15~20 mm，宽 3~4 mm，脉纹明显，先端尖，基部囊状。【果实】浆果球形，黑色，有 2~3 颗种子。

【花期】	5—6 月
【果期】	8—9 月
【生境】	林下、林缘、灌丛及山坡草地
【分布】	黑龙江（南部、东部及北部）、吉林南部及东部、辽宁东部及南部

少花万寿竹植株

少花万寿竹花

少花万寿竹 *Disporum uniflorum*

【别名】黄花宝铎草、竹林霄、宝铎草。【外观】多年生草本。【根茎】根状茎肉质，横出；根簇生；茎直立，高 30~80 cm，上部具叉状分枝。【叶】叶薄纸质至纸质，矩圆形、卵形、椭圆形至披针形，长 4~15 cm，宽 1.5~9 cm，下面色浅，脉上和边缘有乳头状突起，具横脉，先端骤尖或渐尖，基部圆形或宽楔形，有短柄或近无柄。【花】花黄色、绿黄色或白色，1~5 朵着生于分枝顶端；花梗较平滑；花被片近直出，倒卵状披针形，长 2~3 cm，上部宽下部渐窄，内面有细毛，边缘有乳头状突起，基部具短距。【果实】浆果椭圆形或球形，具 3 颗种子。

【花期】	5—6 月
【果期】	7—8 月
【生境】	腐殖质肥沃的山地林下稍湿地、沟边及林缘灌丛
【分布】	辽宁东部及西部

12 百合科 Liliaceae

老鸦瓣属 *Amana*

老鸦瓣 *Amana edulis*

【别名】山慈菇、光慈菇。【外观】多年生细弱草本。【根茎】地下鳞茎卵形，鳞茎外被多层褐色干膜质的鳞茎皮；鳞茎皮密被褐色长柔毛，内包白色肉质鳞茎；茎长 10~25 cm，通常不分枝，无毛。【叶】叶 2 枚，长条形，长 10~25 cm，远比花长，通常宽 5~9 mm，少数可窄到 2 mm 或宽达 12 mm，上面无毛。【花】花单朵顶生，靠近花的基部具 2 枚对生的苞片，苞片狭条形；花被片狭椭圆状披针形，长 20~30 mm，宽 4~7 mm，白色，背面有紫红色纵条纹；雄蕊 3 长 3 短，花丝无毛，中部稍扩大，向两端逐渐变窄或从基部向上逐渐变窄，子房长椭圆形，花柱长约 4 mm。【果实】蒴果近球形，有长喙。

【花期】	4—5 月
【果期】	5—6 月
【生境】	山坡、草地及路旁
【分布】	吉林南部、辽宁东部及南部

老鸦瓣植株

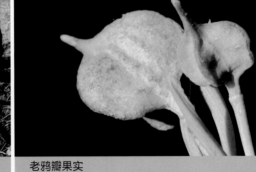

老鸦瓣果实

老鸦瓣居群

七筋姑植株

七筋姑属 *Clintonia*

七筋姑 *Clintonia udensis*

　　【别名】蓝果七筋姑、雷公七。【外观】多年生草本。【根茎】根状茎较硬，有撕裂成纤维状的残存鞘叶。【叶】叶 3~4 枚，纸质或厚纸质，椭圆形、倒卵状矩圆形或倒披针形，长 8~25 cm，宽 3~16 cm，无毛或幼时边缘有柔毛，先端骤尖，基部成鞘状抱茎或后期伸长成柄状。【花】花葶密生白色短柔毛，长 10~20 cm，果期伸长可达 60 cm；总状花序有花 3~12 朵，花梗密生柔毛；苞片披针形，密生柔毛，早落；花白色，少有淡蓝色，花被片矩圆形，长 7~12 mm，宽 3~4 mm，先端钝圆，外面有微毛，具 5~7 脉。【果实】果实球形至矩圆形，自顶端至中部沿背缝线作蒴果状开裂，每室有种子 6~12 颗。

【花期】	5—6 月
【果期】	8—9 月
【生境】	腐殖质肥沃的山地林下稍湿地、沟边及林缘灌丛
【分布】	黑龙江（东部、北部及南部）、吉林东部及南部、辽宁东部、内蒙古东部

七筋姑果实

七筋姑花

七筋姑花序

七筋姑花（侧）

猪牙花属 *Erythronim*

猪牙花 *Erythronium japonicum*

【别名】车前叶山慈姑。【外观】多年生草本，植株高 25~30 cm，无毛。【根茎】鳞茎圆柱状，外层鳞茎皮膜质，淡黄褐色，近基部一侧常有几个扁球形小鳞茎。【叶】叶 2 枚，极少 3 枚，生于植株中部以下，具长柄，叶片椭圆形至披针状长圆形，长 6~12 cm，宽 2~6 cm，先端骤尖或急尖，基部圆形，有时楔形，全缘；叶幼时表面有不规则的白色斑纹，老时变成紫色斑纹。【花】花单朵顶生，下垂，较大；花被片 6 枚，排成 2 轮，长圆状披针形，长 3~5 cm，宽 5~10 mm，紫红色而基部有 3 齿状的黑紫色斑纹，开花时强烈反卷；雄蕊 6 枚，花丝近丝状，花药广条形，黑紫色；柱头短，3 裂。【果实】蒴果稍圆形，有 3 棱。

【花期】	4—5 月
【果期】	5—6 月
【生境】	腐殖质肥沃的山地林下潮湿地、沟边、林缘及灌丛
【分布】	吉林南部及东部、辽宁东部
【附注】	在本区尚有 2 变型：无斑叶猪牙花，叶绿色，无白斑或紫斑，其他与原种同；白花猪牙花，花白色，花被片基部无黑紫色斑纹，叶绿色，无白斑或紫斑，其他与原种同

猪牙花植株

猪牙花植株 (花淡粉色)

猪牙花群落

猪牙花居群

无斑叶猪牙花 f. *immaculatum*

无斑叶猪牙花植株（花浅粉色）

白花猪牙花 f. *album*

无斑叶白花猪牙花植株

白花猪牙花花

毛百合植株

百合属 *Lilium*

毛百合 *Lilium dauricum*

【别名】卷帘百合。【外观】多年生草本。【根茎】鳞茎卵状球形，鳞片宽披针形至倒披针形，白色；茎直立，高 50~70 cm，有棱。【叶】叶散生，在茎顶端有 4~5 枚叶片轮生，狭披针形至披针形，长 7~15 cm，宽 8~14 mm；叶脉 3~5 条，基部有一簇白绵毛，边缘有小乳头状突起，有的还有稀疏的白色绵毛。【花】苞片叶状，花梗有白色绵毛；花 1~4 朵顶生，橙红色或红色，有紫红色斑点；外轮花被片倒披针形，先端渐尖，基部渐狭，长 7~9 cm，宽 1.5~2.3 cm，外面有白色绵毛；内轮花被片稍窄，蜜腺两边有深紫色的乳头状突起；雄蕊向中心靠拢，花丝无毛，花药长约 1 cm，柱头膨大，3 裂。【果实】蒴果矩圆形。

【花期】	6—7 月
【果期】	8—9 月
【生境】	湿草地、草甸、林下、林缘、灌丛及山沟路边
【分布】	黑龙江（北部、南部及东部）、吉林南部和东部、辽宁东部及北部、内蒙古北部

毛百合花（侧）

毛百合花（橙色，花被片无斑点）

毛百合果实

毛百合花

毛百合花（橙色）

秀丽百合 *Lilium amabile*

　　【别名】朝鲜百合。【外观】多年生草本。【根茎】鳞茎卵形，鳞片多数，覆瓦状排列，白色；茎圆柱形，高 40~100 cm，淡绿色，密被白色反折的短硬毛。【叶】叶互生，密集，长圆状披针形或披针形，长 3~9 cm，宽 0.5~1.5 cm，两面被白色短硬毛，有 3~4 脉。【花】花 1~6 朵，排成总状花序或近伞形花序，花梗被白色短硬毛，近顶端处下弯；苞片 1~2 枚，叶状；花冠红色，具黑色斑点，下垂，花被片 6 枚，两轮排列，外轮者披针形，基部狭，内轮者卵状披针形，基部有爪和小沟；雄蕊 6 枚，花丝钻状，花药长圆形，黑色，子房长圆形。【果实】蒴果倒卵形或椭圆形。

秀丽百合植株

【花期】	6—7 月
【果期】	8—9 月
【生境】	山坡、灌丛及柞木林内
【分布】	辽宁东部

大花百合 *Lilium concolor* var. *megalanthum*

　　【外观】多年生草本。【根茎】鳞茎球形，鳞片卵形；茎直立，高 30~80 cm，常具白色绵毛。【叶】叶散生，条形，长 5~9 cm，宽 5~11 mm，背面脉上有短糙毛，边缘有小乳头状突起。【花】花数朵排成伞形或总状花序，花梗直立；苞片叶状，花红色或橙红色，具紫色斑点，有光泽；花被片长圆形，不反卷，长 4~5.5 cm，宽 8~15 mm，先端钝，蜜腺两边具乳头状突起或流苏状突起；雄蕊 6 枚，向中心靠拢，花丝长 1.5~2.5 cm，无毛，花药长圆形，子房圆柱形，花柱比子房短或近等长，柱头稍膨大。【果实】蒴果长圆形。

【花期】	6—7 月
【果期】	8—9 月
【生境】	沼泽地及湿草甸
【分布】	黑龙江西北部、吉林东部及南部

大花百合植株

大花百合花

有斑百合花

有斑百合果实

有斑百合 *Lilium pulchellum*

【别名】山丹。【外观】多年生草本。【根茎】鳞茎卵球形，鳞片卵形或卵状披针形，白色，鳞茎上方茎上有根；茎高 30~50 cm，少数近基部带紫色，有小乳头状突起。【叶】叶散生，条形，长 3.5~7 cm，宽 3~6 mm，脉 3~7条，边缘有小乳头状突起，两面无毛。【花】花 1~5 朵排成近伞形或总状花序，花梗长 1.2~4.5 cm；花直立，星状开展，深红色，有斑点，有光泽；花被片矩圆状披针形，长 2.2~4 cm，宽 4~7 mm，蜜腺两边具乳头状突起；雄蕊向中心靠拢，花丝无毛，花药长矩圆形，子房圆柱形，柱头稍膨大。【果实】蒴果矩圆形。

【花期】	6—7 月
【果期】	8—9 月
【生境】	山坡草丛、林缘、路旁、灌木林下、草甸草原及山地草甸
【分布】	黑龙江（南部、东部及北部）、吉林南部及东部、辽宁（东部、南部及西部）、内蒙古东北部

有斑百合群落

有斑百合植株

条叶百合花

条叶百合 *Lilium callosum*

【别名】野百合。【外观】多年生草本。【根茎】鳞茎小，扁球形，鳞片卵形或卵状披针形，白色；茎高 50~90 cm，无毛。【叶】叶散生，条形，长 6~10 cm，宽 3~5 mm，有 3 条脉，无毛，边缘有小乳头状突起。【花】花单生或少有数朵排成总状花序；苞片 1~2 枚，顶端加厚，花梗弯曲，花下垂；花被片倒披针状匙形，长 3~4.1 cm，宽 4~6 mm，中部以上反卷，红色或淡红色，几无斑点，蜜腺两边有稀疏的小乳头状突起；花丝，无毛，花药长 7 mm，子房圆柱形，花柱短于子房，柱头膨大，3 裂。【果实】蒴果狭矩圆形。

【花期】	7—8 月
【果期】	8—9 月
【生境】	湿草地、草甸、林缘及山坡
【分布】	黑龙江西部及东部、吉林西部

条叶百合植株

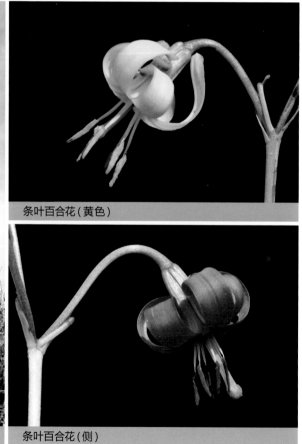
条叶百合花（黄色）

条叶百合花（侧）

大花卷丹 *Lilium leichtlinii* var. *maximowiczii*

【外观】多年生草本。【根茎】鳞茎卵状球形，鳞片宽披针形至倒披针形，白色；茎直立，高50~70 cm，有棱。【叶】叶散生，在茎顶端有4~5枚叶片轮生，狭披针形至披针形，长7~15 cm，宽8~14 mm，叶脉3~5条，基部有一簇白绵毛，边缘有小乳头状突起，有的还有稀疏的白色绵毛。【花】苞片叶状，花梗有白色绵毛；花1~4朵顶生，橙红色或红色，有紫红色斑点；外轮花被片倒披针形，先端渐尖，基部渐狭，长7~9 cm，宽1.5~2.3 cm，外面有白色绵毛；内轮花被片稍窄，蜜腺两边有深紫色的乳头状突起；雄蕊向中心靠拢；花丝长无毛，花药长约1 cm；子房圆柱形，柱头膨大，3裂。【果实】蒴果矩圆形。

【花期】	7—8 月
【果期】	8—9 月
【生境】	灌丛、草地、林缘及沟谷
【分布】	黑龙江南部、吉林南部及东部、辽宁东部

大花卷丹花（侧）

大花卷丹花

大花卷丹果实

大花卷丹花（亮红色）

大花卷丹植株

卷丹植株

卷丹 *Lilium lancifolium*

【外观】多年生草本。【根茎】鳞茎近宽球形,鳞片宽卵形,白色。茎高 0.8~1.5 m,带紫色条纹,具白色绵毛。【叶】叶散生,矩圆状披针形或披针形,长 6.5~9 cm,宽 1~1.8 cm,两面近无毛,先端有白毛,边缘有乳头状突起,有 5~7 条脉,上部叶腋有珠芽。【花】花 3~6 朵或更多;苞片叶状,卵状披针形,先端钝,有白绵毛;花梗紫色,有白色绵毛;花下垂,花被片披针形,反卷,橙红色,有紫黑色斑点;外轮花被片长 6~10 cm,宽 1~2 cm;内轮花被片稍宽,蜜腺两边有乳头状突起,尚有流苏状突起;雄蕊四面张开;花丝淡红色,花药矩圆形;子房圆柱形,柱头稍膨大,3 裂。【果实】蒴果狭长卵形。

【花期】	7—8 月
【果期】	9—10 月
【生境】	山坡、草丛、溪边及林缘
【分布】	辽宁西部及东部

卷丹花

垂花百合 *Lilium cernuum*

【别名】松叶百合。【外观】多年生草本。【根茎】鳞茎矩圆形或卵圆形,鳞片披针形或卵形,白色,鳞茎上方茎上生根;茎直立,高约 65 cm,无毛。【叶】叶细条形,长 8~12 cm,宽 2~4 mm,先端渐尖,边缘稍反卷并有乳头状突起,中脉明显。【花】总状花序有花 1~6 朵;苞片叶状,条形,基部无柄,顶端不加厚;花梗直立,先端弯曲,花下垂,有香味;花被片披针形,反卷,长 3.5~4.5 cm,宽 8~10 mm,先端钝,淡紫红色,下部有深紫色斑点,蜜腺两边密生乳头状突起;花丝无毛,花药黑紫色,子房圆柱形,花柱长 1.5~1.7 cm。【果实】蒴果直立,卵圆形。

【花期】	7—8 月
【果期】	8—9 月
【生境】	山坡灌丛、草丛、林缘及岩石缝隙
【分布】	吉林南部及东部、辽宁(东部、南部及北部)

垂花百合植株

垂花百合花(粉色)

垂花百合果实

垂花百合花(紫色)

山丹花

山丹 *Lilium pumilum*

【别名】细叶百合、线叶百合、山百合。【外观】多年生草本。【根茎】鳞茎卵形或圆锥形，鳞片矩圆形或长卵形，白色；茎高 15~60 cm，有小乳头状突起，有的带紫色条纹。【叶】叶散生于茎中部，条形，长 3.5~9 cm，宽 1.5~3 mm，中脉下面突出，边缘有乳头状突起。【花】花单生或数朵排成总状花序，鲜红色，通常无斑点，下垂；花被片反卷，长 4~4.5 cm，宽 0.8~1.1 cm，蜜腺两边有乳头状突起；花丝无毛，花药长椭圆形，黄色，花粉近红色；子房圆柱形，柱头膨大，3 裂。【果实】蒴果矩圆形。

【花期】	5—6 月
【果期】	8—9 月
【生境】	干燥石质山坡、岩石缝中及草甸草原
【分布】	东北地区广泛分布

山丹群落

山丹植株

东北百合花序

东北百合 *Lilium distichum*

【别名】轮叶百合。【外观】多年生草本。【根茎】鳞茎卵圆形，鳞茎下方生多数稍肉质根，鳞片披针形，白色，有节；茎高 60~120 cm，有小乳头状突起。【叶】叶 1 轮共 7~20 枚生于茎中部，还有少数散生叶，倒卵状披针形至矩圆状披针形，长 8~15 cm，宽 2~4 cm，先端急尖或渐尖，下部渐狭，无毛。【花】花 2~12 朵，排列成总状花序；苞片叶状，花梗长 6~8 cm，花淡橙红色，具紫红色斑点；花被片稍反卷，长 3.5~4.5 cm，宽 6~1.3 mm，蜜腺两边无乳头状突起；雄蕊比花被片短，花丝无毛，花药条形，子房圆柱形，柱头球形，3 裂。【果实】蒴果倒卵形。

【花期】	7~8 月
【果期】	8~9 月
【生境】	富含腐殖质的河岸、溪边、林下、林缘、草地及路旁
【分布】	黑龙江南部及东部、吉林南部及东部、辽宁（东部、南部及西部）

东北百合植株

东北百合果实

东北百合花

东北百合花（背）

油点草属 *Tricyrtis*

黄花油点草 *Tricyrtis pilosa*

　　【外观】多年生草本。【根茎】茎上部疏生或密生短的糙毛。【叶】叶卵状椭圆形、矩圆形至矩圆状披针形，长6~16 cm，宽4~9 cm，两面生短糙伏毛，基部心形抱茎或圆形而近无柄，边缘具短糙毛。【花】二歧聚伞花序顶生或生于上部叶腋，花梗长1.4~2.5 cm，苞片很小，花疏散；花被片通常黄绿色，内面具多数紫红色斑点，卵状椭圆形至披针形，长1.5~2 cm，花被片向上斜展或近水平伸展，外轮3片较内轮为宽，在基部向下延伸而呈囊状；雄蕊约等长于花被片，花丝中上部向外弯垂，具紫色斑点；柱头3裂；每裂片上端又2深裂，小裂片密生腺毛。【果实】蒴果直立。

【花期】	7 月
【果期】	8—9 月
【生境】	山地林下、草丛中或岩石缝隙中
【分布】	辽宁西部

黄花油点草植株

黄花油点草果穗

黄花油点草花（侧）

黄花油点草花

黄花油点草果实

无柱兰植株

无柱兰花序

无柱兰属 *Amitostigma*

无柱兰 *Amitostigma gracile*

【别名】细萼无柱兰、细葶无柱兰、小雏兰、合欢山兰、独叶一枝枪。【外观】多年生草本，植株高 7~30 cm。【根茎】块茎卵形或长圆状椭圆形，肉质；茎纤细，直立或近直立，基部具 1~2 枚筒状鞘。【叶】叶片狭长圆形或卵状披针形，直立伸展，长 5~12 cm，宽 1~3.5 cm，基部收狭成抱茎的鞘。【花】总状花序具 5~20 余朵花，偏向一侧；花苞片小，直立伸展，卵状披针形或卵形；子房圆柱形，稍扭转；花小，粉红色或紫红色；中萼片直立，卵形，凹陷，舟状，侧萼片斜卵形或基部渐狭呈倒卵形；花瓣斜椭圆形或卵形，长 2.5~3 mm，宽约 2 mm，唇瓣轮廓为倒卵形，具 5~9 不隆起的细脉，侧裂片镰状线形、长圆形或三角形，中裂片较侧裂片大；距纤细，圆筒状。

【花期】	6—7 月
【果期】	9—10 月
【生境】	山坡沟谷边、林下阴湿处覆有土的岩石上及山坡灌丛下
【分布】	辽宁南部及东部

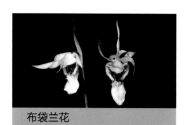

布袋兰花

布袋兰植株

布袋兰属 *Calypso*

布袋兰 *Calypso bulbosa*

【别名】羹匙兰、匙唇兰。【外观】多年生草本。【根茎】假鳞茎近椭圆形、狭长圆形或近圆筒状，有节，常有细长的根状茎。【叶】叶 1 枚，卵形或卵状椭圆形，长 3.4~4.5 cm，宽 1.8~2.8 cm，先端近急尖，基部近截形；叶柄长 2~3 cm。【花】花葶长 10~12 cm，中下部有 2~3 枚筒状鞘；花苞片膜质，披针形，下部圆筒状并围抱花梗和子房；花梗和子房纤细，花单朵，直径 3~4 cm；萼片与花瓣相似，向后伸展，线状披针形，先端渐尖；唇瓣扁囊状，3 裂，侧裂片半圆形，近直立，中裂片扩大，向前延伸，呈铲状，基部有髯毛 3 束或更多，囊向前延伸，有紫色粗斑纹，末端呈双角状，蕊柱两侧有宽翅，倾覆于囊口。

【花期】	5—6 月
【果期】	7—8 月
【生境】	云杉、落叶松及其他针叶林下
【分布】	黑龙江北部、吉林东南部、内蒙古北部

杓兰属 *Cypripedium*

紫点杓兰 *Cypripedium guttatum*

【别名】斑花杓兰、紫斑杓兰、紫斑囊兰。【外观】多年生草本；植株高 15~25 cm。【根茎】具细长而横走的根状茎；茎直立，基部具数枚鞘，顶端具叶。【叶】叶 2 枚，常对生或近对生，偶见互生；叶片椭圆形、卵形或卵状披针形，长 5~12 cm，宽 2.5~6 cm。【花】花序顶生，具 1 花；花苞片叶状，卵状披针形，花梗和子房长 1~1.5 cm；花白色，具淡紫红色或淡褐红色斑；中萼片卵状椭圆形或宽卵状椭圆形，先端急尖或短渐尖；合萼片狭椭圆形，先端 2 浅裂；花瓣常近匙形或提琴形，长 1.3~1.8 cm，宽 5~7 mm；唇瓣深囊状，钵形或深碗状，多少近球形，具宽阔的囊口，囊口前方几乎不具内折的边缘。【果实】蒴果近狭椭圆形，下垂。

紫点杓兰花（淡粉色）

紫点杓兰花（白色）

【花期】	6—7 月
【果期】	8—9 月
【生境】	湿草地、林间草甸、林下、林缘及高山冻原带
【分布】	黑龙江北部及东部、吉林东部及南部、辽宁东部、内蒙古东北部

紫点杓兰果实

紫点杓兰植株

杓兰 *Cypripedium calceolus*

【外观】多年生草本；植株高 20~45 cm。【根茎】具较粗壮的根状茎；茎直立，基部具数枚鞘，近中部以上具 3~4 枚叶。【叶】叶片椭圆形或卵状椭圆形，长 7~16 cm，宽 4~7 cm，先端急尖或短渐尖。【花】花序顶生，通常具 1~2 花；花苞片叶状，花梗和子房具短腺毛，花具栗色或紫红色萼片和花瓣，但唇瓣黄色；中萼片卵形或卵状披针形，背面中脉疏被短柔毛，合萼片与中萼片相似，先端 2 浅裂；花瓣线形或线状披针形，长 3~5 cm，宽 4~6 mm，扭转，内表面基部与背面脉上被短柔毛，唇瓣深囊状，椭圆形，长 3~4 cm，宽 2~3 cm，囊底具毛，囊外无毛，侧裂片内折。【果实】蒴果狭椭圆形，绿色，倾斜。

【花期】	6—7 月
【果期】	8—9 月
【生境】	林下、林缘、灌木丛中及林间草地
【分布】	黑龙江南部及北部、吉林东部和南部、辽宁东部、内蒙古东北部

杓兰果实

杓兰花

杓兰植株

山西杓兰 *Cypripedium shanxiense*

【外观】多年生草本；植株高 40~55 cm。【根茎】具稍粗壮而匍匐的根状茎；茎直立，基部具数枚鞘，鞘上方具 3~4 枚叶。【叶】叶片椭圆形至卵状披针形，长 7~15 cm，宽 4~8 cm，先端渐尖。【花】花序顶生，通常具 2 花；花序柄与花序轴被短柔毛和腺毛，花苞片叶状；花褐色至紫褐色，具深色脉纹，唇瓣常有深色斑点，退化雄蕊白色而有少数紫褐色斑点；中萼片披针形或卵状披针形，先端尾状渐尖，背面常有毛；合萼片与中萼片相似，先端深 2 裂；花瓣狭披针形或线形，长 2.7~3.5 cm，宽 4~5 mm，先端渐尖，唇瓣深囊状，近球形至椭圆形，囊底有毛。【果实】蒴果近梭形或狭椭圆形。

【花期】	5—6 月
【果期】	7—8 月
【生境】	林下、林缘及灌木丛中
【分布】	吉林南部

山西杓兰花

山西杓兰植株

山西杓兰果实

大花杓兰花（淡黄色）

大花杓兰 *Cypripedium macranthos*

【别名】杓兰、大花囊兰、敦盛草、蜈蚣七。【外观】多年生草本；植株高 25~50 cm。【根茎】具粗短的根状茎；茎直立，基部具数枚鞘。【叶】叶片椭圆形或椭圆状卵形，长 10~15 cm，宽 6~8 cm，先端渐尖或近急尖。【花】花序顶生，具 1 花；花苞片叶状，先端短渐尖，两面脉上通常被微柔毛；花梗和子房长 3~3.5 cm，花大，紫色、红色或粉红色，通常有暗色脉纹，极罕白色；中萼片宽卵状椭圆形或卵状椭圆形，先端渐尖，无毛，合萼片卵形，先端 2 浅裂；花瓣披针形，长 4.5~6 cm，宽 1.5~2.5 cm，先端渐尖，不扭转，内表面基部具长柔毛，唇瓣深囊状，近球形或椭圆形，囊口较小，囊底有毛。【果实】蒴果狭椭圆形。

【花期】	5~6 月
【果期】	8~9 月
【生境】	湿草甸、山地疏林下、林缘灌丛间及亚高山草地
【分布】	黑龙江（北部、南部及东部）、吉林东部和南部、辽宁东部、内蒙古东北部
【附注】	本区尚有 1 变型：大白花杓兰，花白色，其他与原种同

大花杓兰植株（花粉色）

大花杓兰居群

大花杓兰花（淡粉色）

大花杓兰花（唇瓣有条纹）

大花杓兰花（粉紫色）

大花杓兰花（唇瓣淡黄色）

大花杓兰花（唇瓣污白色）

大花杓兰花（紫褐色）

大白花杓兰 f. *albiflora*

大白花杓兰植株

掌裂兰花序（淡粉色）

掌裂兰属 *Dactylorhiza*

掌裂兰 *Dactylorhiza hatagirea*

　　【别名】阔叶红门兰、蒙古红门兰。【外观】多年生草本；植株高 12~40 cm。【根茎】块茎下部 3~5 裂呈掌状，肉质；茎直立。【叶】叶 3~6 枚，互生；叶片长圆形、长圆状椭圆形、披针形至线状披针形，长 8~15 cm，宽 1.5~3 cm。【花】花序具几朵至多朵密生的花，花苞片直立伸展，披针形；子房圆柱状纺锤形，扭转，花蓝紫色、紫红色或玫瑰红色；中萼片卵状长圆形，侧萼片张开，偏斜，卵状披针形或卵状长圆形；花瓣直立，卵状披针形，稍偏斜，唇瓣向前伸展，卵形、卵圆形、宽菱状横椭圆形或近圆形，上面具细的乳头状突起，在基部至中部之上具 1 个由蓝紫色线纹构成似匙形的斑纹，为淡紫色或紫红色。【果实】蒴果狭椭圆形。

【花期】	6—7 月
【果期】	7—8 月
【生境】	湿草甸、草地、山坡及沟边灌丛
【分布】	吉林西部、内蒙古东北部

掌裂兰群落

掌裂兰植株

火烧兰属 *Epipactis*

北火烧兰 *Epipactis xanthophaea*

【别名】火烧兰。【外观】多年生草本，高 14~60 cm。【根茎】根状茎粗长；根聚生，细长；茎直立。【叶】叶着生于中上部，5~7 枚，互生；叶片卵状披针形至椭圆状披针形，长 6~13 cm，宽 3~5 cm，向上叶逐渐变小，过渡为花苞片。【花】总状花序具 5~10 朵花；花苞片叶状，向上逐渐变为短小；花较大，黄色或黄褐色，中萼片椭圆形，先端渐尖，侧萼片斜卵状披针形，先端长渐尖；花瓣宽卵形，长约 12 mm，宽约 8 mm，先端渐尖，基部宽楔形；唇瓣长约 15 mm，下唇两侧各具 1 枚半圆形裂片，上唇近长圆形与下唇之间以一短的关节相连，先端圆钝，基部两侧各具 1 枚近三角形的附属物。【果实】蒴果椭圆形。

【花期】	7 月
【果期】	9 月
【生境】	沼泽湿地及山坡草甸
【分布】	吉林东部、内蒙古东部

北火烧兰植株

北火烧兰花

北火烧兰果实

盔花兰属 *Galearis*

卵唇盔花兰 *Galearis cyclochila*

【别名】一叶兰、珊瑚兰、双花红门兰、卵唇红门兰。
【外观】多年生草本；植株高9~19 cm。【根茎】具伸长、肉质、指状的根状茎；茎直立，纤细，基部具1~2枚筒状、膜质的鞘，鞘之上具叶。【叶】叶1枚，基生，直立伸展，叶片长圆形、宽椭圆形至宽卵形，质地较厚，长5~9 cm，宽2~4.2 cm。
【花】花茎直立，纤细，花序通常具2朵花，2花集生紧靠近呈头状花序，两朵花的苞片紧靠近对生；花苞片长圆状披针形至狭卵形，子房细长，花淡粉红色或白色；中萼片直立，宽披针形或长圆状卵形，凹陷呈舟状，与花瓣靠合呈兜状，侧萼片向上伸展，偏斜，卵状披针形；花瓣直立，狭长圆形或线状披针形，先端稍钝；唇瓣向前伸展，卵圆形，不裂，基部收狭呈爪，具距，先端圆钝；距纤细，下垂，线状圆筒形，向末端渐狭，稍微向前弯曲。【果实】蒴果狭椭圆形。

卵唇盔花兰植株

卵唇盔花兰（侧）

【花期】	5—6月
【果期】	7—8月
【生境】	林下、林缘及湿草甸子
【分布】	黑龙江东北部、吉林东部及南部、辽宁东部

卵唇盔花兰果实

卵唇盔花兰花

手参属 *Gymnadenia*

手参 *Gymnadenia conopsea*

【别名】手掌参、穗花羽蝶兰。【外观】多年生草本；植株高 20~60 cm。【根茎】块根椭圆形，肉质，下部掌状分裂；茎直立，基部具 2~3 枚筒状鞘，其上具 4~5 枚叶，上部具 1 至数枚苞片状小叶。【叶】叶片线状披针形、狭长圆形或带形，长 5.5~15 cm，宽 1~2.5 cm。【花】总状花序具多数密生的花，花苞片披针形，子房纺锤形，顶部稍弧曲；花粉红色，中萼片宽椭圆形或宽卵状椭圆形，先端急尖，侧萼片斜卵形，反折，边缘向外卷，先端急尖，具 3 脉；花瓣直立，斜卵状三角形，边缘具细锯齿，先端急尖，具 3 脉，与中萼片相靠；唇瓣向前伸展，宽倒卵形，前部 3 裂，中裂片三角形；距细而长，狭圆筒形，下垂，稍向前弯。【果实】蒴果狭椭圆形。

手参花

【花期】	7—8 月
【果期】	8—9 月
【生境】	湿草甸、林缘草甸、山坡灌丛林下、亚高山草地及高山冻原带
【分布】	黑龙江北部及东部、吉林东部及南部、辽宁东部、内蒙古东北部

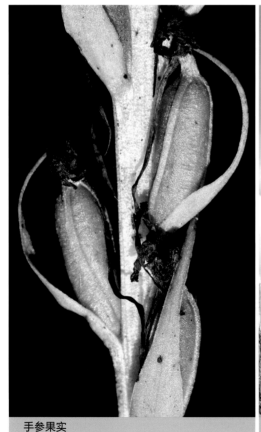
手参果实

手参植株

手参群落

十字兰花序

玉凤花属 *Habenaria*

十字兰 *Habenaria schindleri*

　　【别名】线叶玉凤花。【外观】多年生草本；植株高 25~70 cm。【根茎】块茎肉质；茎直立，具多枚疏生的叶，向上渐小成苞片状。【叶】中下部的叶 4~7 枚，其叶片线形，长 5~23 cm，宽 3~9 mm，先端渐尖，基部成抱茎的鞘。【花】总状花序具 10~20 余朵花；花苞片线状披针形至卵状披针形；子房圆柱形，扭转，稍弧曲；花白色，中萼片卵圆形，直立，凹陷呈舟状，侧萼片强烈反折，斜长圆状卵形，先端近急尖；花瓣直立，轮廓半正三角形，2 裂，上裂片长 4 mm，宽 2 mm，先端稍钝，具 2 脉；唇瓣向前伸，基部线形，近基部的 1/3 处 3 深裂呈十字形；中裂片劲直，侧裂片与中裂片垂直伸展，近直的，距下垂。【果实】蒴果狭椭圆形。

【花期】	7—8 月
【果期】	8—9 月
【生境】	沼泽地、湿草甸子及水边
【分布】	黑龙江（北部、西部及南部）、吉林东部及南部、辽宁北部及南部、内蒙古东北部

十字兰花

十字兰植株

羊耳蒜属 *Liparis*

羊耳蒜 *Liparis japonica*

【外观】地生草本。【根茎】假鳞茎卵形，外被白色的薄膜质鞘。【叶】叶 2 枚，卵形、卵状长圆形或近椭圆形，长 5~10 cm，宽 2~4 cm，边缘皱波状或近全缘，基部收狭成鞘状柄，无关节；鞘状柄长 3~8 cm。【花】花葶长 12~50 cm；总状花序具数朵至 10 余朵花；花苞片狭卵形，花梗和子房长 8~10 mm；花通常淡绿色，有时可变为粉红色或带紫红色；萼片线状披针形，具 3 脉；侧萼片稍斜歪；花瓣丝状，长 7~9 mm，宽约 0.5 mm，具 1 脉；唇瓣近倒卵形，先端具短尖，边缘稍有不明显的细齿或近全缘，基部逐渐变狭；蕊柱上端略有翅，基部扩大。【果实】蒴果倒卵状长圆形；果梗长 5~9 mm。

【花期】	6—8 月
【果期】	9—10 月
【生境】	林下、林缘、林间草地及灌丛间
【分布】	黑龙江南部及东部、吉林东部及南部、辽宁东部及南部

羊耳蒜果实

羊耳蒜植株

羊耳蒜花序（褐色）

二叶兜被兰花（侧）

二叶兜被兰花

兜被兰属 *Neottianthe*

二叶兜被兰 *Neottianthe cucullata*

【别名】兜被兰、鸟巢兰、百步还阳丹。【外观】多年生草本；植株高 4~24 cm。【根茎】块茎圆球形或卵形；茎直立或近直立，基部具 1~2 枚圆筒状鞘。【叶】叶片卵形、卵状披针形或椭圆形，长 4~6 cm，宽 1.5~3.5 cm。【花】总状花序具几朵至 10 余朵花，常偏向一侧；花苞片披针形，直立伸展，先端渐尖；子房圆柱状纺锤形，扭转，稍弧曲；花紫红色或粉红色；萼片彼此紧密靠合成兜，中萼片先端急尖，侧萼片斜镰状披针形；花瓣披针状线形，长约 5 mm，宽约 0.5 mm，先端急尖；唇瓣向前伸展，上面和边缘具细乳突，基部楔形，中部 3 裂，侧裂片线形，中裂片较侧裂片长而稍宽，向先端渐狭；距细圆筒状圆锥形。【果实】蒴果狭椭圆形。

【花期】	8—9 月
【果期】	9—10 月
【生境】	林下、林缘及草地
【分布】	黑龙江北部及南部、吉林东部及南部、辽宁南部、内蒙古东北部
【附注】	本地区尚有 1 变型：斑叶兜被兰，叶表面有红紫色斑点，其他与原种同

斑叶兜被兰 f. *maculata*

二叶兜被兰植株

二叶兜被兰花序

斑叶兜被兰植株

小红门兰属 *Ponerorchis*

广布小红门兰 *Ponerorchis chusua*

【别名】广布红门兰、千鸟兰、库莎红门兰。【外观】多年生草本；植株高 5~45 cm。【根茎】块茎长圆形或圆球形；茎直立。【叶】叶片长圆状披针形、披针形或线状披针形至线形，长 3~15 cm，宽 0.2~3 cm。【花】花序具 1~20 余朵花，多偏向一侧，花苞片披针形或卵状披针形，子房圆柱形，扭转；花紫红色或粉红色，中萼片长圆形或卵状长圆形，直立，凹陷呈舟状，侧萼片向后反折，偏斜；花瓣直立，斜狭卵形、宽卵形或狭卵状长圆形，唇瓣向前伸展，边缘无睫毛，3 裂，中裂片长圆形、四方形或卵形，侧裂片扩展，镰状长圆形或近三角形，较宽或较狭，与中裂片等长或短多，边缘全缘或稍具波状；距圆筒状或圆筒状锥形，常向后斜展或近平展。【果实】蒴果狭椭圆形。

广布小红门兰植株

【花期】	7—8 月
【果期】	8—9 月
【生境】	较湿草地、山坡林下、林缘及亚高山草地上
【分布】	黑龙江北部、吉林东部、内蒙古北部

广布小红门兰花序

广布小红门兰果实

山兰花序

山兰属 *Oreorchis*

山兰 *Oreorchis patens*

　　【别名】小鸡兰、山慈姑。【外观】多年生草本。【根茎】假鳞茎卵球形至近椭圆形。【叶】叶通常 1 枚，少有 2 枚，线形或狭披针形，长 13~30 cm，宽 0.4~2 cm，先端渐尖；叶柄长 3~8 cm。【花】花葶从假鳞茎侧面发出，直立，长 20~52 cm，中下部有 2~3 枚筒状鞘；总状花序，疏生数朵至 10 余朵花，花苞片狭披针形；花黄褐色至淡黄色，唇瓣白色并有紫斑；萼片狭长圆形，先端略钝，侧萼片稍镰曲；花瓣狭长圆形，稍镰曲；唇瓣 3 裂，基部有短爪，侧裂片线形，先端钝，中裂片近倒卵形，边缘有不规则缺刻，唇盘上有 2 条肥厚纵褶片。【果实】蒴果长圆形，长约 1.5 cm，宽约 7 mm。

【花期】	6—7 月
【果期】	8—9 月
【生境】	林下、林缘、灌丛及沟谷
【分布】	黑龙江南部及东部、吉林南部及东部、辽宁东部

山兰植株

山兰花

山兰花（侧）

山兰果实

舌唇兰属 *Platanthera*

二叶舌唇兰 *Platanthera chlorantha*

【别名】大叶长距兰。【外观】多年生草本；植株高 30~50 cm。【根茎】块茎卵状纺锤形，肉质；茎直立。【叶】基部大叶片椭圆形或倒披针状椭圆形，长 10~20 cm，宽 4~8 cm，先端钝或急尖，基部收狭成抱茎的鞘状柄。【花】总状花序具 12~32 朵花，花苞片披针形，子房圆柱状，上部钩曲；花较大，绿白色或白色；中萼片直立，舟状，圆状心形，侧萼片张开，斜卵形；花瓣直立，偏斜，狭披针形，与中萼片相靠合呈兜状；唇瓣向前伸，舌状，肉质；距棒状圆筒形，水平或斜向下伸展，稍微钩曲或弯曲，向末端明显增粗，末端钝，明显长于子房，为子房长的 1.5~2 倍。【果实】蒴果长圆形。

【花期】	6—7 月
【果期】	8—9 月
【生境】	较湿草地、草甸、林下、林缘及灌丛中
【分布】	黑龙江北部及南部、吉林东部和南部、辽宁东部及南部、内蒙古东北部

二叶舌唇兰植株

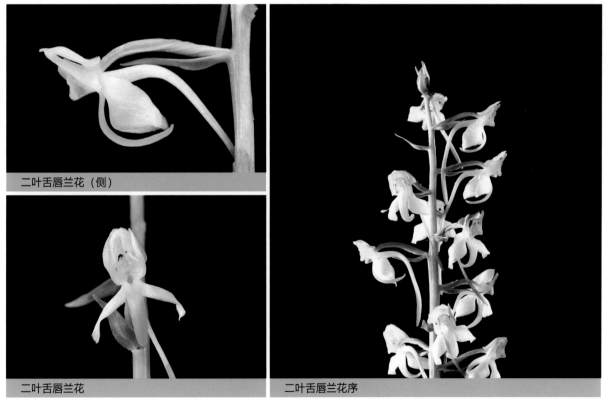

二叶舌唇兰花（侧）

二叶舌唇兰花

二叶舌唇兰花序

密花舌唇兰 *Platanthera hologlottis*

【别名】狭叶舌唇兰、沼兰。【外观】多年生草本；植株高 35~85 cm。【根茎】根状茎匍匐，圆柱形，肉质；茎细长，直立。【叶】下部具 4~6 枚大叶，向上渐小成苞片状；叶片线状披针形或宽线形，下部叶长。【花】总状花序具多数密生的花，花苞片披针形或线状披针形；子房圆柱形，花白色，芳香；萼片先端钝，具 5~7 脉，边缘全缘，中萼片直立，舟状，卵形或椭圆形，侧萼片反折，偏斜；花瓣直立，斜的卵形，先端钝，具 5 脉，与中萼片靠合呈兜状，唇瓣舌形或舌状披针形，稍肉质，先端圆钝；距下垂，纤细，圆筒状。【果实】蒴果长圆形。

【花期】	6—7 月
【果期】	8—9 月
【生境】	沼泽化草甸、沼泽地及山沟潮湿草地
【分布】	黑龙江北部及东部、吉林东部、辽宁东部、内蒙古东北部

密花舌唇兰花序

密花舌唇兰花

密花舌唇兰花（侧）

密花舌唇兰植株

蜻蜓舌唇兰 *Platanthera souliei*

【别名】竹叶兰、蜻蜓兰。【外观】多年生草本；植株高 20~60 cm。【根茎】根状茎指状，肉质，细长；茎粗壮，直立。【叶】茎部具 1~2 枚筒状鞘，鞘之上具叶，茎下部的 2~3 枚叶较大，大叶片倒卵形或椭圆形，直立伸展，长 6~15 cm，宽 3~7 cm。【花】总状花序狭长，具多数密生的花；苞片长于子房，子房圆柱状纺锤形，扭转，稍弧曲，花小，黄绿色；中萼片直立，凹陷呈舟状，卵形，侧萼片斜椭圆形，两侧边缘多少向后反折；花瓣直立，斜椭圆状披针形，先端钝，稍肉质，唇瓣向前伸展，多少下垂，基部两侧各具 1 枚小的侧裂片，三角状镰形，先端锐尖，中裂片舌状披针形。【果实】蒴果长圆形。

【花期】	7—8 月
【果期】	8—9 月
【生境】	湿草甸、林下、林缘、灌丛及草地
【分布】	黑龙江北部及东部、吉林东部及南部、辽宁东部、内蒙古东北部

蜻蜓舌唇兰植株

蜻蜓舌唇兰花

蜻蜓舌唇兰花（侧）

蜻蜓舌唇兰花序

东亚舌唇兰花序

东亚舌唇兰 *Platanthera ussuriensis*

【别名】乌苏里竹叶兰、乌苏里蜻蜓兰、半春莲、小花蜻蜓兰。
【外观】多年生草本；植株高 20~55 cm。【根茎】根状茎指状，肉质；茎较纤细，直立。【叶】基部具 1~2 枚筒状鞘，鞘之上具叶，下部的 2~3 枚叶较大，中部至上部具 1 至几枚苞片状小叶；大叶片匙形或狭长圆形，直立伸展，长 6~10 cm，宽 1.5~3 cm。【花】总状花序具 10~20 余朵较疏生的花，苞片直立伸展，狭披针形；子房细圆柱形，扭转，花较小，淡黄绿色；中萼片直立，凹陷呈舟状，侧萼片张开或反折，偏斜；花瓣与中萼片相靠合且近等长和狭很多，唇瓣向前伸展，多少向下弯曲，基部两侧各具 1 枚近半圆形的小侧裂片，中裂片舌状披针形或舌状；距纤细，细圆筒状，下垂。【果实】蒴果长圆形。

【花期】	7—8 月
【果期】	8—9 月
【生境】	林下、林缘及沟边
【分布】	黑龙江北部及南部、吉林东部及南部、辽宁东部

东亚舌唇兰果实

东亚舌唇兰花

东亚舌唇兰植株

朱兰属 *Pogonia*

朱兰 *Pogonia japonica*

【外观】多年生草本；植株高 10~25 cm。【根茎】根状茎直生，具细长的稍肉质的根；茎直立，纤细。【叶】茎中部或中部以上具 1 枚叶；叶稍肉质，通常近长圆形或长圆状披针形，长 3.5~9 cm，宽 8~17 mm。【花】花苞片叶状，狭长圆形、线状披针形或披针形，花梗和子房长 1~1.8 cm；花单朵顶生，向上斜展，常紫红色或淡紫红色；萼片狭长圆状倒披针形，花瓣与萼片近等长，但明显较宽；唇瓣近狭长圆形，向基部略收狭，中部以上 3 裂；侧裂片顶端有不规则缺刻或流苏，中裂片舌状或倒卵形，边缘具流苏状齿缺；自唇瓣基部有 2~3 条纵褶片延伸至中裂片上。【果实】蒴果长圆形。

【花期】	6—7 月
【果期】	8—9 月
【生境】	沼泽地、湿草甸、林间草地及林下
【分布】	黑龙江北部及南部、吉林东部及南部、内蒙古东北部

朱兰果实

朱兰花

朱兰植株

绶草属 *Spiranthes*

绶草 *Spiranthes sinensis*

【外观】多年生草本；植株高 13~30 cm。【根茎】根数条，指状，肉质；茎较短，近基部生 2~5 枚叶。【叶】叶片宽线形或宽线状披针形，直立伸展，长 3~10 cm，常宽 5~10 mm，先端急尖或渐尖。【花】花茎直立，总状花序具多数密生的花，呈螺旋状扭转，花苞片卵状披针形，子房纺锤形，扭转，被腺状柔毛；花小，紫红色、粉红色或白色，在花序轴上呈螺旋状排生；萼片的下部靠合，中萼片狭长圆形，舟状，与花瓣靠合呈兜状，侧萼片偏斜，披针形；花瓣斜菱状长圆形，唇瓣宽长圆形，凹陷，先端极钝，前半部上面具长硬毛且边缘具强烈皱波状啮齿，唇瓣基部凹陷呈浅囊状，囊内具 2 枚胼胝体。【果实】蒴果长圆形。

【花期】	7—8 月
【果期】	8—9 月
【生境】	湿草甸、河滩沼泽草甸、山坡林下、灌丛中及草地
【分布】	黑龙江（北部、东部及南部）、吉林（东部、南部及西部）、辽宁（东部、北部及西部）、内蒙古东北部

绶草果实

绶草花序

绶草花

绶草植株

射干属 *Belamcanda*

射干 *Belamcanda chinensis*

【别名】射干鸢尾。【外观】多年生草本。【根茎】根状茎为不规则的块状，黄色或黄褐色；茎高 1~1.5 m，实心。【叶】叶互生，嵌迭状排列，剑形，长 20~60 cm，宽 2~4 cm，基部鞘状抱茎，顶端渐尖。【花】花序顶生，叉状分枝，每分枝的顶端聚生有数朵花；花梗细，花梗及花序的分枝处均包有膜质的苞片，苞片披针形或卵圆形；花橙红色，散生紫褐色的斑点，直径 4~5 cm；花被裂片 6 枚，2 轮排列，外轮花被裂片倒卵形或长椭圆形，顶端钝圆或微凹，内轮较外轮花被裂片略短而狭；雄蕊 3 枚，花药条形，外向开裂，花丝近圆柱形；花柱上部稍扁，顶端 3 裂，胚珠多数。【果实】蒴果倒卵形或长椭圆形，顶端无喙，常残存有凋萎的花被，成熟时室背开裂，果瓣外翻。

【花期】	7—8 月
【果期】	8—9 月
【生境】	草甸草原、干山坡及向阳草地
【分布】	黑龙江西部、吉林东部和南部、辽宁（东部、南部及西部）、内蒙古东部

射干植株

射干群落

鸢尾属 *Iris*

野鸢尾 *Iris dichotoma*

【别名】二歧鸢尾、歧花鸢尾、白射干。【外观】多年生草本。
【根茎】根状茎棕褐色或黑褐色；须根黄白色。【叶】叶基生或
在花茎基部互生，两面灰绿色，剑形，长 15~35 cm，宽 1.5~3 cm，
顶端多弯曲呈镰刀形，渐尖或短渐尖，基部鞘状抱茎。【花】花
茎实心，高 40~60 cm，上部二歧状分枝，分枝处生有披针形的
茎生叶，下部有 1~2 枚抱茎的茎生叶，花序生于分枝顶端；苞
片 4~5 枚，膜质，绿色，边缘白色，披针形，内包含有 3~4 朵花；
花蓝紫色或浅蓝色，有棕褐色的斑纹，直径 4~4.5 cm；花梗细，
常超出苞片；花被管甚短，外花被裂片宽倒披针形，内花被裂片
狭倒卵形，顶端微凹。【果实】蒴果圆柱形或略弯曲，果皮黄绿色，
革质。

【花期】	7—8 月
【果期】	8—9 月
【生境】	向阳草地、干山坡、草甸草原、荒漠草原及沙化草原
【分布】	黑龙江西部、吉林（西部、南部及东部）、辽宁（西部、南部及东部）、内蒙古东部

野鸢尾植株

野鸢尾花（浅粉色）

野鸢尾果实

山鸢尾 *Iris setosa*

【别名】刚毛鸢尾。【外观】多年生草本。【根茎】根状茎粗，斜伸，灰褐色；须根绳索状，黄白色。【叶】叶剑形或宽条形，长30~60 cm，宽 0.8~1.8 cm，顶端渐尖，基部鞘状。【花】花茎光滑，高 60~100 cm，上部有 1~3 个细长的分枝，并有 1~3 枚茎生叶；每个分枝处生有苞片 3 枚，膜质，绿色略带红褐色，披针形至卵圆形；花蓝紫色，直径 7~8 cm；花梗细，花被管短，喇叭形，外花被裂片宽倒卵形，上部反折下垂，爪部楔形，黄色，有紫红色脉纹，无附属物，内花被裂片较外花被裂片明显短而狭，狭披针形，直立；雄蕊长约 2 cm，花药紫色，花丝与花药等长；花柱分枝扁平，子房圆柱形。【果实】蒴果椭圆形至卵圆形。

【花期】	7—8 月
【果期】	8—9 月
【生境】	湿草甸、沼泽地及亚高山湿草甸上
【分布】	黑龙江南部、吉林东部及南部

山鸢尾花(白色)

山鸢尾花

山鸢尾花(淡紫色)

山鸢尾植株

囊花鸢尾 *Iris ventricosa*

【别名】巨苞鸢尾。【外观】多年生密丛草本植物。【叶】叶条形，灰绿色，长 20~35 cm，宽 3~4 mm，顶端渐尖，纵脉多条，无明显的中脉。【花】花茎高 10~15 cm，圆柱形，有 1~2 枚茎生叶；苞片 3 枚，草质，边缘膜质；花蓝紫色，直径 6~7 cm；花梗长 1~1.5 cm；花被管细长，丝状，上部略膨大，外花被裂片细长，匙形，爪部狭楔形，中央下陷呈沟状，内花被裂片宽条形或狭披针形，爪部狭楔形，直立；雄蕊长 3~3.5 cm，花药黄紫色；花柱分枝片状，略弯曲成拱形，顶端裂片条状狭三角形，子房圆柱形，中部略膨大。【果实】蒴果三棱状卵圆形基部圆形，顶端长渐尖，喙长 2~4.5 cm，6 条肋明显。

【花期】	5—6 月
【果期】	6—7 月
【生境】	草甸草原、草原化草甸及林缘草甸
【分布】	黑龙江西部、吉林西部及东部、辽宁北部及西部、内蒙古东部

囊花鸢尾植株（侧）

囊花鸢尾植株

囊花鸢尾花

囊花鸢尾花（侧）

粗根鸢尾 *Iris tigridia*

【别名】拟虎鸢尾、粗根马莲。【外观】多年生草本。【根茎】须根肉质，有皱缩的横纹。【叶】叶深绿色，有光泽，狭条形，花期叶长 5~13 cm，果期可长达 30 cm，顶端长渐尖，基部鞘状，膜质，色较淡，无明显的中脉。【花】花茎细，长 2~4 cm，不伸出或略伸出地面；苞片 2 枚，黄绿色，膜质，狭披针形，顶端短渐尖，内包含有 1 朵花；花蓝紫色，直径 3.5~3.8 cm；花梗长约 5 mm；花被管长约 2 cm，上部逐渐变粗，外花被裂片狭倒卵形，有紫褐色及白色的斑纹，爪部楔形，中脉上有黄色须毛状的附属物，内花被裂片倒披针形；雄蕊长约 1.5 cm；花柱分枝扁平，顶端裂片狭三角形，子房绿色，狭纺锤形。【果实】蒴果卵圆形或椭圆形。

【花期】	5 月
【果期】	6—8 月
【生境】	山地草原、沙质草原、固定沙丘、灌丛及干山坡上
【分布】	黑龙江西部、吉林西部、辽宁（西部、南部及北部）、内蒙古东部

粗根鸢尾花（淡蓝色）

粗根鸢尾花（侧）

粗根鸢尾花（粉色）

粗根鸢尾植株

北陵鸢尾 *Iris typhifolia*

【别名】香蒲叶鸢尾。【外观】多年生草本。【根茎】根状茎较粗，斜伸；植株基部红棕色。【叶】叶条形，扭曲，花期叶长 30~40 cm，果期长达 90 cm，顶端长渐尖，基部鞘状，中脉明显。【花】花茎平滑，中空，高 50~60 cm，有 2~3 枚披针形的茎生叶；苞片 3~4 枚，膜质，披针形；花梗长 1~5 cm；花深蓝紫色，中脉明显，直径 6~7 cm；花被管短，外花被裂片倒卵形，爪部狭楔形，中央下陷呈沟状，中脉上无附属物，内花被裂片直立，倒披针形，顶端微凹；雄蕊长约 3 cm，花药黄褐色，花丝白色；花柱分枝，顶端裂片三角形，有稀疏的牙齿，子房钝三棱状柱形。【果实】蒴果三棱状椭圆形，具 6 条肋，室背开裂。

【花期】	5—6 月
【果期】	8—9 月
【生境】	草甸草原、河滩草甸、沼泽地及水边湿地
【分布】	黑龙江（西部、北部及东部）、吉林西部、辽宁中部、内蒙古东部

北陵鸢尾花

北陵鸢尾花（浅蓝色）

北陵鸢尾果实

北陵鸢尾群落

北陵鸢尾植株

马蔺花

马蔺花(淡蓝色)

马蔺 *Iris lactea*

【别名】蠡实、尖瓣马蔺。【外观】多年生密丛草本，通常集成多花，叶大丛。【根茎】根状茎木质，粗壮，通常斜伸；植株基部及根状茎外面均密被残留的老叶纤维；须根细长而坚韧。【叶】叶基生，坚韧，条形或剑形，长约 40 cm，宽 4~6 mm。【花】花茎高 10~30 cm，下部具 2~3 枚茎生叶，上端着生 2~4 朵花；苞片 3~5 枚，狭长圆状披针形；花蓝色、淡蓝色或蓝紫色，径 5~6 cm；花梗长 4~6 cm；花被管极短，外花被裂片倒披针形，先端尖，中部有黄色条纹，内花被裂片披针形，较小而直立；雄蕊长 2.5~3.2 cm，花药黄色，花丝白色；花柱分枝 3，花瓣状，顶端 2 裂。【果实】蒴果长椭圆形。

【花期】	5—6 月
【果期】	8—9 月
【生境】	干燥沙质草地、草甸、草原、路边及山坡草地
【分布】	东北地区广泛分布

马蔺植株(花淡蓝色)

马蔺群落

马蔺植株

细叶鸢尾花

细叶鸢尾花（侧）

细叶鸢尾 *Iris tenuifolia*

【别名】细叶马蔺、丝叶马蔺。【外观】多年生密丛草本。【根茎】植株基部存留有红褐色或黄棕色折断的老叶叶鞘；根状茎块状，短而硬，木质，黑褐色；根坚硬，细长，分枝少。【叶】叶质地坚韧，丝状或狭条形，长20~60 cm，宽1.5~2 mm，扭曲。【花】花茎长度随埋砂深度而变化，通常甚短，不伸出地面；苞片4枚，披针形，顶端长渐尖或尾状尖，边缘膜质，中肋明显，内包含有2~3朵花；花蓝紫色，直径约7 cm；花梗细；花被管长4.5~6 cm，外花被裂片匙形，爪部较长，中央下陷呈沟状，内花被裂片倒披针形，直立；雄蕊长约3 cm，花丝与花药近等长；花柱分枝，顶端裂片狭三角形，子房细圆柱形。【果实】蒴果倒卵形。

【花期】	4—5 月
【果期】	8—9 月
【生境】	山地草原、固定沙丘、沙质草原、灌丛及干山坡
【分布】	黑龙江西部、吉林西部、辽宁西部及北部、内蒙古东部

细叶鸢尾植株

长尾鸢尾 *Iris rossii*

【别名】柔鸢尾。【外观】多年生草本。【根茎】根状茎细长，丝状，横走、坚韧，黄褐色，节处膨大，生有纤细、多分枝的须根；植株基部有黄褐色或棕色的叶鞘残留的纤维。【叶】叶狭条形，长 5~16 cm，宽 2~7 mm，顶端渐尖，有 3~5 条纵脉，无明显的中脉。【花】花茎细弱，高 7~15 cm；苞片 2 枚，膜质，披针形，中脉明显，内包含有 1 朵花；花黄色，直径 2.5~3 cm，花梗细；花被管丝状，顶端膨大，外花被裂片倒卵形，爪部狭楔形，无附属物，内花被裂片直立，倒披针形，顶端钝，微凹；雄蕊长约 1 cm，花药黄褐色；花柱分枝扁平，顶端裂片长三角形，边缘有疏牙齿，子房纺锤形。【果实】蒴果近球形。

【花期】	5 月
【果期】	6—7 月
【生境】	向阳山坡及林缘草地灌丛中
【分布】	辽宁东部

长尾鸢尾植株

长尾鸢尾花

长尾鸢尾花（侧）

长尾鸢尾花（浅紫色）

紫苞鸢尾花

紫苞鸢尾植株

紫苞鸢尾 *Iris ruthenica*

【别名】细茎鸢尾、俄罗斯鸢尾、苏联鸢尾、山马蔺。
【外观】多年生草本。【根茎】根状茎斜伸，二歧分枝，节明显；
须根粗，暗褐色；植株基部围有短的鞘状叶。【叶】叶条形，
灰绿色，长 20~25 cm，宽 3~6 mm，顶端长渐尖，基部鞘状，
有 3~5 条纵脉。【花】花茎纤细，略短于叶，高 15~20 cm，有
2~3 枚茎生叶；苞片 2 枚，膜质，绿色，边缘带红紫色，披针
形或宽披针形，中脉明显，内包含有 1 朵花；花蓝紫色，直径
5~5.5 cm；花梗长 0.6~1 cm；花被管长 1~1.2 cm，外花被裂片
倒披针形，有白色及深紫色的斑纹，内花被裂片直立，狭倒披针
形；雄蕊长约 2.5 cm，花药乳白色；花柱分枝扁平，顶端裂片
狭三角形，子房狭纺锤形。【果实】蒴果球形或卵圆形。

【花期】	5—6 月
【果期】	7—8 月
【生境】	向阳草地及阳山坡
【分布】	黑龙江北部及东部、吉林南部及东部、辽宁（西部、东部及南部）、内蒙古东部

紫苞鸢尾居群

单花鸢尾 *Iris uniflora*

【外观】多年生草本。【根茎】根状茎细长。【叶】叶条形或披针形，花期叶长 5~20 cm，宽 0.4~1 cm，果期长可达 30~45 cm，顶端渐尖，基部鞘状。【花】花茎纤细，中下部有 1 枚膜质、披针形的茎生叶；苞片 2 枚，等长，质硬，干膜质，黄绿色，有的植株苞片边缘略带红色，披针形或宽披针形，内包含有 1 朵花；花蓝紫色，直径 4~4.5 cm；花梗甚短；花被管细，上部膨大成喇叭形，外花被裂片狭倒披针形，上部卵圆形，平展，内花被裂片条形或狭披针形，直立；雄蕊长约 1.5 cm，花丝细长；花柱分枝扁平，顶端裂片近半圆形，边缘有稀疏的牙齿，与内花被裂片等长，子房柱状纺锤形。【果实】蒴果圆球形。

【花期】	5~6 月
【果期】	7—8 月
【生境】	干山坡、林缘、路旁及林中旷地
【分布】	黑龙江北部及南部、吉林东部及南部、辽宁（北部、东部及西部）、内蒙古东北部

单花鸢尾植株

单花鸢尾花

单花鸢尾果实

溪荪花（淡紫色）

溪荪花（深紫色）

溪荪 *Iris sanguinea*

【别名】东方鸢尾。【外观】多年生草本。【根茎】根状茎粗壮，斜伸，外包有棕褐色老叶残留的纤维；须根绳索状，灰白色。【叶】叶条形，长 20~60 cm，宽 0.5~1.3 cm，顶端渐尖，基部鞘状，中脉不明显。【花】花茎光滑，实心，高 40~60 cm，具 1~2 枚茎生叶；苞片 3 枚，膜质，绿色，披针形，内包含有 2 朵花；花天蓝色，直径 6~7 cm；花被管短而粗，外花被裂片倒卵形，基部有黑褐色的网纹及黄色的斑纹，爪部楔形，中央下陷呈沟状，无附属物，内花被裂片直立，狭倒卵形；雄蕊长约 3 cm，花药黄色，花丝白色，丝状；花柱分枝扁平，顶端裂片钝三角形，有细齿，子房三棱状圆柱形。【果实】果实长卵状圆柱形。

【花期】	6—7 月
【果期】	8—9 月
【生境】	沼泽地、湿草地或向阳坡地
【分布】	黑龙江南部及北部、吉林（东部、南部及西部）、辽宁东部、内蒙古东北部

溪荪群落

溪荪植株

玉蝉花 *Iris ensata*

　　【别名】花菖蒲、紫花鸢尾、东北鸢尾。【外观】多年生草本。【根茎】根状茎粗壮。【叶】叶条形，长 30~80 cm，宽 0.5~1.2 cm，顶端渐尖或长渐尖，基部鞘状，两面中脉明显。【花】花茎圆柱形，高 40~100 cm，实心，有 1~3 枚茎生叶；苞片 3 枚，近革质，披针形，平行脉明显而突出，内包含有 2 朵花；花深紫色，直径 9~10 cm；花梗长 1.5~3.5 cm；花被管漏斗形，外花被裂片倒卵形，爪部细长，中央下陷呈沟状，中脉上有黄色斑纹，内花被裂片小，直立，狭披针形或宽条形；雄蕊长约 3.5 cm，花药紫色，较花丝长；花柱分枝扁平，紫色，略呈拱形弯曲，顶端裂片三角形。【果实】蒴果长椭圆形。

【花期】	6—7 月
【果期】	8—9 月
【生境】	湿草甸子、沼泽地、林缘及草甸
【分布】	黑龙江（北部、南部及东部）、吉林东部和南部、辽宁东部及西部、内蒙古东北部

玉蝉花花（紫色）

玉蝉花花（浅粉色）

玉蝉花花（纯粉色）

玉蝉花群落

玉蝉花植株

燕子花 *Iris laevigata*

【别名】平叶鸢尾、光叶鸢尾。【外观】多年生草本。【根茎】根状茎粗壮。【叶】叶灰绿色，剑形或宽条形，长 40~100 cm，宽 0.8~1.5 cm，顶端渐尖。【花】花茎实心，高 40~60 cm，中、下部有 2~3 枚茎生叶；苞片 3~5 枚，膜质，披针形，内包含有 2~4 朵花；花大，蓝紫色，直径 9~10 cm；花梗长 1.5~3.5 cm；花被管上部稍膨大，似喇叭形，外花被裂片倒卵形或椭圆形，上部反折下垂，爪部楔形，中央下陷呈沟状，鲜黄色，内花被裂片直立，倒披针形；雄蕊长约 3 cm，花药白色；花柱分枝扁平，花瓣状，顶端裂片半圆形，子房钝三角状圆柱形，上部略膨大。【果实】蒴果椭圆状柱形。

【花期】	5—6 月
【果期】	7—8 月
【生境】	沼泽地、湿草甸以及河岸水边
【分布】	黑龙江东部及北部、吉林东部和南部、内蒙古东部

燕子花群落

燕子花花(深蓝色)

燕子花植株

燕子花果实

长白鸢尾花

长白鸢尾花（侧）

长白鸢尾 *Iris mandshurica*

【外观】多年生草本植物。【根茎】根状茎短粗、肥厚、肉质、块状；须根近肉质，上粗下细，少分枝，黄白色。【叶】叶镰刀状弯曲或中部以上略弯曲，花期叶长 10~15 cm，果期叶长可达 30 cm，顶端渐尖或短渐尖，基部鞘状，有 2~4 条纵脉，无明显的中脉。【花】花茎平滑，基部包有披针形的鞘状叶，高 15~20 cm；苞片 3 枚，膜质，绿色，倒卵形或披针形，中脉明显，内包含有 1~2 朵花；花黄色，直径 4~5 cm；花梗长 6~7 mm；花被管狭漏斗形，外花被裂片倒卵形，有紫褐色的网纹，爪部狭楔形，中脉上密布黄色须毛状的附属物；雄蕊长约 2 cm，花药黄色；花柱分枝扁平。【果实】蒴果纺锤形。

【花期】	5 月
【果期】	6—8 月
【生境】	草甸草原、向阳山地及林缘草甸
【分布】	黑龙江南部及北部、吉林东部及南部、辽宁东部、内蒙古东北部

长白鸢尾植株

小黄花鸢尾 *Iris minutoaurea*

【外观】多年生草本。【根茎】根状茎细长，丝状，横走、坚韧，黄褐色，节处膨大，生有纤细、多分枝的须根；植株基部有黄褐色或棕色的叶鞘残留的纤维。【叶】叶狭条形，长 5~16 cm，宽 2~7 mm，顶端渐尖，有 3~5 条纵脉，无明显的中脉。【花】花茎细弱，高 7~15 cm；苞片 2 枚，膜质，披针形，中脉明显，内包含有 1 朵花；花黄色，直径 2.5~3 cm；花梗细，花被管丝状，顶端膨大，外花被裂片倒卵形，爪部狭楔形，无附属物，内花被裂片直立，倒披针形，顶端钝，微凹；雄蕊长约 1 cm，花药黄褐色；花柱分枝扁平，顶端裂片长三角形，边缘有疏牙齿，子房纺锤形。【果实】蒴果近球形。

【花期】	5 月
【果期】	6—7 月
【生境】	干山坡及林缘草丛
【分布】	辽宁东部

小黄花鸢尾花

小黄花鸢尾植株

卷鞘鸢尾花（侧）

卷鞘鸢尾花

卷鞘鸢尾 *Iris potaninii*

【别名】石生鸢尾。【外观】多年生草本。【根茎】根状茎木质，块状，很短；根粗而长，黄白色，近肉质，少分枝。【叶】叶条形，花期叶长 4~8 cm，果期长可达 20 cm。【花】花茎极短，不伸出地面，基部生有 1~2 枚鞘状叶；苞片 2 枚，膜质，狭披针形，顶端渐尖，内包含有 1 朵花；花黄色，直径约 5 cm；花被管下部丝状，上部逐渐扩大成喇叭形，外花被裂片倒卵形，顶端微凹，中脉上密生有黄色的须毛状附属物，内花被裂片倒披针形，顶端微凹，直立；雄蕊长约 1.5 cm，花药短宽，紫色；花柱分枝扁平，黄色，顶端裂片近半圆形，外缘有不明显的牙齿，子房纺锤形。【果实】果实椭圆形。

【花期】	5—6 月
【果期】	7—9 月
【生境】	草原带或荒漠草原带的干旱山坡上
【分布】	内蒙古东北部

卷鞘鸢尾植株

朝鲜鸢尾 *Iris odaesanensis*

【别名】五台山鸢尾。【外观】多年生草本。【根茎】根状茎长，纤细，具匍匐茎。【叶】叶苍白色，长 11~25 cm，宽 0.8~1.1 cm，花期后伸长，可达 35 cm，具 10~12 条肋。【花】花茎高 9~13 cm；苞片 2，披针形，长 3.3~6.2 cm，宽 0.1~0.4 cm，具 2 花。花白色，直径 3~4 cm，花梗长，花被管短 1~5 mm；外层花被片开展，中央有黄色斑点，基部渐缩成爪，倒卵形，长 1.8~2.4 cm，宽 1~1.6 cm，先端圆；内层花被片白色，倒卵形，长 1.4~1.9 cm，宽 6~9 mm。雄蕊长 1~1.4 cm；花柱分枝白色，条形，长 1.5~2 cm，宽 3~4 mm。【果实】蒴果卵形，具 3 条明显的棱，顶端具短喙；果梗长。

【花期】	5—6 月
【果期】	7—8 月
【生境】	干燥向阳山坡及岩石缝隙中
【分布】	吉林南部

朝鲜鸢尾植株

朝鲜鸢尾花（背）

朝鲜鸢尾居群

中亚鸢尾花

中亚鸢尾花（侧）

中亚鸢尾 *Iris bloudowii*

【别名】大黄金鸢尾。【外观】多年生草本。【根茎】根状茎粗壮肥厚，局部膨大成结节状，棕褐色；根黄白色。【叶】叶灰绿色，剑形或条形，花期叶长 8~12 cm，宽 4~8 mm，果期叶长 15~25 cm，宽 0.8~1.2 cm，顶端短渐尖或骤尖，基部鞘状，互相套叠，有 5~6 条纵脉。【花】花茎高 8~10 cm，果期长可达 30 cm，不分枝；苞片 3 枚，膜质，带红紫色，倒卵形，顶端钝，中间 1 片略短而狭，内包含有 2 朵花；花梗长 0.6~1 cm；花鲜黄色，直径 5~5.5 cm；花被管漏斗形，外花被裂片倒卵形，上部反折，爪部狭楔形，内花被裂片倒披针形，直立；雄蕊长 1.8~2.2 cm；花柱分枝扁平，鲜黄色，子房绿色，纺锤形。【果实】蒴果卵圆形。

【花期】	5—6 月
【果期】	7—8 月
【生境】	草甸草原、向阳山地及林缘草甸
【分布】	黑龙江北部、内蒙古东北部

中亚鸢尾植株

中亚鸢尾群落

中亚鸢尾植株（侧）

15 阿福花科 Asphodelaceae

萱草属 *Hemerocallis*

大苞萱草 *Hemerocallis middendorffii*

【别名】大花萱草。【外观】多年生草本。【根茎】具短的根状茎和绳索状的须根。【叶】叶条形，基生，长 40~80 cm，宽 1.5~2.5 cm，柔软，上部下弯。【花】花葶由叶丛中抽出，直立，高 40~70 cm，与叶近等长，不分枝，花仅数朵簇生于顶端；苞片宽卵形或心状卵形，先端长渐尖至近尾状；花近簇生，具很短的花梗；花金黄色或橘黄色，芳香，花被管 1/3~2/3 为苞片所包；花被裂片狭倒卵形至狭长圆形，长 6~7.5 cm，外 3 片宽 1.3~2 cm，内 3 片宽 1.5~2.5 cm；雄蕊 6 枚，着生于花被管上端，花丝丝状，花药黄色；子房长圆形，花柱细长，柱头小，头状。【果实】蒴果椭圆形，稍有三钝棱。

【花期】	6—7 月
【果期】	8—9 月
【生境】	湿草地、林下、林缘、草甸及草地
【分布】	黑龙江南部及东部、吉林东部和南部、辽宁东部

大苞萱草群落

大苞萱草花

大苞萱草果实

大苞萱草植株(侧)

大苞萱草植株

小黄花菜 *Hemerocallis minor*

【别名】黄花菜。【外观】多年生草本。【根茎】具短的根状茎和绳索状的须根，不膨大。【叶】叶基生，条形，长20~60 cm，宽5~10 mm，基部渐狭而抱茎。【花】花葶由叶丛中抽出，高40~60 cm；顶端1~2朵花，较少3朵；花下具苞片，披针形，先端渐尖，具数条纹脉；花梗短或无；花淡黄色，芳香，花被6枚，下部结合为花被管，长1~2.5 cm，上部6裂，外轮裂片长圆形，长4.5~6 cm，宽0.9~1.5 cm，内轮裂片长4.5~6 cm，宽1.5~2.4 cm，盛开时裂片反卷；雄蕊6枚，花丝长3~4 cm，花药长圆形，子房长圆形，花柱细长，丝状。【果实】蒴果椭圆形。

【花期】	6—7 月
【果期】	8—9 月
【生境】	山地草原、草甸化草原、湿草甸子、山坡及林缘
【分布】	黑龙江大部、吉林（西部、东部及南部）、辽宁（东部、南部及西部）、内蒙古东部

小黄花菜花　　　　　小黄花菜花（侧）　　　　　小黄花菜果实

小黄花菜群落

小黄花菜植株

北黄花菜 *Hemerocallis lilioasphodelus*

【别名】黄花菜、黄花萱草。【外观】多年生草本。【根茎】具短的根状茎和稍肉质呈绳索状的须根。【叶】叶基生，2列，条形，长 30~70 cm，宽 5~12 mm，基部抱茎。【花】花葶由叶丛中抽出，高 70~90 cm；花序分枝，常由 4 至多数花组成假二歧状的总状花序或圆锥花序；花序基部的苞片较大，披针形，上部的渐小；花梗长 1~2 cm；花淡黄色或黄色，芳香，花被管长 1.5~2.5 cm，花被裂片长 5~7 cm，外轮 3 片倒披针形，宽 1~1.2 cm，内轮 3 片长圆状椭圆形，宽 1.5~2 cm，花径 7~8 cm；雄蕊 6 枚，子房圆柱形，花柱丝状。【果实】蒴果椭圆形。

【花期】	6—7 月
【果期】	8—9 月
【生境】	湿草甸子、山坡草地、草原、灌丛及林下
【分布】	黑龙江大部、吉林（西部、东部及南部）、辽宁北部及西部、内蒙古东北部

北黄花菜植株

北黄花菜果实

北黄花菜花（侧）

16 石蒜科 Amaryllidaceae

葱属 *Allium*

长梗韭 *Allium neriniflorum*

【别名】长梗葱、花美韭。【外观】多年生草本，植株无葱蒜气味。【根茎】鳞茎单生，卵球状至近球状；鳞茎外皮灰黑色，膜质，不破裂，内皮白色，膜质。【叶】叶圆柱状或近半圆柱状，中空，具纵棱，沿纵棱具细糙齿。【花】花葶圆柱状，高 15~30 cm，下部被叶鞘；总苞单侧开裂，宿存；伞形花序疏散；小花梗不等长，基部具小苞片；花红色至紫红色；花被片长 7~10 mm，宽 2~3.2 mm，基部互相靠合成管状，分离部分星状开展，卵状矩圆形、狭卵形或倒卵状矩圆形，先端钝或具短尖头，内轮的常稍长而宽，少有内轮稍狭的；花丝基部合生并与靠合的花被管贴生，子房圆锥状球形，每室 6~8 胚珠，柱头 3 裂。

长梗韭花序

【花期】	7—8 月
【果期】	8—9 月
【生境】	草甸草原、砂质地、砾石质地、山坡及海边沙地
【分布】	黑龙江西部、吉林西部及东部、辽宁南部及西部、内蒙古东部

长梗韭花

长梗韭居群

硬皮葱花序（粉色）

硬皮葱花序（紫色）

硬皮葱 *Allium ledebourianum*

【别名】野葱。【外观】多年生草本。【根茎】鳞茎常单
生，卵状柱形；鳞茎外皮灰褐色，片状破裂。【叶】叶1~2枚，
圆柱形，通常比花葶短，中空，先端渐尖。【花】花葶圆柱形，
高20~60 cm，在花葶1/4~1/2处具光滑的叶鞘；总苞膜质，白
色，有时带紫色，2裂，裂片圆形，为花序的1/2~2/3长，宿
存；伞形花序近球形，花多而密集，花梗近等长；花淡紫色，
花被片6枚，2轮排列，卵状披针形或披针形，长6~8 mm，宽
2~3 mm，内、外轮花被片等长，有时外轮的花被片略短，具1
紫色中脉，先端短尖或渐尖；雄蕊6枚，花丝等长，内轮的花
丝狭三角形，外轮花丝锥形；子房卵圆形，花柱伸出于花被外。

【花期】	7—8月
【果期】	8—9月
【生境】	沼泽湿地、湿草甸子、沟边、河谷、山坡及沙地上
【分布】	黑龙江南部及北部、吉林东部、内蒙古东北部

硬皮葱群落

硬皮葱植株

山韭花序

山韭 *Allium senescens*

【别名】岩葱。【外观】多年生草本。【根茎】具粗壮的横生根状茎，鳞茎近狭卵状圆柱形或近圆锥状，外皮灰黑色至黑色，膜质。【叶】叶狭条形至宽条形，肥厚，基部近半圆柱状，上部扁平，有时略呈镰状弯曲，先端钝圆。【花】花葶圆柱状，常具 2 纵棱，高 10~65 cm，下部被叶鞘；总苞 2 裂，宿存；伞形花序半球状至近球状，具多而稍密集的花；小花梗近等长，基部具小苞片；花紫红色至淡紫色；花被片长 3.2~6 mm，宽 1.6~2.5 mm，内轮的矩圆状卵形至卵形，先端钝圆并常具不规则的小齿，外轮的卵形，舟状，略短；花丝等长，仅基部合生并与花被片贴生；子房倒卵状球形至近球状，基部无凹陷的蜜穴，花柱伸出花被外。

【花期】	7—8 月
【果期】	8—9 月
【生境】	草甸草原、干燥的石质山坡、林缘、荒地及路旁
【分布】	黑龙江北部及东部、吉林（西部、东部及南部）、辽宁西部及南部、内蒙古东部

山韭群落

山韭植株

绵枣儿花序

绵枣儿属 *Barnardia*

绵枣儿 *Barnardia japonica*

【别名】石枣儿、天蒜。【外观】多年生草本。【根茎】鳞茎卵形或近球形；鳞茎皮黑褐色。【叶】基生叶通常 2~5 枚，狭带状，长 15~40 cm，宽 2~9 mm，柔软。【花】花葶通常比叶长；总状花序长 2~20 cm，具多数花；花紫红色、粉红色至白色，小，直径 4~5 mm，在花梗顶端脱落；花梗基部有 1~2 枚较小的、狭披针形苞片；花被片近椭圆形、倒卵形或狭椭圆形，长 2.5~4 mm，宽约 1.2 mm，基部稍合生而成盘状，先端钝而且增厚；雄蕊生于花被片基部，花丝近披针形；子房基部有短柄，表面多少有小乳突，3 室，每室 1 个胚珠。【果实】果近倒卵形，长 3~6 mm，宽 2~4 mm。

【花期】	7—8 月
【果期】	9—10 月
【生境】	草甸草原、山地草甸、湿草甸、多石山坡、草地、林缘及沙质地
【分布】	黑龙江西部及南部、吉林西部及南部、辽宁（东部、南部及西部）、内蒙古东部

绵枣儿群落

绵枣儿植株

铃兰属 Convallaria

铃兰 Convallaria majalis

【别名】草玉铃。【外观】多年生草本，植株高 20~40 cm。【根茎】根状茎细长，匍匐。【叶】叶通常 2 枚，极少 3 枚，叶片椭圆形或卵状披针形，长 10~18 cm，宽 4~11 cm，先端急尖，基部近楔形，具弧形脉；叶柄长 10~20 cm，呈鞘状互相抱着，基部有数枚鞘状的膜质鳞片。【花】花葶由鳞片腋生出，高 15~30 cm，稍外弯；苞片披针形，短于花梗，总状花序偏侧生，具 6~10 朵花，花梗长 1~1.5 cm；花白色，短钟状，芳香，长 0.6~0.7 cm，径约 1 cm，下垂，花被顶端 6 浅裂，裂片卵状三角形，先端锐尖，有 1 脉。【果实】浆果球形，熟时红色，稍下垂。

铃兰花序

【花期】	5—6 月
【果期】	8—9 月
【生境】	腐殖质肥沃的山地林下稍湿地、沟边及林缘灌丛
【分布】	黑龙江（北部、南部及东部）、吉林南部及东部、辽宁大部、内蒙古东北部

铃兰植株

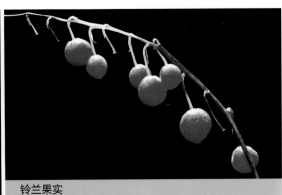

铃兰果实

铃兰花（侧）

东北玉簪花

东北玉簪花序

玉簪属 *Hosta*

东北玉簪 *Hosta ensata*

　　【别名】剑叶玉簪。【外观】多年生草本。【根茎】根状茎粗，有长的走茎。【叶】叶基生，披针形或长圆状披针形，叶片长 10~15 cm，宽 2~5 cm，先端尖或渐尖，基部楔形，具 4~8 对弧形脉；叶柄长 5~20 cm，由于叶片下延而至少上部具狭翅。【花】花葶由叶丛中抽出，高 30~60 cm，在花序下方的花葶上具 1~4 枚白色膜质的苞片，为卵状长圆形；总状花序，具花 10~20 朵；花梗长 5~10 mm，苞片宽披针形，膜质，花紫色或蓝紫色，长 4~5 cm；花被下部结合成管状，长约 3 cm，上部开展呈钟状，先端 6 裂；雄蕊 6 枚，稍伸出花被外；子房圆柱形，3 室，花柱细长，明显伸出花被外。【果实】蒴果长圆形，室背开裂。

【花期】	8—9 月
【果期】	9—10 月
【生境】	河边湿地、阴湿山地、林下及林缘
【分布】	吉林南部和东部、辽宁东部及西部

东北玉簪植株

舞鹤草属 *Maianthemum*

二叶舞鹤草 *Maianthemum bifolium*

【别名】舞鹤草。【外观】多年生草本。【根茎】根状茎细长，节上有少数根；茎高 8~25 cm。【叶】基生叶有长叶柄，花期凋萎；茎生叶通常 2 枚，互生，三角状卵形，长 3~10 cm，宽 2~9 cm，先端急尖至渐尖，基部心形，弯缺张开，下面脉上有柔毛，边缘有细小的锯齿状乳突或具柔毛。【花】总状花序直立，有 10~25 朵花；花白色，直径 3~4 mm，单生或成对。花梗细，顶端有关节；花被片矩圆形，花丝短于花被片，花药黄白色，子房球形。【果实】浆果直径 3~6 mm。

【花期】	6—7 月
【果期】	8—9 月
【生境】	针阔混交林或针叶林下
【分布】	黑龙江（北部、东部及南部）、吉林南部及东部，辽宁东部、内蒙古东北部

二叶舞鹤草花序

二叶舞鹤草植株

二叶舞鹤草居群

鹿药 *Maianthemum japonicum*

【外观】多年生草本，植株高 30~60 cm。【根茎】根状茎横走，多少圆柱状，肉质肥厚，有多数须根。茎直立，上部稍向外倾斜，密生粗毛，下部有鳞叶，茎中部以上或仅上部具粗伏毛，具 4~9 叶。【叶】叶纸质，卵状椭圆形、椭圆形或矩圆形，长 6~15 cm，宽 3~7 cm，先端近短渐尖，具短柄。【花】圆锥花序有毛，具 10~20 余朵花；花单生，白色；花梗长 2~6 mm；花被片分离或仅基部稍合生，矩圆形或矩圆状倒卵形，长约 3 mm；雄蕊基部贴生于花被片上，花药小；花柱与子房近等长，柱头几不裂。【果实】浆果近球形，熟时红色，具 1~2 颗种子。

【花期】	5—6 月
【果期】	8—9 月
【生境】	针阔混交林或杂木林下阴湿处
【分布】	黑龙江南部及东部、吉林南部及东部、辽宁（东部、南部及西部）

鹿药花序

鹿药果实（红色）

鹿药植株

鹿药果实（黄色）

黄精属 *Polygonatum*

玉竹 *Polygonatum odoratum*

【别名】葳蕤、萎蕤。【外观】多年生草本。【根茎】根状茎扁圆柱形，横生；密生多数须根；茎单一，高 20~80 cm，上部倾斜，基部具 2~3 枚呈干膜质的广条形叶。【叶】叶片通常 7~14 枚互生于茎中上部，椭圆形、长圆形至卵状长圆形，长 5~20 cm，宽 2~8 cm，先端尖，下面带灰白色。【花】花序常具 1~4 朵花，生于叶腋，花序梗弯而下垂，无苞片或有条状披针形苞片；花绿黄色或白色，有香气，全长 13~20 mm，花被片 6 枚，下部合生成筒状，先端 6 裂，裂片卵形或广卵形，覆瓦状排列，长 4~6 mm。【果实】浆果圆球形，蓝黑色，具 7~9 枚种子。

【花期】	5—6 月
【果期】	8—9 月
【生境】	腐殖质肥沃的山地林下、林缘灌丛、沟边及山地草甸
【分布】	黑龙江（北部、南部及东部）、吉林南部及东部、辽宁大部、内蒙古东部

玉竹果实

玉竹花（双花）

玉竹植株

小玉竹植株

小玉竹 *Polygonatum humile*

　　【外观】多年生草本。【根茎】根状茎细圆柱形，匍匐；茎直立，高15~50 cm，有棱角。【叶】叶 7~14 枚，互生，无柄或下部叶有极短的柄；叶片长圆形、长圆状披针形或广披针形，长 4~9 cm，宽 1.5~4 cm，基部钝，表面无毛，背面及边缘具短糙毛。【花】花序通常腋生 1 花，花梗显著向下弯曲；花白色，顶端带绿色，筒状，长 15~18 mm，先端 6 浅裂，裂片长 2 mm；雄蕊6 枚，花丝稍两侧扁，粗糙，花药三角状披针形，子房倒卵状长圆形，花柱长11~13 mm。【果实】浆果球形，蓝黑色。

【花期】	5—6 月
【果期】	8—9 月
【生境】	山坡、林下、林缘、路旁、山地草甸、草甸化草原及湿草甸
【分布】	黑龙江南部及北部、吉林东部和南部、辽宁东部、内蒙古东部

小玉竹植株

小玉竹花

小玉竹居群

鸭跖草科 Commelinaceae

鸭跖草属 *Commelina*

鸭跖草 *Commelina communis*

【别名】淡竹叶。【外观】一年生披散草本。【根茎】茎匍匐生根，多分枝，长可达1 m，下部无毛，上部被短毛。【叶】叶披针形至卵状披针形，长3~9 cm，宽1.5~2 cm。【花】总苞片佛焰苞状，有1.5~4 cm的柄，与叶对生，折叠状，展开后为心形，顶端短急尖，基部心形，长1.2~2.5 cm，边缘常有硬毛；聚伞花序，下面一枝仅有花1朵，具长8 mm的梗，不孕；上面一枝具花3~4朵，具短梗，几乎不伸出佛焰苞；花梗花期长仅3 mm，果期弯曲，长不过6 mm；萼片膜质，内面2枚常靠近或合生；花瓣深蓝色；内面2枚具爪。【果实】蒴果椭圆形，2室，2片裂，有种子4颗。

鸭跖草花（藕荷色）

鸭跖草花（粉色）

【花期】	7—8 月
【果期】	8—9 月
【生境】	田野、路旁、沟边、林缘等较潮湿地
【分布】	东北地区广泛分布

鸭跖草植株

鸭跖草群落

19 雨久花科 Pontederiaceae

雨久花属 *Monochoria*

雨久花 *Monochoria korsakowii*

【别名】蓝鸟花。【外观】一年生直立水生草本。【根茎】根状茎粗壮，具柔软须根；茎直立，高 30~70 cm，全株光滑无毛，基部有时带紫红色。【叶】叶基生和茎生；基生叶宽卵状心形，长 4~10 cm，宽 3~8 cm，顶端急尖或渐尖，基部心形，全缘，具多数弧状脉；叶柄长达 30 cm，有时膨大成囊状；茎生叶叶柄渐短，基部增大成鞘，抱茎。【花】总状花序顶生，有时再聚成圆锥花序；花 10 余朵，具花梗；花被片椭圆形，长 10~14 mm，顶端圆钝，蓝色；雄蕊 6 枚，其中 1 枚较大，花药长圆形，浅蓝色，其余各枚较小，花药黄色，花丝丝状。【果实】蒴果长卵圆形，包于宿存花被片内。

【花期】	7—8 月
【果期】	9—10 月
【生境】	池塘、湖沼靠岸的浅水处及稻田中
【分布】	黑龙江南部及东部、吉林（南部、东部及西部）、辽宁（东部、南部及西部）、内蒙古东部

雨久花群落

雨久花植株

雨久花花序

雨久花果实

荷包藤植株

荷包藤属 *Adlumia*

荷包藤 *Adlumia asiatica*

【别名】藤荷包牡丹、合瓣花。【外观】多年生草质藤本。【根茎】茎细，长达3 m，具分枝。【叶】基生叶多数，开花期枯死；茎生叶多，轮廓卵形或三角形，二至三回近羽状全裂，第二回裂片顶端小叶柄常呈卷须状，小裂片狭卵形、椭圆形或近菱形，长5~20 mm，宽2~6 mm，先端钝，基部楔形。【花】圆锥花序腋生，有5~20花；苞片狭披针形，膜质；萼片卵形，早落；花直径1 cm，花瓣4枚，外面2枚先端分离部分披针形，淡紫红色，里面2枚分离部分圆匙形，花瓣片近圆形，爪近条形；雄蕊束宽扁，花药黄色；子房线状椭圆形，柱头2裂。【果实】蒴果线状椭圆形，成熟时2瓣裂。

【花期】	7—8 月
【果期】	8—9 月
【生境】	针叶林内、林边及稀疏柞树林内
【分布】	黑龙江东北部、吉林东部及南部

荷包藤花

白屈菜属 Chelidonium

白屈菜 Chelidonium majus

　　【外观】多年生草本；高 30~100 cm。【根茎】主根粗壮，圆锥形；茎聚伞状多分枝，分枝常被短柔毛。【叶】基生叶少，早凋落，叶片倒卵状长圆形或宽倒卵形，长 8~20 cm，羽状全裂，全裂片 2~4 对，倒卵状长圆形，具不规则的深裂或浅裂，裂片边缘圆齿状；叶柄基部扩大成鞘；茎生叶叶片小，其他同基生叶。【花】伞形花序多花，花梗纤细，苞片小，卵形；萼片卵圆形，舟状，早落；花瓣倒卵形，长约 1 cm，全缘，黄色；花丝丝状，黄色，花药长圆形；子房线形，柱头 2 裂。【果实】蒴果狭圆柱形；具通常比果短的柄。

白屈菜花

白屈菜花序

【花期】	5—8 月
【果期】	6—9 月
【生境】	山谷湿润地、水沟边、农田、路旁及住宅附近
【分布】	东北地区广泛分布

白屈菜居群

巨紫堇花序（粉红色）

紫堇属 *Corydalis*

巨紫堇 *Corydalis gigantea*

【别名】黑水巨紫堇。【外观】多年生草本；高 80~120 cm。【根茎】根茎粗短，近直角状弯曲，具鳞片和须根；茎平滑，中部以上具叶和分枝。【叶】茎生叶具柄至无柄；叶片近三角形，质薄，上面暗绿色，下面灰白色，二回羽状全裂，末回羽片 2~3 深裂，裂片椭圆形至长圆形，长 5~10 cm，宽 2 cm。【花】总状花序多数，组成复总状圆锥花序，多花；苞片线形，花梗顶端增粗。花淡紫红色至淡蓝色，俯垂至近平展。萼片膜质，椭圆形，具渐尖或近圆的顶端，多少具齿；上花瓣长 1.25~2.5 cm；距圆锥形至圆筒形，蜜腺体占距长的 2/3。【果实】蒴果小，近长圆形或狭卵圆形。

【花期】	5—6 月
【果期】	7—8 月
【生境】	林缘湿草地、河岸及林下
【分布】	黑龙江东部、吉林南部及东部

巨紫堇植株

巨紫堇花序（纯粉色）

角瓣延胡索 *Corydalis watanabei*

【别名】尖瓣延胡索、元胡。【外观】多年生草本；高 7~15 cm。【根茎】茎纤细，卧伏，具球状块茎；地上茎单一或从茎下部鳞片叶腋生出 1~4 分枝。【叶】叶为二回三出复叶，小叶倒卵形或椭圆形，长 0.5~3 cm，宽 0.3~1.5 cm，全缘或先端浅裂。【花】总状花序，花 1 至数朵；苞片卵形或长椭圆形，全缘或偶有分裂；花蓝白色、白色或淡紫红色，长 1.5~2 cm；花梗细，萼片不明显，早落；花冠唇形，4 瓣，2 轮，外轮上瓣反曲，全缘，顶端凹陷处无突尖，基部成一长距，内轮花瓣先端角状；雄蕊 6 枚，每 3 枚成一束；雌蕊 1 枚长卵形。【果实】蒴果长卵形。

【花期】	4—5 月
【果期】	5—6 月
【生境】	路旁、林缘、林间空地及休闲地
【分布】	黑龙江南部、吉林南部、辽宁东部

角瓣延胡索植株

角瓣延胡索花

角瓣延胡索群落

堇叶延胡索 *Corydalis fumariifolia*

【别名】东北延胡索、元胡。【外观】多年生草本；高 8~28 cm。【根茎】块茎圆球形；茎直立或上升，基部以上具 1 鳞片，上部具 2~3 叶。【叶】叶二至三回三出，小叶多变，全缘至深裂，末回裂片线形，披针形，椭圆形或卵圆形，全缘，有时具锯齿或圆齿。【花】总状花序具 5~15 花；苞片宽披针形，全缘，萼片小，不明显；花淡蓝色或蓝紫色，内花瓣色淡或近白色，外花瓣较宽展，全缘，顶端下凹，上花瓣长 1.8~2.5 cm，瓣片多少上弯，两侧常反折；距直或末端稍下弯，长 7~12 mm，下花瓣直或浅囊状，瓣片基部较宽，6~10 mm。【果实】蒴果线形，常呈红棕色，具 1 列种子。

【花期】	4—5 月
【果期】	5—6 月
【生境】	阴湿山沟、山地灌丛间、杂木林下及坡地
【分布】	黑龙江南部及东部、吉林南部及东部、辽宁东部及南部
【附注】	本区尚有 4 变型：齿裂堇叶延胡索，叶终裂片楔形，较宽，或长圆形至椭圆形，而基部多为楔形，先端均具栉齿状牙齿或裂片，蒴果通常线形，其他与原种同；线裂堇叶延胡索，叶终裂片线形或线状长圆形，蒴果通常线形，其他与原种同；多裂堇叶延胡索，叶为三至四回三出全裂或近全裂，终裂片线形，蒴果通常线形或狭线形，其他与原种同；圆裂堇叶延胡索，叶裂片圆形至广椭圆形，基部宽楔形，全缘或先端稍具齿状缺刻，其他与原种同

堇叶延胡索群落

董叶延胡索果实

董叶延胡索花序（蓝紫色）

董叶延胡索花序（淡蓝色）

董叶延胡索花

线裂堇叶延胡索 f. *lineariloba* **齿裂堇叶延胡索 f. *dentata***

线裂堇叶延胡索植株

齿裂堇叶延胡索植株

圆裂堇叶延胡索 f. *rotundiloba* **多裂堇叶延胡索 f. *multifida***

圆裂堇叶延胡索植株

多裂堇叶延胡索植株

齿瓣延胡索 *Corydalis turtschaninovii*

【别名】元胡。【外观】多年生草本；高 10~30 cm。【根茎】块茎圆球形，质色黄；茎多少直立或斜伸，通常不分枝，基部以上具 1 枚大而反卷的鳞片。【叶】茎生叶通常 2 枚，二回或近三回三出，末回小叶变异极大，裂片宽椭圆形，倒披针形或线形，钝或具短尖。【花】总状花序花期密集，具 6~30 花；苞片楔形，篦齿状多裂；萼片小，不明显；花蓝色、白色或紫蓝色；外花瓣宽展，边缘常具浅齿，顶端下凹，上花瓣长 2~2.5 cm；距直或顶端稍下弯，蜜腺体占距长的 1/3~1/2，末端钝，内花瓣长 9~12 mm。【果实】蒴果线形，具 1 列种子，多少扭曲。

齿瓣延胡索果实

【花期】	4—5 月
【果期】	5—6 月
【生境】	山谷溪流旁、林下、林缘及灌丛
【分布】	黑龙江（南部、东部及北部）、吉林南部和东部、辽宁（东部、南部及西部）、内蒙古北部
【附注】	本区尚有 2 变型：栉裂齿瓣延胡索，叶终裂片椭圆状楔形，较宽，先端栉齿状裂，裂片尖或稍钝，其他与原种同；线裂齿瓣延胡索，叶终裂片长圆状线形或线形，全缘或有时再具狭裂片，其他与原种同

齿瓣延胡索植株

栉裂齿瓣延胡索 f. *pectinata*　　　　　　　线裂齿瓣延胡索 f. *lineariloba*

栉裂齿瓣延胡索植株

线裂齿瓣延胡索植株

WILD FLOWERS OF THE NORTHEASTERN CHINA / 151

珠果黄堇 *Corydalis pallida*

【别名】珠果紫堇、黄堇。【外观】多年生灰绿色草本；高 40~60 cm。【根茎】具主根；当年生和第二年生的茎常不分枝。【叶】下部茎生叶具柄，上部的近无柄；叶片长约 15 cm，狭长圆形，二回羽状全裂，一回羽片 5~7 对，二回羽片 2~4 对，卵状椭圆形，羽状深裂。【花】总状花序生茎和腋生枝的顶端，密具多花；苞片披针形至菱状披针形，花金黄色，萼片小，近圆形，中央着生；外花瓣较宽展，通常渐尖，近具短尖，上花瓣长 2~2.2 cm；距约占花瓣全长的 1/3，下花瓣长约 1.5 cm，基部多少具小瘤状突起，内花瓣，顶端微凹。【果实】蒴果线形，俯垂，念珠状，具 1 列种子。

【花期】	4—5 月
【果期】	5—6 月
【生境】	林下、林缘、坡地、河岸石砾地、水沟边及路旁
【分布】	黑龙江南部及东部、吉林南部和东部、辽宁东部及南部、内蒙古东部
【附注】	本区尚有 1 变种：狭裂珠果黄堇，叶二至三回羽状全裂或近全裂，裂片细碎且小，终裂片条形，总状花序密生多花，花鲜黄色，其他与原种同

珠果黄堇群落

珠果黄堇植株

狭裂珠果黄堇 var. *speciosa*

狭裂珠果黄堇植株

狭裂珠果黄堇花序

全叶延胡索 *Corydalis repens*

【别名】元胡。【外观】多年生草本，高 8~20 cm。【根茎】块茎球形；茎细长，具 1 鳞片，枝条发自鳞片腋内。【叶】叶二回三出，小叶披针形至倒卵形，全缘，长 6~25 mm，宽 5~16 mm，常具浅白色的条纹或斑点。【花】总状花序具 3~14 花；苞片披针形至卵圆形，花梗纤细；花浅蓝色，蓝紫色或紫红色；外花瓣宽展，顶端下凹；上花瓣长 1.5~1.9 cm，瓣片常上弯；距圆筒形，蜜腺体约贯穿距长的 1/2，渐尖。下花瓣略向前伸，内花瓣具鸡冠状突起。【果实】蒴果宽椭圆形或卵圆形，具 4~6 种子，2 列。

【花期】	4—5 月
【果期】	5—6 月
【生境】	林缘、林间草地、山坡路旁
【分布】	吉林东部及南部、辽宁东部及南部

全叶延胡索花序

全叶延胡索花

全叶延胡索植株

全叶延胡索花序 (背)

地丁草 *Corydalis bungeana*

【别名】布氏地丁。【外观】二年生灰绿色草本；高 10~50 cm。【根茎】具主根；茎自基部铺散分枝。【叶】基生叶多数，长 4~8 cm，叶柄约与叶片等长；叶片二至三回羽状全裂，一回羽片 3~5 对，具短柄，二回羽片 2~3 对，顶端分裂成短小的裂片，裂片顶端圆钝；茎生叶与基生叶同形。【花】总状花序，多花，先密集，后疏离；苞片叶状；花梗短；萼片宽卵圆形至三角形；花粉红色至淡紫色，平展；外花瓣顶端多少下凹，具浅鸡冠状突起，上花瓣长 1.1~1.4 cm；距长 4~5 mm，末端多少囊状膨大，下花瓣稍向前伸出，爪向后渐狭，内花瓣顶端深紫色。【果实】蒴果椭圆形，下垂，具 2 列种子。

【花期】	5—6 月
【果期】	6—7 月
【生境】	山沟、溪旁、杂草丛、田边及砾质地
【分布】	黑龙江南部、吉林东部、辽宁（西部、北部及南部）、内蒙古东部

地丁草果实

地丁草植株

地丁草花（白色）

地丁草花

荷青花属 *Hylomecon*

荷青花 *Hylomecon japonica*

【别名】刀豆三七。【外观】多年生草本；高 15~40 cm，具黄色液汁。【根茎】根茎斜生，肉质，盖以褐色膜质的鳞片；茎直立。【叶】基生叶少数，叶片长 10~20 cm，羽状全裂，裂片 2~3 对，宽披针状菱形、倒卵状菱形或近椭圆形，先端渐尖，基部楔形，边缘具不规则的圆齿状锯齿或重锯齿；茎生叶通常 2，叶片同基生叶，具短柄。【花】花 1~3 朵排列成伞房状；花梗直立，纤细；花芽卵圆形；萼片卵形，芽时覆瓦状排列，花期脱落；花瓣倒卵圆形或近圆形，长 1.5~2 cm，基部具短爪；雄蕊黄色，花丝丝状，花药圆形或长圆形；花柱极短，柱头 2 裂。【果实】蒴果 2 瓣裂，具宿存花柱。

荷青花花（3花）

荷青花花（2花）

【花期】	4—5 月
【果期】	5—6 月
【生境】	多阴山地灌丛、林下及溪沟
【分布】	黑龙江（南部、东部及北部）、吉林南部及东部、辽宁东部及南部

荷青花花（5瓣、6瓣和8瓣）

荷青花群落

荷青花植株

角茴香属 *Hypecoum*

角茴香 *Hypecoum erectum*

　　【外观】一年生草本；高 15~30 cm。【根茎】根圆柱形，具少数细根；花茎多，二歧状分枝。【叶】基生叶多数，叶片轮廓倒披针形，长 3~8 cm，多回羽状细裂，裂片线形，先端尖；叶柄细，基部扩大成鞘；茎生叶同基生叶。【花】二歧聚伞花序多花，苞片钻形，萼片卵形，先端渐尖，全缘；花瓣淡黄色，长 1~1.2 cm，外面 2 枚倒卵形或近楔形，先端宽，3 浅裂，里面 2 枚倒三角形，3 裂至中部以上，侧裂片较宽，具微缺刻；雄蕊 4 枚，花药狭长圆形；子房狭圆柱形，柱头 2 深裂。【果实】蒴果长圆柱形，直立，成熟时分裂成 2 果瓣。

【花期】	5—7 月
【果期】	6—8 月
【生境】	山坡草地、河边沙地、多石砾坡地及盐化草甸
【分布】	内蒙古东北部

角茴香群落

角茴香植株

角茴香花

角茴香果实

野罂粟花 (橙黄色)

野罂粟果实

罂粟属 *Papaver*

野罂粟 *Papaver nudicaule*

【别名】山罂粟。【外观】多年生草本；高 20~60 cm。【根茎】主根圆柱形；根茎短，不分枝；茎极缩短。【叶】叶全部基生，叶片轮廓卵形至披针形，长 3~8 cm，羽状分裂，裂片 2~4 对，全缘或再次羽状浅裂或深裂，小裂片狭卵形、狭披针形或长圆形；叶柄基部扩大成鞘。【花】花葶 1 至数枚；花单生，通常下垂；萼片 2 枚，舟状椭圆形，早落；花瓣 4 枚，宽楔形或倒卵形，长 1.5~3 cm，边缘具浅波状圆齿，基部具短爪，淡黄色、黄色或橙黄色；雄蕊多数，花丝钻形，花药长圆形，黄白色、黄色或稀带红色；子房倒卵形至狭倒卵形，辐射状。【果实】蒴果狭倒卵形、倒卵形或倒卵状长圆形。

【花期】	6—7 月
【果期】	8—9 月
【生境】	草甸草原、湿草甸、林缘及干燥的山坡
【分布】	黑龙江北部、内蒙古东部

野罂粟群落

野罂粟植株

野罂粟花（淡黄色）

野罂粟花（重瓣）

黑水罂粟 *Papaver amurense*

【别名】黑水野罂粟。【外观】多年生草本。【根茎】茎高 30~80 cm，全株密被硬伏毛。【叶】叶茎生，卵形或长卵形，长 15~20 cm，质稍肥厚，羽状深裂，裂片 2~3 对，卵形、长卵形或披针形，边缘有不同深度羽状缺刻，其分裂的程度多变化，两面疏生短硬毛；有长柄。【花】花葶单生或多枚，花顶生，单一；花蕾卵形或球形，弯垂，萼片 2 枚，早落；花瓣 4 枚，通常白色，广倒卵形，长 2.5~3.2 cm，顶端微波状；雄蕊多数；子房倒卵形，柱状呈辐射状，8~16 裂。【果实】蒴果近球形，长 1.5~1.7 cm，孔裂。

【花期】	6—7 月
【果期】	7—8 月
【生境】	山坡、林缘及路旁
【分布】	黑龙江北部及南部、吉林东部

黑水罂粟果实

黑水罂粟花

黑水罂粟群落

黑水罂粟植株

长白山罂粟 *Papaver radicatum* var. *pseudoradicatum*

【别名】白山罂粟、高山罂粟。【外观】多年生草本；植株矮小，全株被糙毛。【根茎】主根圆柱形；根茎密盖覆瓦状排列的残枯叶鞘。【叶】叶全部基生，叶片轮廓卵形至宽卵形，长 1~4 cm，宽 0.8~1.2 cm，一至二回羽状分裂，第一回全裂片 2~3 对，狭椭圆形或长圆形，或者卵形并再次 2~4 深裂；叶柄扁平，基部扩大成鞘。【花】花葶 1 至数枚，花直径 2~3 cm；萼片 2 枚，舟状宽卵形；花瓣 4 枚，宽倒卵形，淡黄绿色或淡黄色；雄蕊多数，花丝丝状，花药长圆形，黄色；子房长圆形，密被紧贴的糙毛，柱头约 6 裂，辐射状。【果实】蒴果倒卵形，密被紧贴或斜展的糙毛，柱头盘平扁。

【花期】	7—8 月
【果期】	8—9 月
【生境】	砾石地、沙地、岩石坡以及高山冻原带
【分布】	吉林东南部

长白山罂粟花（白色）

长白山罂粟花（5瓣）

长白山罂粟花（6瓣）

长白山罂粟果实

长白山罂粟植株（侧）

长白山罂粟植株

小檗属 *Berberis*

黄芦木 *Berberis amurensis*

【别名】大叶小檗、阿穆尔小檗。【外观】落叶灌木；高 1~2.5 m。【根茎】老枝淡黄色或灰色；茎刺三分叉。【叶】叶纸质，倒卵状椭圆形、椭圆形或卵形，长 5~10 cm，宽 2.5~5 cm，先端急尖或圆形，基部楔形，上面暗绿色，中脉和侧脉凹陷，叶缘平展，每边具 40~60 细刺齿；叶柄长 5~15 mm。【花】总状花序具 10~25 朵花；花黄色，萼片 2 轮，外萼片倒卵形，内萼片与外萼片同形，稍大；花瓣椭圆形，长 4.5~5 mm，宽 2.5~3 mm，先端浅缺裂，基部稍呈爪，具 2 枚分离腺体；胚珠 2 枚。【果实】浆果长圆形，长约 10 mm，直径约 6 mm，红色。

【花期】	5—6 月
【果期】	8—9 月
【生境】	山麓、山腹的开阔地、阔叶林的林缘及溪边灌丛
【分布】	黑龙江（南部、东部及北部）、吉林东部和南部、辽宁（西部、南部及东部）、内蒙古东部

黄芦木花序

黄芦木植株

黄芦木群落

淫羊藿属 *Epimedium*

朝鲜淫羊藿 *Epimedium koreanum*

【别名】淫羊藿。【外观】多年生草本；植株高 15~40 cm。
【根茎】根状茎横走，褐色，多须根；花茎基部被有鳞片。【叶】二
回三出复叶，基生和茎生，通常小叶 9 枚；小叶纸质，卵形，长
3~13 cm，宽 2~8 cm，先端急尖或渐尖，基部深心形，基部裂片圆形，
侧生小叶基部裂片不等大，叶缘具细刺齿；花茎仅 1 枚二回三出复
叶。【花】总状花序顶生，具 4~16 朵花；花大，直径 2~4.5 cm，
白色或淡黄色；萼片 2 轮，外萼片长圆形，带红色，内萼片狭卵形
至披针形，急尖，扁平；花瓣通常远较内萼片长，向先端渐细呈钻
状距，基部具花瓣状瓣片。【果实】蒴果狭纺锤形，宿存花柱。

【花期】	4—5 月
【果期】	5—6 月
【生境】	山坡阴湿肥沃地或针阔叶混交林下
【分布】	黑龙江南部、吉林南部及东部、辽宁东部及南部

朝鲜淫羊藿花

朝鲜淫羊藿花(侧)

朝鲜淫羊藿植株

朝鲜淫羊藿果实

牡丹草属 *Gymnospermium*

牡丹草 *Gymnospermium microrrhynchum*

【外观】多年生草本；高约 30 cm。【根茎】根状茎块根状；地上茎直立，草质多汁，禾秆黄色，顶生 1 叶。【叶】叶为三出或二回三出羽状复叶，草质，小叶具柄，叶片 3 深裂至基部，裂片长圆形至长圆状披针形，长 3~4 cm，全缘，先端钝圆，上面绿色，背面淡绿色；托叶大，2 片，先端 2~3 浅裂。【花】总状花序顶生，单一，具花 5~10 朵；花梗纤细，苞片宽卵形，花淡黄色；萼片 5~6 枚，倒卵形，长约 5 mm，宽约 3 mm，先端钝圆；花瓣 6 枚，蜜腺状，先端平截。【果实】蒴果扁球形，5 瓣裂至中部。

【花期】	4—5 月
【果期】	5—6 月
【生境】	土壤较肥沃深厚的溪流旁、林中、林缘及山区路旁
【分布】	吉林南部、辽宁东部

牡丹草果实

牡丹草花序（亮黄色）

牡丹草果穗

牡丹草花序（淡黄色）

牡丹草花

牡丹草群落

牡丹草植株

鲜黄连花（白色）

鲜黄连花（重瓣）

鲜黄连属 *Plagiorhegma*

鲜黄连 *Plagiorhegma dubium*

【外观】多年生草本；植株高 10~30 cm，光滑无毛。
【根茎】根状茎细瘦，密生细而有分枝的须根，横切面鲜黄色，生叶 4~6 枚；地上茎缺如。【叶】单叶，膜质，叶片轮廓近圆形，长 6~8 cm，宽 9~10 cm，先端凹陷，具 1 针刺状突尖，基部深心形，边缘微波状或全缘，掌状脉 9~11 条，背面灰绿色；叶柄长 10~30 cm，无毛。【花】花葶长 15~20 cm；花单生，淡紫色；萼片 6 枚，花瓣状，紫红色，长圆状披针形，长约 6 mm，具条纹，无毛，早落；花瓣 6 枚，倒卵形，基部渐狭；雄蕊 6 枚，花丝扁平，柱头浅杯状。【果实】蒴果纺锤形，黄褐色，自顶部往下纵斜开裂，宿存花柱。

【花期】	4—5 月
【果期】	7—8 月
【生境】	山坡灌丛间、针阔叶混交林下及阔叶林下
【分布】	黑龙江南部、吉林南部及东部、辽宁东部

鲜黄连果实　　　　鲜黄连花（侧）

鲜黄连花（淡蓝色）

鲜黄连植株（花期）

鲜黄连植株（果期）

类叶升麻属 *Actaea*

红果类叶升麻 *Actaea erythrocarpa*

【别名】绿豆升麻。【外观】多年生草本。【根茎】根状茎横走，生多数细根；茎高 60~70 cm，圆柱形，微具纵棱，下部无毛，中部以上被短柔毛。【叶】叶 2~3 枚；下部叶为三回三出近羽状复叶，具长柄，叶片三角形，宽达 25 cm；顶生小叶卵形至宽卵形，宽 5~8 cm，3 裂，边缘有锐锯齿，侧生小叶斜卵形，不规则地 2~3 深裂，表面近无毛，背面沿脉疏被白色短柔毛或近无毛，叶柄长达 24 cm。【花】总状花序轴及花梗均密被短柔毛，花直径 8~10 mm，密集，萼片倒卵形；花瓣匙形，长约 2.5 mm，顶端圆形，下部渐狭成爪；心皮与花瓣近等长。【果实】果序和果梗疏被白色短柔毛，果实红色，无毛。

红果类叶升麻花序

红果类叶升麻植株

【花期】	5—6 月
【果期】	7—8 月
【生境】	林缘、林下、石质山坡及河岸湿地
【分布】	黑龙江北部、吉林东部及南部、辽宁东部、内蒙古东部

侧金盏花属 *Adonis*

辽吉侧金盏花 *Adonis ramosa*

【别名】福寿草。【外观】多年生草本。【根茎】茎无毛或顶部有稀疏短柔毛，下部或上部分枝。【叶】基部和下部叶鳞片状，卵形或披针形，长 0.7~1.8 cm；茎中部以上叶约 4 枚，无毛，无柄或近无柄，叶片宽菱形，长和宽均为 4~8 cm，二至三回羽状全裂，末回裂片披针形或线状披针形，顶端锐尖。【花】花单生茎或枝的顶端，直径 2.5~4 cm；萼片约 5 枚，灰紫色，宽卵形、菱状宽卵形或宽菱形，长顶端钝或圆形，有时急尖，全缘或上部边缘有 1~2 小齿，有短睫毛；花瓣约 13 枚，黄色，长圆状倒披针形，长 1.2~2 cm，宽 3.5~7 mm；雄蕊长达 4.5 mm，花药长圆形，心皮近无毛。【果实】瘦果卵形。

辽吉侧金盏花植株

辽吉侧金盏花花

【花期】	3—4 月
【果期】	4—5 月
【生境】	山坡、草甸及林下较肥沃处
【分布】	吉林南部、辽宁东部

北侧金盏花 *Adonis sibirica*

　　【别名】西伯利亚福寿草。【外观】多年生草本；除心皮外，全部无毛。【根茎】有粗根状茎；茎高约40 cm，基部有鞘状鳞片。【叶】茎中部和上部叶约15，无柄；卵形或三角形，长达6 cm，宽达4 cm，二至三回羽状细裂，末回裂片线状披针形，有时有小齿。【花】花大，直径4~5.5 cm；萼片黄绿色，圆卵形，顶部变狭；花瓣黄色，狭倒卵形，长2~2.3 cm，宽6~8 mm，顶端近圆形或钝，有不等大的小齿；雄蕊长约1.2 cm，花药狭长圆形。【果实】瘦果长约4 mm，有稀疏短柔毛；宿存花柱向下弯曲。

北侧金盏花花

北侧金盏花植株

【花期】	4—5 月
【果期】	5—6 月
【生境】	湿草甸、山坡及林下较肥沃处
【分布】	内蒙古东北部

北侧金盏花群落

侧金盏花 *Adonis amurensis*

【别名】福寿草。【外观】多年生草本。【根茎】根状茎短而粗，有多数须根；茎在开花时高5~15 cm，以后高达30 cm，基部有数个膜质鳞片。【叶】叶在花后长大，茎下部叶有长柄，无毛；叶片正三角形，长达7.5 cm，宽达9 cm，3全裂，全裂片有长柄，二至三回细裂，末回裂片狭卵形至披针形，有短尖头，叶柄长达6.5 cm。【花】花直径2.8~3.5 cm；萼片约9枚，常带淡灰紫色，长圆形或倒卵形长圆形，与花瓣等长或稍长，长14~18 mm，花瓣约10枚，黄色，倒卵状长圆形或狭倒卵形；雄蕊无毛，心皮多数，子房有短柔毛，花柱向外弯曲，柱头小，球形。【果实】瘦果倒卵球形，被短柔毛，有短宿存花柱。

【花期】	3—4月
【果期】	4—5月
【生境】	山坡、草甸及林下较肥沃处
【分布】	黑龙江南部及东部、吉林南部及东部、辽宁东部

侧金盏花果实

侧金盏花花

侧金盏花植株

侧金盏花植株（侧）

华北乌头花序

乌头属 *Aconitum*

华北乌头 *Aconitum soongaricum* var. *angustius*

【别名】狭裂准格尔乌头。【外观】多年生草本。块根倒圆锥形。高 70~110 cm。【根茎】茎下部叶有长柄，在开花时枯萎，中部叶有稍长柄。【叶】叶片五角形，叶片长 6~9 cm，宽 9~12 cm，3 全裂，中央全裂片宽卵形，基部突变狭成短柄，近羽状深裂，深裂片 2~3 对。【花】顶生总状花序长 10~30 cm，有 7~30 花；下部苞片叶状，中部以上的线形；花梗长 1.5~3.2 cm；萼片紫蓝色，上萼片盔形，高约 1.8 cm，自基部至喙长约 1.6 cm，侧萼片长约 1.4 cm，下萼片狭椭圆形；瓣片大，唇长约 6 mm，距长 1.5~2 mm，向后弯曲；心皮 3 枚。【果实】蓇葖果长 1.2~1.5 cm；种子倒圆锥形，有三纵棱。

【花期】	6—8 月
【果期】	8—9 月
【生境】	高山草甸、草地及林缘等处
【分布】	内蒙古东部

华北乌头群落

华北乌头植株

二歧银莲花花（重瓣）

二歧银莲花果实

银莲花属 *Anemone*

二歧银莲花 *Anemone dichotoma*

【别名】草玉梅。【外观】多年生草本。【根茎】植株高 35~60 cm。【叶】基生叶 1，通常不存在。花葶有稀疏贴伏的短柔毛；总苞苞片 2 枚，扇形，3 深裂近基部，深裂片近等长，狭楔形或线状倒披针形，不明显 3 浅裂，或不分裂而有少数锐牙齿，表面近无毛，背面有短柔毛。【花】花序二至三回二歧状分枝，一回分枝近等长或不等长；小总苞苞片似总苞苞片，花单生于花序分枝处；萼片 5 枚，白色或带粉红色，倒卵形或椭圆形，长 0.7~1.2 cm，宽 7~8 mm；雄蕊长达 4 mm；心皮约 30 枚，无毛，子房长圆形，有向外弯的短花柱。【果实】瘦果扁平，卵形或椭圆形，长 5~7 mm，有边缘和稍弯的宿存花柱。

【花期】	5—6 月
【果期】	6—7 月
【生境】	山坡湿草地、林下及草甸高山草甸、草地及林缘等处
【分布】	黑龙江北部及东部、吉林东部及南部、内蒙古东部

二歧银莲花花（7瓣）　二歧银莲花花（5瓣）　二歧银莲花花（8瓣）

二歧银莲花花（6瓣，前端稍尖）　二歧银莲花花（6瓣，前端钝圆）　二歧银莲花花（4瓣）

二岐银莲花群落

二岐银莲花植株

大花银莲花 *Anemone sylvestris*

【别名】林生银莲花。【外观】多年生草本；植株高 18~50 cm。【根茎】根状茎垂直或稍斜。【叶】基生叶 3~9 枚，有长柄；叶片心状五角形，长 2~5.5 cm，宽 2.5~8 cm，3 全裂，中全裂片菱形或倒卵状菱形，三裂近中部，二回裂片不分裂或浅裂，表面近无毛，背面沿脉疏被短柔毛；叶柄有柔毛。【花】花葶 1，直立；苞片 3 枚，似基生叶，但较小，基部截形或圆形；花梗 1 枚，有短柔毛；萼片 5~6 枚，白色，倒卵形，长 1.5~2 cm，宽 1~1.4 cm，外面密被绢状短柔毛；花药椭圆形，花丝丝形，花托近球形；心皮 180~240 枚，子房密被短柔毛，柱头球形。【果实】聚合果，瘦果有短柄，密被长绵毛。

【花期】	5—6 月
【果期】	6—7 月
【生境】	生于草甸草原、湿草甸及林缘
【分布】	黑龙江北部、吉林南部、内蒙古东部

大花银莲花植株

大花银莲花果实

大花银莲花花（6瓣）

大花银莲花群落

长毛银莲花花

长毛银莲花果实

长毛银莲花 *Anemone narcissiflora*

　　【外观】多年生草本；植株高 45~67 cm。【根茎】根状茎长约 6 cm。【叶】基生叶 7~9，有长柄；叶片近圆形或圆五角形，较大，长 4~6 cm，宽 7.5~11 cm，全裂片无柄，细裂；末回裂片披针形至线形，菱状倒卵形或扇状倒卵形，3 裂至中部或超过中部，中裂片卵形或披针形，侧全裂片斜扇形，不等 2~3 深裂；叶柄有贴生或近贴生的长柔毛。【花】花葶和叶柄密被近平展或稍向下斜展的长柔毛；苞片约 4 枚，菱形或宽菱形，3 深裂，顶端有 3 齿；伞辐 2~5 个，有柔毛；萼片 5 枚，白色，倒卵形，长 1.2~1.5 cm，宽 6~10 mm，外面有短柔毛；花药椭圆形，心皮无毛。【果实】聚合果。

【花期】	6—7 月
【果期】	8—9 月
【生境】	亚高山草地、高山草甸及高山苔原带
【分布】	黑龙江南部、吉林东部、内蒙古东北部

长毛银莲花群落

长毛银莲花植株

银莲花花序

银莲花 *Anemone cathayensis*

【外观】多年生草本。植株高 15~40cm。【叶】基生叶4~8枚，有长柄；叶片圆肾形，长 2~5.5cm，宽 4~9cm，3全裂。【花】花葶 2~6枚，有疏柔毛或无毛；苞片约5枚，无柄，不等大，菱形或倒卵形，3浅裂或3深裂；伞辐2~5个，长 2~5cm，有疏柔毛或无毛；萼片5~10枚，白色或带粉红色，倒卵形或狭倒卵形，长 1~1.8cm，宽 5~11mm，顶端圆形或钝，无毛；雄蕊长约5mm，花药狭椭圆形；心皮4~16枚。【果实】瘦果扁平，宽椭圆形或近圆形，长约5mm，宽 4~5mm。

【花期】	6—7 月
【果期】	7—8 月
【生境】	生于山坡草地、山谷沟边或多石砾坡地
【分布】	辽宁东部及西部

银莲花花（6瓣）

银莲花花（8瓣）

银莲花植株（侧）

银莲花植株

银莲花群落

多被银莲花花（19个瓣）

多被银莲花植株

多被银莲花 *Anemone raddeana*

【别名】竹节香附。【外观】多年生草本；植株高 10~30 cm。【根茎】根状茎横走，圆柱形。【叶】基生叶 1 枚，有长柄；叶片 3 全裂，全裂片有细柄，3 或 2 深裂，叶柄有疏柔毛。【花】花葶近无毛，苞片 3 枚，有柄；苞叶近扇形，长 1~2 cm，3 全裂，中全裂片倒卵形或倒卵状长圆形，顶端圆形，上部边缘有少数小锯齿，侧全裂片稍斜。花梗 1 枚，变无毛；萼片 9~15 枚，白色，长圆形或线状长圆形，长 1.2~1.9 cm，宽 2.2~6 mm，顶端圆或钝，无毛；花药椭圆形，顶端圆形，花丝丝形；心皮约 30 枚，子房密被短柔毛，花柱短。【果实】聚合果。

【花期】	4—5 月
【果期】	5—6 月
【生境】	山地林下及阴湿草地
【分布】	黑龙江南部、吉林南部及东部、辽宁东部及南部

黑水银莲花植株（侧）

黑水银莲花花

黑水银莲花 *Anemone amurensis*

【别名】黑龙江银莲花、东北银莲花。【外观】多年生草本；植株高 20~25 cm。【根茎】根状茎横走，细长。【叶】基生叶 1~2 枚，或不存在，有长柄；叶片三角形；宽 2.5~5 cm，3 全裂，全裂片有细柄，中全裂片又 3 全裂。【花】花葶无毛；苞片 3 枚，有柄，叶片卵形或五角形，长 2.7~3 cm，宽 2.6~3.8 cm，3 全裂，中全裂片有短柄，卵状菱形，近羽状深裂，边缘有不规则锯齿，两面近无毛。花梗 1 枚，有短柔毛；萼片 6~10 枚，白色，长圆形或倒卵状长圆形，长 1.3~1.5 cm，宽 4.4~5.5 mm，顶端圆形，无毛；花药椭圆形，花丝丝形；心皮约 12 枚，子房被柔毛，花柱长约为子房 1/2，上部向外弯。【果实】聚合果。

【花期】	4—5 月
【果期】	5—6 月
【生境】	山地林下或灌丛下
【分布】	黑龙江南部及东部、吉林南部和东部、辽宁东部

乌德银莲花 *Anemone udensis*

【别名】大叶银莲花。【外观】多年生草本；植株高19~27 cm。【根茎】根状茎横走，细长。【叶】基生叶不存在或1枚；叶片3全裂，全裂片有短柄，倒卵形或近圆形，长约4.5 cm，宽3.5~4.5 cm，2或3浅裂。【花】花葶有开展的柔毛；苞片3枚，稍不等大，苞叶五角形，基部浅心形，3全裂，中全裂片有短柄，菱状倒卵形，不明显3浅裂，有浅锯齿，侧全裂片较小，斜椭圆形，表面无毛，背面疏被柔毛。花梗1枚，无毛；萼片5枚，白色，倒卵形或卵形，长1~1.8 cm，宽0.5~1.3 cm，顶端圆形或微凹；花药椭圆形，花丝丝形；心皮约11枚，比雄蕊稍短，子房密被柔毛，花柱无毛，柱头小。【果实】聚合果。

乌德银莲花植株

乌德银莲花花（6瓣）

【花期】	5—6 月
【果期】	6—7 月
【生境】	林下河岸、沟谷及较潮湿的灌丛
【分布】	黑龙江南部及东部、吉林东部及南部

乌德银莲花居群

细茎银莲花植株

细茎银莲花花（重瓣）

细茎银莲花 *Anemone rossii*

【别名】小银莲花。【外观】多年生草本；植株高 10~30 cm。【根茎】根状茎圆柱形。【叶】基生叶 1 枚，有长柄；叶片圆肾形，长约 1.8 cm，宽约 3.5 cm，3 全裂，中全裂片菱状倒卵形，3 裂至中部附近，二回裂片有线形小裂片，侧全裂片不等 2 深裂，表面有稀疏伏毛，背面无毛；叶柄长 8~20 cm。【花】花葶上部疏被柔毛或近无毛；苞片 3 枚，无柄，似基生叶。花梗 1 枚，疏被短柔毛；萼片 5~7 枚，白色，狭倒卵形，长 8~12 mm，宽 4~6.5 mm，无毛或外面有疏柔毛；花药狭椭圆形，长 1 mm，花丝狭线形；心皮 7~8 枚，子房密被白色柔毛，花柱近不存在，柱头陀螺形。【果实】聚合果。

【花期】	5—6 月
【果期】	6—7 月
【生境】	阴湿林下及灌丛
【分布】	吉林南部及东部、辽宁东部

细茎银莲花居群

毛果银莲花 *Anemone baicalensis*

【外观】多年生草本；植株高 13~28 cm。【根茎】根状茎细长，有节。【叶】基生叶 1~2 枚，有长柄；叶片肾状五角形，长 2~5.2 cm，宽 3.5~10 cm，3 全裂；叶柄长 4~12 cm，有稀疏或密的开展柔毛。【花】花葶有与叶柄相同的毛；苞片 3 枚，无柄，不等大，菱形或宽菱形，3 深裂；花梗 1~2 枚，有白色短柔毛；萼片 5~6 枚，白色，倒卵形，长 10~15 mm，宽 6~9 mm，顶端钝或圆形，外面有疏柔毛；雄蕊长约为萼片之半，花药椭圆形，花丝丝形；心皮 6~16 枚，子房密被柔毛，有短花柱，柱头近头形。【果实】聚合果。

【花期】	5—6 月
【果期】	6—7 月
【生境】	林下、林缘及灌丛
【分布】	黑龙江南部、吉林东部、辽宁东部

毛果银莲花植株

毛果银莲花花（7瓣）

毛果银莲花花（双花）

毛果银莲花居群

毛果银莲花花

耧斗菜属 *Aquilegia*

小花耧斗菜 *Aquilegia parviflora*

【外观】多年生草本。【根茎】茎高 15~45 cm。【叶】基生叶为二回三出复叶，三角形，宽 5~12 cm，中央小叶近无柄，倒卵形近革质，顶端3浅裂，浅裂片圆形，全缘或有时具 2~3 粗圆齿，侧面小叶通常无柄，2浅裂，叶柄无毛。【花】花 3~6 朵，近直立，苞片线状深裂；萼片开展，蓝紫色，罕为白色，卵形，长 1.5~2 cm，宽 0.9~1.2 cm，顶端钝；花瓣瓣片钝圆形，具短距，末端直或微弯；雄蕊比萼片短，花药黄色；心皮5枚。【果实】蓇葖果长 1.2~2.3 cm，顶端有一细长的喙。

【花期】	6—7 月
【果期】	7—8 月
【生境】	林缘、开阔坡地及林下
【分布】	黑龙江北部、内蒙古东北部

小花耧斗菜花

小花耧斗菜花（淡蓝色）

小花耧斗菜植株

小花耧斗菜果实

耧斗菜 *Aquilegia viridiflora*

【别名】血见愁。【外观】多年生草本。【根茎】根肥大，有少数分枝；茎高15~50 cm。【叶】基生叶少数，二回三出复叶，叶片宽4~10 cm；中央小叶具短柄，楔状倒卵形，长1.5~3 cm，宽几相等或更宽，上部3裂，裂片常有2~3个圆齿；叶柄基部有鞘。茎生叶数枚，为一至二回三出复叶，向上渐变小。【花】花3~7朵，倾斜或微下垂；苞片3全裂；萼片黄绿色，长椭圆状卵形，长1.2~1.5 cm，宽6~8 mm，顶端微钝；花瓣直立，倒卵形，顶端近截形，距直或微弯；雄蕊长伸出花外，花药长椭圆形，黄色，退化雄蕊白膜质，线状长椭圆形；花柱比子房长或等长。【果实】菁葖果长1.5 cm。

【花期】	5—6 月
【果期】	6—7 月
【生境】	石质山坡、林缘、路旁和疏林下
【分布】	黑龙江北部及南部、吉林中南部、辽宁南部、内蒙古东部
【附注】	本区尚有一变型：铁山耧斗菜，萼片及花瓣暗紫色，其他与原种同

耧斗菜花

耧斗菜植株

铁山耧斗菜 f. *atropupurea*

铁山耧斗菜植株

铁山耧斗菜花

尖萼耧斗菜 *Aquilegia oxysepala*

【别名】血见愁。【外观】多年生草本。【根茎】根粗壮，圆柱形，外皮黑褐色；茎高 40~80 cm。【叶】基生叶数枚，为二回三出复叶；叶片宽 5.5~20 cm，中央小叶楔状倒卵形，长 2~6 cm，宽 1.8~5 cm，3 浅裂或 3 深裂，裂片顶端圆形，常具 2~3 个粗圆齿；叶柄被开展的白色柔毛或无毛，基部变宽呈鞘状；茎生叶数枚，具短柄，向上渐变小。【花】花 3~5 朵，较大而美丽，微下垂；苞片 3 全裂；钝；萼片紫色，稍开展，狭卵形，长 2.5~3.1 cm，宽 8~12 mm，顶端急尖；花瓣瓣片黄白色，顶端近截形，距末端强烈内弯呈钩状；雄蕊与瓣片近等长，花药黑色；心皮 5 枚，被白色短柔毛。【果实】蓇葖果长 2.5~3 cm。

尖萼耧斗菜花

【花期】	5—6 月
【果期】	7—8 月
【生境】	山地杂木林下、林缘及林间草地
【分布】	黑龙江（南部、东部及北部）、吉林东部和南部、辽宁东部、内蒙古东北部
【附注】	本区尚有一变型：黄花尖萼耧斗菜，萼片及花瓣均为黄白色，其他与原种同

黄花尖萼耧斗菜 f. *pallidiflora*

黄花尖萼耧斗菜植株

黄花尖萼耧斗菜花

黄花尖萼耧斗菜花（侧）

华北耧斗菜 *Aquilegia yabeana*

【别名】紫霞耧斗菜。【外观】多年生草本。【根茎】根圆柱形。茎高 40~60 cm，有稀疏短柔毛和少数腺毛，上部分枝。【叶】基生叶数个，有长柄，为一或二回三出复叶；叶片宽约 10 cm；小叶菱状倒卵形或宽菱形 3 裂，边缘有圆齿。茎中部叶有稍长柄，通常为二回三出复叶；上部叶小，有短柄，为一回三出复叶。【花】花序有少数花，密被短腺毛；苞片 3 裂或不裂，狭长圆形；花下垂；萼片紫色，狭卵形，长 1.6~2.6 cm，宽 7~10 mm；花瓣紫色，顶端圆截形，距末端钩状内曲，外面有稀疏短柔毛；心皮 5 枚，子房密被短腺毛。【果实】蓇葖果长 1.2~2 cm，隆起的脉网明显。

华北耧斗菜植株

华北耧斗菜花（橙红色）

【花期】	5—6 月
【果期】	7—8 月
【生境】	山坡、林缘及山沟石缝间
【分布】	辽宁西部、内蒙古东部

白山耧斗菜 *Aquilegia japonica*

【别名】长白耧斗菜。【外观】多年生草本。【根茎】根细长圆柱形，不分枝；茎通常单一，直立，高 15~40 cm，疏被开展的白色短柔毛。【叶】叶全部基生，少数，为二回三出复叶；叶片宽 2.5~8 cm，小叶卵圆形，3 全裂，全裂片楔状倒卵形，顶端 3 浅裂，浅裂片有 2~3 浅圆齿；叶柄长 3.5~19 cm。【花】花 1~3 朵，中等大，直径 3.5~4.2 cm；苞片线状披针形，1~3 浅裂；萼片蓝紫色，开展，椭圆状倒卵形；花瓣瓣片黄白色至白色，短长方形，顶端钝圆；距紫色，末端弯曲呈钩状；雄蕊约与瓣片等长，花药宽椭圆形，灰色或黄色，退化雄蕊膜质，白色。【果实】蓇葖果。

【花期】	7—8 月
【果期】	8—9 月
【生境】	山地岩缝中及高山冻原带
【分布】	黑龙江东北部、吉林东南部

白山耧斗菜群落

白山耧斗菜花

长叶水毛茛花

长叶水毛茛花（背）

水毛茛属 *Batrachium*

长叶水毛茛 *Batrachium kauffmanii*

【外观】多年生较大的沉水草本。【根茎】茎细长，在节上生根，分枝，无毛长达 50 cm 以上。【叶】叶有柄；叶片轮廓扇形，长 3~8 cm，二至三回三裂，末回裂片细，毛发状，长 0.8~2.5 cm，深绿色，在水外收拢，无毛。【花】花直径 0.8~1 cm；花梗长 3~6 cm，无毛；萼片卵形，长约 3 mm，边缘膜质，无毛，常反折；花瓣倒卵状椭圆形，长 4~6 mm，有 5~9 脉，基部有爪，蜜槽呈点状；雄蕊约 10 枚，花药长约 0.5 mm；花托无毛或有毛。【果实】聚合果球形，直径约 4 mm。

【花期】	6—7 月
【果期】	7—8 月
【生境】	较小河流中
【分布】	黑龙江北部、吉林东南部、内蒙古东部

长叶水毛茛植株

长柄水毛茛群落

驴蹄草属 *Caltha*

驴蹄草 *Caltha palustris*

【外观】多年生草本，全部无毛。【根茎】有多数肉质须根；茎高 10~48 cm，实心，在中部或中部以上分枝。【叶】基生叶 3~7 枚，有长柄；叶片圆形，圆肾形或心形，长 1.2~5 cm，宽 2~9 cm，顶端圆形，基部深心形或基部 2 裂片互相覆压，边缘全部密生正三角形小牙齿；茎生叶通常向上逐渐变小。【花】茎或分枝顶部有由 2 朵花组成的简单的单歧聚伞花序；苞片三角状心形，边缘生牙齿；萼片 5 枚，黄色，倒卵形或狭倒卵形，长 1~2.5 cm，宽 0.6~1.5 cm，顶端圆形；花药长圆形，花丝狭线形；心皮 5~12 枚，与雄蕊近等长。【果实】蓇葖果具横脉，具喙。

【花期】	5—6 月
【果期】	7 月
【生境】	溪流边湿草地、林下湿地、沼泽及浅水中
【分布】	黑龙江北部及南部、吉林东部和南部、辽宁东部、内蒙古东部

驴蹄草花序

驴蹄草花序 (多瓣)

驴蹄草花 (侧)

驴蹄草果实

驴蹄草群落

驴蹄草植株

膜叶驴蹄草 *Caltha membranacea*

【别名】薄叶驴蹄草。【外观】多年生草本；高 15~40 cm。【根茎】茎单一或上部分枝。【叶】基生叶有长柄，叶柄基部展宽成干膜质鞘；叶近膜质，圆肾形或三角状肾形，基部心形，先端钝圆，边缘具明显牙齿，有时上部边缘的齿浅而钝；茎生叶少数，与基生叶近同行，叶柄短，茎顶端叶近无柄，叶柄基部具膜质鞘。【花】花生茎端及分枝顶端；萼片 5 枚，黄色，倒卵形椭圆形，长 0.8~2 cm，宽 0.5~0.8 cm；心皮 4~22 枚，花柱短。【果实】蓇葖果长约 1 cm，宽约 3 mm，具横脉，喙长约 1 mm。

【花期】	4—5 月
【果期】	6 月
【生境】	湿草地、林下湿地、沼泽及浅水中
【分布】	黑龙江（北部、南部及东部）、吉林南部和东部、辽宁东部、内蒙古东部

膜叶驴蹄草花

膜叶驴蹄草花（背）

膜叶驴蹄草果实

膜叶驴蹄草植株

升麻属 *Cimicifuga*

单穗升麻 *Cimicifuga simplex*

【别名】野菜升麻、野升麻。【外观】多年生草本。【根茎】根状茎粗壮，横走；茎单一，高 1~1.5 m。【叶】下部茎生叶有长柄，为二至三回三出近羽状复叶；叶片卵状三角形，宽达 30 cm；顶生小叶有柄，宽披针形至菱形，常 3 深裂或浅裂，边缘有锯齿，侧生小叶通常无柄，狭斜卵形，比顶生小叶为小；茎上部叶较小，一至二回羽状三出。【花】总状花序不分枝或有时在基部有少数短分枝；苞片钻形，远较花梗为短；萼片宽椭圆形，长约 4 mm；退化雄蕊椭圆形至宽椭圆形，顶端膜质，2 浅裂；花药黄白色，花丝狭线形，中央有 1 脉；心皮 2~7 枚，具柄，柄在近果期时延长。【果实】蓇葖果被贴伏的短柔毛，下面具柄。

【花期】	7—8 月
【果期】	8—9 月
【生境】	低湿草甸、山坡湿草地、河岸边及灌丛
【分布】	黑龙江（北部、南部及东部）、吉林东部和南部、辽宁东部及南部、内蒙古东部

单穗升麻花序

单穗升麻群落

单穗升麻果实

单穗升麻花

铁线莲属 *Clematis*

棉团铁线莲 *Clematis hexapetala*

【别名】山蓼、野棉花。【外观】多年生草本。【根茎】茎直立，高 30~100 cm；老枝圆柱形，有纵沟；茎疏生柔毛，后变无毛。【叶】叶片近革质绿色，单叶至复叶，一至二回羽状深裂，裂片线状披针形、长椭圆状披针形至椭圆形，或线形，长 1.5~10 cm，宽 0.1~2 cm，顶端锐尖或凸尖，有时钝，全缘，两面或沿叶脉疏生长柔毛或近无毛，网脉突出。【花】花序顶生，聚伞花序或为总状、圆锥状聚伞花序，有时花单生，花直径 2.5~5 cm；萼片 4~8 枚，通常 6 枚，白色，长椭圆形或狭倒卵形，外面密生棉毛，花蕾时像棉花球，内面无毛；雄蕊无毛。【果实】瘦果倒卵形，扁平，宿存花柱有灰白色长柔毛。

【花期】	6—8 月
【果期】	8—10 月
【生境】	干燥的山坡、草地、灌丛及固定沙地
【分布】	东北地区广泛分布

棉团铁线莲果实

棉团铁线莲花序

棉团铁线莲花（淡黄色）

棉团铁线莲植株

棉团铁线莲花（9瓣）

棉团铁线莲花（6瓣）

转子莲 *Clematis patens*

【别名】大花铁线莲。【外观】多年生草质藤本。【根茎】须根密集，红褐色；茎攀缘，长约 1 m，表面棕黑色或暗红色，有 6 条纵纹。【叶】羽状复叶；小叶片常 3 枚，稀 5 枚，纸质，卵圆形或卵状披针形，长 4~7.5 cm，宽 3~5 cm，顶端渐尖或钝尖，基部常圆形，基出主脉 3~5 条，在背面微凸起；小叶柄常扭曲，顶生的小叶柄常较长，侧生者微短。【花】单花顶生；花梗直而粗壮，无苞片；花大，直径 8~14 cm；萼片 8 枚，白色或淡黄色，倒卵圆形或匙形，顶端圆形，有尖头，基部渐狭；花丝线形，无毛，花药黄色；子房狭卵形，花柱上部被短柔毛。【果实】瘦果卵形，宿存花柱被金黄色长柔毛。

转子莲果实

【花期】	5—6 月
【果期】	6—7 月
【生境】	杂木林下、林缘、草坡及灌丛
【分布】	吉林南部、辽宁东部及南部

转子莲花

转子莲植株

辣蓼铁线莲花序

辣蓼铁线莲植株

辣蓼铁线莲 *Clematis terniflora var. mandshurica*

【别名】东北铁线莲。【外观】多年生草质藤本类，长 1~3 m。【根茎】茎圆柱形，有细棱，节上有白柔毛。【叶】叶为一至二回羽状复叶；小叶卵形或披针状卵形，长 2~8 cm，宽 1~5 cm，先端渐尖，基部圆形或略呈心形，全缘，叶片近革质，无毛或沿脉疏被毛。【花】圆锥花序，轴及花梗疏被毛，花梗近基部生 1 对小苞片，线状披针形，被硬毛；萼片 4~5枚，白色，长圆形至倒卵状长圆形，长 1~1.5 cm，宽约 0.5 cm，外面疏被毛，内侧无毛，沿边缘密被白色绒毛；雄蕊多数，心皮多数，被白色柔毛。【果实】瘦果卵形，扁平，先端有宿存花柱，弯曲，被有白色柔毛。

【花期】	6—8 月
【果期】	7—9 月
【生境】	山坡灌丛、杂木林缘及林下
【分布】	黑龙江（北部、东部及南部）、吉林南部及东部、辽宁（东部、南部及北部）、内蒙古东部

齿叶铁线莲 *Clematis serratifolia*

【外观】多年生草质藤本。【根茎】茎细长，稍带紫褐色，有明显的纵条纹，无毛或被疏毛。【叶】二回三出复叶，具长柄；小叶片卵状披针形或卵状长圆形，长 3~6 cm，宽 1~3 cm，基部常为不对称的楔形，先端长渐尖，边缘有不整齐的齿牙。【花】聚伞花序腋生 3 花，稀单生；花梗疏被毛；小苞片叶状，披针形，全缘或具数齿；萼片 4 枚，黄色，卵状长圆形或椭圆状披针形，长 1.5~2.5 cm，宽 0.6~1 cm，先端突尖，外面边缘有绒毛，里面有长毛；雄蕊多数，花丝扁平，有毛，花药黄色，无毛，长圆形。【果实】瘦果卵状椭圆形，被柔毛，宿存花柱有长柔毛。

【花期】	8 月
【果期】	9—10 月
【生境】	干旱山坡、灌丛或多石砾河岸
【分布】	黑龙江南部、吉林南部及东部、辽宁东部

齿叶铁线莲植株

齿叶铁线莲花

短尾铁线莲 *Clematis brevicaudata*

　　【别名】林地铁线莲。【外观】草质藤本。【根茎】枝有棱，小枝疏生短柔毛或近无毛。【叶】一至二回羽状复叶或二回三出复叶，有 5~15 小叶，有时茎上部为三出叶；小叶片长卵形、卵形至宽卵状披针形或披针形，长 1~6 cm，宽 0.7~3.5 cm，顶端渐尖或长渐尖，基部圆形、截形至浅心形，有时楔形，边缘疏生粗锯齿或牙齿，有时 3 裂。【花】圆锥状聚伞花序腋生或顶生，常比叶短；花梗有短柔毛，花直径 1.5~2 cm；萼片 4 枚，开展，白色，狭倒卵形，两面均有短柔毛，内面较疏或近无毛；雄蕊无毛。【果实】瘦果卵形，密生柔毛，宿存花柱。

短尾铁线莲花

短尾铁线莲植株

【花期】	8—9 月
【果期】	9—10 月
【生境】	山坡疏林内林缘及灌丛
【分布】	黑龙江南部及东北部、吉林（南部、东部及西部）、辽宁西部及南部、内蒙古东部

西伯利亚铁线莲 *Clematis sibirica*

　　【外观】亚灌木藤本，长达 3 m。【根茎】根棕黄色；茎圆柱形，当年生枝基部有宿存的鳞片。【叶】二回三出复叶，小叶片或裂片 9 枚，卵状椭圆形或窄卵形，纸质，长 3~6 cm，宽 1.2~2.5 cm，顶端渐尖，基部楔形或近于圆形，两侧的小叶片常偏斜，顶端及基部全缘，中部有整齐的锯齿，叶脉在背面微隆起；小叶柄短或不显。【花】单花，与二叶同自芽中伸出，花梗上无苞片；花钟状下垂，直径 3 cm；萼片 4 枚，淡黄色，长方椭圆形或狭卵形；退化雄蕊花瓣状，条形，花丝扁平，花药长方椭圆形；子房被短柔毛，花柱被绢状毛。【果实】瘦果倒卵形，宿存花柱有黄色柔毛。

【花期】	6—7 月
【果期】	7—8 月
【生境】	林边，路边及云杉林下
【分布】	黑龙江北部、吉林东南部、内蒙古东北部

西伯利亚铁线莲果实

西伯利亚铁线莲花

西伯利亚铁线莲植株

长瓣铁线莲花(紫色)

长瓣铁线莲果实

长瓣铁线莲 *Clematis macropetala*

【别名】大瓣铁线莲、大萼铁线莲。【外观】木质藤本。
【根茎】长约2 m。【叶】二回三出复叶,小叶片9枚,纸质,
卵状披针形或菱状椭圆形,长2~4.5 cm,宽1~2.5 cm,顶端
渐尖,基部楔形或近于圆形,两侧的小叶片常偏斜,边缘有整
齐的锯齿或分裂。【花】花单生于当年生枝顶端,花梗幼时微
被柔毛;花萼钟状,直径3~6 cm;萼片4枚,蓝色或淡紫色,
狭卵形或卵状披针形,顶端渐尖,两面有短柔毛,边缘有密毛,
脉纹呈网状,两面均能见;退化雄蕊成花瓣状,披针形或线
状披针形,雄蕊花丝线形,外面及边缘被短柔毛,花药黄色,
长椭圆形。【果实】瘦果倒卵形,被疏柔毛,宿存花柱向下弯曲,
被灰白色长柔毛。

【花期】	7月
【果期】	8月
【生境】	荒山坡、林缘草甸及林下
【分布】	黑龙江北部、吉林东南部、辽宁西部、内蒙古东部

长瓣铁线莲植株

翠雀属 *Delphinium*

宽苞翠雀花 *Delphinium maackianum*

【别名】马氏飞燕草。【外观】多年生草本。【根茎】茎高 1.1~1.4 m。【叶】下部叶在开花时多枯萎；叶片五角形，长 7.2~11 cm，宽 8~18 cm，3 深裂，中央深裂片菱形或菱状楔形，在中部 3 浅裂，二回裂片有少数小裂片和三角形牙齿，侧深裂片斜扇形，不等 2 深裂；下部的叶柄长约 10 cm。【花】顶生总状花序狭长，有多数花；基部苞片叶状，其他苞片带蓝紫色，船形，小苞片与苞片相似；萼片脱落，紫蓝色，偶尔白色，卵形或长圆状倒卵形，长 1~1.4 cm，距钻形；花瓣黑褐色，无毛；退化雄蕊黑褐色腹面有黄色髯毛；心皮 3 枚。【果实】蓇葖果长约 1.4 cm。

宽苞翠雀花花

宽苞翠雀花植株

【花期】	7—8 月
【果期】	8—9 月
【生境】	山坡林下、林缘或灌丛
【分布】	黑龙江南部及东部、吉林南部和东部、辽宁东部

东北高翠雀花 *Delphinium korshinskyanum*

【别名】科氏飞燕草。【外观】多年生草本；高 50~120 cm。【根茎】茎直立，被伸展的白色长毛。【叶】茎下部的叶柄长，而上部者渐短；叶圆状心形，长 5~7 cm，掌状 3 深裂，中裂片长菱形，中下部渐狭楔形，全缘，中上部 3 浅裂，裂片具缺刻和牙齿，两侧裂片再 3 深裂，最外侧的裂片再 2 深裂，边缘具缺刻及牙齿。【花】总状花序单一或基部稍分枝，小苞片线形或狭披针形，着生在花梗上部，常带蓝紫色，苞片着生于花梗基部；萼片 5 枚，暗蓝紫色，卵形，长 1.2~1.4 cm，宽 0.4~0.6 cm，上萼片基部伸长成距，先端常向上弯；瓣片黑褐色，椭圆形，先端 2 裂，被带黄色髯毛，爪无毛。【果实】蓇葖果 3 枚，无毛。

【花期】	7—8 月
【果期】	8 月
【生境】	林间低湿草甸、湿草地及林缘
【分布】	黑龙江北部、内蒙古东北部

东北高翠雀花群落

东北高翠雀花花

翠雀花(淡粉色)

翠雀花(淡蓝色)

翠雀 *Delphinium grandiflorum*

【别名】飞燕草、鸽子花、大花飞燕草。【外观】多年生草本。【根茎】茎高 35~65 cm。【叶】基生叶和茎下部叶有长柄；叶片圆五角形，长 2.2~6 cm，宽 4~8.5 cm，3 全裂，中央全裂片近菱形，一至二回三裂近中脉，小裂片线状披针形至线形；叶柄长为叶片的 3~4 倍，基部具短鞘。【花】总状花序有 3~15 花；下部苞片叶状，其他苞片线形，小苞片生花梗中部或上部，线形或丝形；萼片紫蓝色，椭圆形或宽椭圆形，长 1.2~1.8 cm；距钻形，直或末端稍向下弯曲；花瓣蓝色，顶端圆形；退化雄蕊蓝色，瓣片近圆形或宽倒卵形，腹面中央有黄色髯毛，雄蕊无毛；心皮 3 枚，子房密被贴伏的短柔毛。【果实】蓇葖果直，长 1.4~1.9 cm。

【花期】	7—8 月
【果期】	8—9 月
【生境】	山坡草地、草原及路旁
【分布】	黑龙江西部、吉林西部、辽宁（西部、北部及东部）、内蒙古东部

翠雀群落

蜜雀植株

拟扁果草属 *Enemion*

拟扁果草 *Enemion raddeanum*

拟扁果草植株

拟扁果草花序

【别名】东北假扁果草、假扁果草。【外观】多年生草本。【根茎】茎 1~3 条，直立，高 20~40 cm。【叶】基生叶 1 枚，早落，二回三出复叶；茎生叶通常仅 1 枚，为一回三出复叶，着生于茎的 2/3 以上处；叶片轮廓三角形，小叶有柄，轮廓卵圆形，长与宽均为 2.5~7 cm，3 全裂，中全裂片菱形，侧全裂片轮廓斜卵形。【花】伞形花序顶生或腋生，有 1~8 花；总苞片 3 枚，叶状，不等大卵状菱形；花梗等长；花直径 1~1.5 cm；萼片 5 枚，白色，椭圆形，顶端微钝；花药黄色，心皮斜卵形，花柱微内弯。【果实】蓇葖果斜卵状椭圆形，表面有凸起的斜脉，宿存花柱微内弯。

【花期】	5 月
【果期】	6—7 月
【生境】	杂木林或针叶林下溪边、沟谷、草地及林缘
【分布】	黑龙江南部及东北部、吉林南部及东部、辽宁东部

菟葵属 *Eranthis*

菟葵 *Eranthis stellata*

菟葵植株（花期）

菟葵果实

【别名】小花锦葵。【外观】多年生草本。【根茎】根状茎球形。【叶】基生叶 1 枚或不存在，小，有长柄，无毛；叶片圆肾形，长约 6 mm，宽约 1 cm，3 全裂。【花】花葶高达 20 cm，无毛；苞片在开花时尚未完全展开，花谢后变长，深裂成披针形或线状披针形的小裂片，无毛；花梗果期增长，通常有开展的短柔毛，花直径 1.6~2 cm；萼片黄色，狭卵形或长圆形，顶端微钝，无毛；花瓣约 10 枚，漏斗形，基部渐狭成短柄，上部二叉状；雄蕊无毛，心皮 6~9 枚，子房通常有短毛。【果实】蓇葖果星状展开，有短柔毛，喙细。

【花期】	4—5 月
【果期】	5—6 月
【生境】	河岸、沟谷、山地、林缘及杂木林下
【分布】	黑龙江南部及东部、吉林南部及东部、辽宁东部及南部

碱毛茛属 *Halerpestes*

碱毛茛 *Halerpestes sarmentosa*

【别名】圆叶碱毛茛、水葫芦苗。【外观】多年生草本。【根茎】匍匐茎细长，横走。【叶】叶多数；叶纸质，多近圆形，或肾形、宽卵形，长 0.5~2.5 cm，宽稍大于长，基部圆心形、截形或宽楔形，边缘有 3~7 个圆齿，有时 3~5 裂，无毛；叶柄稍有毛。【花】花葶 1~4 条，无毛；苞片线形；花小，直径 6~8 mm；萼片绿色，卵形，无毛，反折；花瓣 5 枚，狭椭圆形，与萼片近等长，顶端圆形，基部有爪，爪上端有点状蜜槽；花托圆柱形，有短柔毛。【果实】聚合果椭圆球形；瘦果小而极多，斜倒卵形，两面稍鼓起，有 3~5 条纵肋，无毛，喙极短，呈点状。

【花期】	6—7 月
【果期】	7—8 月
【生境】	盐碱性沼泽地、塔头草甸及河边湿地
【分布】	黑龙江西部及东部、吉林西部、辽宁西部及北部、内蒙古东北部

碱毛茛植株

碱毛茛花

长叶碱毛茛 *Halerpestes ruthenica*

【别名】黄戴戴。【外观】多年生草本。【根茎】匍匐茎长达 30 cm 以上。【叶】叶簇生；叶片卵状或椭圆状梯形，长 1.5~5 cm，宽 0.8~2 cm，基部宽楔形、截形至圆形，不分裂，顶端有 3~5 个圆齿，常有 3 条基出脉，无毛；叶柄近无毛，基部有鞘。【花】花葶单一或上部分枝，有 1~3 花，生疏短柔毛；苞片线形；花直径约 1.5 cm；萼片绿色，5 枚，卵形，多无毛；花瓣黄色，6~12 枚，倒卵形，基部渐狭成爪少蜜槽点状；花托圆柱形，有柔毛。【果实】聚合果卵球形；瘦果极多，紧密排列，斜倒卵形，边缘有狭棱，喙短而直。

【花期】	6—7 月
【果期】	7—8 月
【生境】	盐碱沼泽地及湿草地
【分布】	黑龙江西部、吉林西部、辽宁北部、内蒙古东部

长叶碱毛茛植株

长叶碱毛茛花

獐耳细辛属 *Hepatica*

獐耳细辛 *Hepatica nobilis* **var.** *asiatica*

【别名】东北獐耳细辛、幼肺三七。【外观】多年生草本；植株高8~18 cm。【根茎】根状茎短，密生须根。【叶】基生叶3~6，有长柄；叶片正三角状宽卵形，长2.5~6.5 cm，宽4.5~7.5 cm，基部深心形，3裂至中部，裂片宽卵形，全缘，顶端微钝或钝，有时有短尖头，有稀疏的柔毛；叶柄变无毛。【花】花葶1~6条，有长柔毛；苞片3枚，卵形或椭圆状卵形，顶端急尖或微钝，全缘，背面稍密被长柔毛；萼片6~11枚，粉红色或堇色，狭长圆形，长8~14 mm，宽3~6 mm，顶端钝；花药椭圆形，子房密被长柔毛。【果实】瘦果卵球形，有长柔毛和短宿存花柱。

獐耳细辛植株（花期）

獐耳细辛植株（果期）

【花期】	4—5 月
【果期】	5—6 月
【生境】	山地杂木林下或草坡石缝阴处
【分布】	吉林南部、辽宁东部

白头翁属 *Pulsatilla*

白头翁 *Pulsatilla chinensis*

【外观】多年生草本；植株高15~35 cm。【根茎】根状茎粗0.8~1.5 cm。【叶】基生叶4~5，通常在开花时刚刚生出，有长柄；叶片宽卵形，长4.5~14 cm，宽6.5~16 cm，3全裂，中全裂片有柄或近无柄，宽卵形，3深裂，中深裂片楔状倒卵形，全缘或有齿，侧深裂片不等2浅裂，侧全裂片不等3深裂；叶柄有密长柔毛。【花】花葶1~2条，有柔毛；苞片3枚，基部合生成筒，3深裂，深裂片线形；花梗结果时增长；花直立；萼片蓝紫色，长圆状卵形，长2.8~4.4 cm，宽0.9~2 cm，背面有密柔毛。【果实】聚合果，瘦果纺锤形，宿存花柱有向上斜展的长柔毛。

白头翁花（6瓣）

白头翁植株

【花期】	4—5 月
【果期】	6—7 月
【生境】	草地、干山坡、林缘、河岸及灌丛
【分布】	黑龙江西部、吉林中部及西部、辽宁大部、内蒙东部

朝鲜白头翁 *Pulsatilla cernua*

【外观】多年生草本；植株高 14~28 cm。【根茎】根状茎长达 10 cm。【叶】基生叶 4~6 枚，在开花时还未完全发育，有长柄；叶片卵形，长 3~7.8 cm，宽 4.4~6.5 cm，基部浅心形，3 全裂，一回中全裂片有细长柄，五角状宽卵形，又 3 全裂，二回全裂片二回深裂，末回裂片披针形或狭卵形；叶柄密被柔毛。【花】总苞近钟形，裂片线形，全缘或上部有 3 小裂片；花梗有绵毛，结果时增长；萼片紫红色，长圆形或卵状长圆形，长 1.8~3 cm，宽 6~12 mm，顶端圆或微钝；雄蕊长约为萼片的 1/2。【果实】聚合果；瘦果倒卵状长圆形，有短柔毛，宿存花柱有开展的长柔毛。

【花期】	4—5 月
【果期】	5—6 月
【生境】	草地、干山坡、林缘、河岸、路旁及灌丛
【分布】	黑龙江东部及北部、吉林南部及东部、辽宁东部及南部

朝鲜白头翁果实

朝鲜白头翁花

朝鲜白头翁植株（花期）

朝鲜白头翁植株（果期）

掌叶白头翁植株（花纯白色）

掌叶白头翁 *Pulsatilla patens* subsp. *multifida*

【外观】多年生草本；植株高达 40 cm。【根茎】根状茎圆柱形，顶部常分枝。【叶】基生叶 5 枚，在开花时开始发育，有长柄；叶片圆卵形或圆五角形，长 5.5~7 cm，宽 8~11 cm，中全裂片基部宽心形，3 全裂，中全裂片宽菱形，3 深裂，深裂片一至二回分裂，侧全裂片近无柄，不等 2 深裂；叶柄有开展的长柔毛。【花】花葶直立；总苞钟形，密被长柔毛，裂片狭线形；花梗果期增长；花直立，萼片蓝紫色，长圆状卵形，长约 3 cm，宽约 1 cm，内面无毛，外面疏被长柔毛。【果实】聚合果；瘦果近纺锤形，宿存花柱有向上展的长柔毛。

【花期】	4—5 月
【果期】	6—7 月
【生境】	草地、林缘及路旁
【分布】	黑龙江北部、内蒙古东北部

掌叶白头翁群落

掌叶白头翁植株（花蓝色）

掌叶白头翁植株（花淡紫色）

兴安白头翁 *Pulsatilla dahurica*

【外观】多年生草本；植株高 25~40 cm。【根茎】根状茎长达 16 cm。【叶】基生叶 7~9，有长柄；叶片卵形，长 4.5~7.5 cm，宽 3~6 cm，基部近截形，3 全裂或近似羽状分裂，一回中全裂片有细长柄，又 3 全裂，二回裂片深裂，一回侧全裂片无柄或近无柄，不等 3 深裂；叶柄有柔毛。【花】花葶 2~4 条，直立；总苞钟形，裂片似基生叶的裂片；花梗有密柔毛，结果时增长；花近直立；萼片紫色，椭圆状卵形，长约 2 cm，宽 0.5~1 cm，顶端微钝，外面密被短柔毛。【果实】聚合果；瘦果狭倒卵形，密被柔毛，宿存花柱有近平展的长柔毛。

【花期】	5—6 月
【果期】	6—7 月
【生境】	林间空地、灌丛、路旁及石砾地
【分布】	黑龙江（北部、东部及南部）、吉林东部及南部、内蒙古东部

兴安白头翁果实

兴安白头翁花

兴安白头翁群落

兴安白头翁植株

毛茛属 *Ranunculus*

匍枝毛茛 *Ranunculus repens*

　　【别名】伏生毛茛。【外观】多年生草本。【根茎】根状茎短，簇生多数粗长须根；茎下部匍匐地面，节处生根并分枝，上部直立，高 30~60 cm。【叶】叶为三出复叶，基生叶和下部叶有长柄；叶片宽卵圆形，长与宽为 3~9 cm，小叶 3 深裂或 3 全裂，裂片菱状楔形，再不等地 2~3 中裂，边缘有粗锯齿或缺刻，顶端尖；叶柄基部扩大呈膜质宽鞘；上部叶较小，裂片线形。【花】花序有疏花；花直径 2~2.5 cm；萼片卵形；花瓣 5~8 枚，橙黄色至黄色，卵形至宽倒卵形，基部渐狭成爪，蜜槽有鳞片覆盖。【果实】聚合果卵球形；瘦果扁平，边缘有棱，喙直或外弯。

【花期】	6—7 月
【果期】	7—8 月
【生境】	湿地或湿草甸子
【分布】	黑龙江北部及南部、吉林东部及南部、辽宁东部、内蒙古东部

匍枝毛茛花（11瓣）　匍枝毛茛花（9瓣）　匍枝毛茛花（6瓣）

匍枝毛茛花（8瓣）　匍枝毛茛花（7瓣）　匍枝毛茛花（12瓣）

匍枝毛茛群落

匍枝毛茛居群

毛茛 *Ranunculus japonicus*

【别名】毛建草。【外观】多年生草本。【根茎】须根多数簇生；茎直立，高 30~70 cm，具分枝。【叶】基生叶多数；叶片圆心形或五角形，长及宽为 3~10 cm，基部心形或截形，通常 3 深裂不达基部，中裂片倒卵状楔形或宽卵圆形或菱形，3 浅裂，边缘有粗齿或缺刻，侧裂片不等地 2 裂；下部叶与基生叶相似，渐向上叶柄变短，叶片较小，3 深裂，裂片披针形；最上部叶线形，全缘。【花】聚伞花序有多数花，疏散；花直径 1.5~2.2 cm；萼片椭圆形；花瓣 5 枚，倒卵状圆形，基部有爪，蜜槽鳞片长 1~2 mm；花托短小。【果实】聚合果近球形；瘦果扁平，上部最宽处与长近相等，边缘有棱，喙短直或外弯。

【花期】	5—8 月
【果期】	6—9 月
【生境】	湿草甸、向阳山坡稍湿地、林缘草甸及沼泽草甸
【分布】	东北地区广泛分布
【附注】	本区尚有一个变种和一个变型：白山毛茛，植株纤细矮小，叶较小，裂片狭，花小，花径约 1 cm，生境在高山苔原及亚高山岳桦林下，分布于吉林长白山区，其他与原种同；重瓣毛茛，花重瓣，其他与原种同

毛茛花（8瓣）　毛茛花（9瓣）　毛茛花（10瓣）　毛茛花（11瓣）

毛茛果实

毛茛植株

毛茛花

毛茛群落

白山毛茛 var. *monticola*　　　　　　重瓣毛茛 f. *plena*

白山毛茛群落

重瓣毛茛花

深山毛茛植株

深山毛茛花

深山毛茛 *Ranunculus franchetii*

【外观】多年生草本。【根茎】须根稍粗簇生；茎高15~20 cm，较柔软，斜升，分枝较多。【叶】基生叶有细长叶柄，叶片肾形，长 1.5~2.5 cm，宽 2.5~9 cm，基部心形，3深裂不达基部，裂片倒卵状楔形，顶端有 6~8 个齿状缺刻；叶柄无毛或生细毛；下部一叶与基生叶相似，叶柄较短；上部叶无柄，叶片 3 全裂，或侧裂片再 2 裂，裂片披针形或长圆形。【花】花单生，直径 1.5~2 cm；花梗细，贴生细柔毛；萼片狭卵形，外面有短毛；花瓣 5~7 枚，倒卵形，基部有短爪，蜜槽点状；花托凹凸不平，生短毛。【果实】聚合果近球形；瘦果两面鼓凸，密生细毛，喙直伸或弯。

【花期】	4—5 月
【果期】	5—6 月
【生境】	河边湿地、杂木林林缘及灌丛
【分布】	黑龙江南部及北部、吉林南部及东部、辽宁东部

唐松草属 *Thalictrum*

唐松草 *Thalictrum aquilegiifolium* var. *sibiricum*

【别名】翼果唐松草、翼果白蓬草、翅果唐松草。【外观】多年生草本；植株全部无毛。【根茎】茎粗壮，高60~150 cm。【叶】基生叶在开花时枯萎；茎生叶为三至四回三出复叶，叶片长 10~30 cm；小叶草质，顶生小叶倒卵形或扁圆形，长 1.5~2.5 cm，宽 1.2~3 cm，顶端圆或微钝，基部圆楔形或不明显心形，3 浅裂，裂片全缘或有 1~2 牙齿，两面脉平或在背面脉稍隆起；叶柄有鞘，托叶膜质，不裂。【花】圆锥花序伞房状，有多数密集的花；萼片白色或外面带紫色，宽椭圆形，早落；雄蕊多数，花药长圆形，顶端钝，心皮 6~8 枚，花柱短。【果实】瘦果倒卵形，有 3 条宽纵翅，基部突变狭。

【花期】	6—7 月
【果期】	7—8 月
【生境】	山地阔叶林下、林缘湿草地及草坡
【分布】	黑龙江（北部、南部及东部）、吉林南部和东部、辽宁东部及南部、内蒙古东部

唐松草植株

唐松草果实

唐松草花序

唐松草花

唐松草群落

瓣蕊唐松草花

瓣蕊唐松草果实

瓣蕊唐松草 *Thalictrum petaloideum*

【别名】肾叶唐松草、肾叶白蓬草、花唐松草。【外观】多年生草本；植株全部无毛。【根茎】茎高 20~80 cm，上部分枝。【叶】基生叶数个，有短或稍长柄，为三至四回三出或羽状复叶，叶片长 5~15 cm；小叶草质，形状变异很大，顶生小叶倒卵形、宽倒卵形、菱形或近圆形，先端钝，基部圆楔形或楔形，3 浅裂至 3 深裂，裂片全缘；叶柄基部有鞘。【花】花序伞房状；萼片 4 枚，白色，早落，卵形；雄蕊多数，花药狭长圆形，顶端钝，花丝上部倒披针形，比花药宽；心皮 4~13 枚，花柱短。【果实】瘦果卵形，有 8 条纵肋，宿存花柱。

【花期】	6—7 月
【果期】	7—8 月
【生境】	草甸、草甸草原、林缘及灌丛
【分布】	黑龙江西部及北部、吉林西部、辽宁东部、内蒙古东部

瓣蕊唐松草群落

瓣蕊唐松草植株

金莲花属 *Trollius*

金莲花 *Trollius chinensis*

【别名】旱地莲、金芙蓉。【外观】多年生草本。【根茎】茎高30~70 cm，疏生2~4枚。【叶】基生叶1~4枚，叶片五角形，长3.8~6.8 cm，基部心形，3全裂，中央全裂片菱形，侧全裂片斜扇形，2深裂近基部，叶柄长12~30 cm；茎生叶似基生叶，下部的具长柄，上部的较小。【花】花单独顶生或2~3朵组成稀疏的聚伞花序；花直径4.5 cm左右，苞片3裂；萼片6~19枚，金黄色，最外层的椭圆状卵形或倒卵形，顶端疏生三角形牙齿，其他的椭圆状倒卵形或倒卵形，顶端圆形，生不明显的小牙齿；花瓣18~21枚，萼片近等长，狭线形；心皮20~30枚。【果实】蓇葖果长1~1.2 cm，宽约3 mm，喙长约1 mm。

金莲花果实

金莲花花（重瓣）

【花期】	6—7 月
【果期】	8—9 月
【生境】	湿草地、林缘草甸、沟谷草甸及林间草地
【分布】	辽宁西部、内蒙古东南部

金莲花群落

金莲花植株

长瓣金莲花 *Trollius macropetalus*

【外观】多年生草本；植株全部无毛。【根茎】茎高70~100 cm。【叶】基生叶2~4枚，有长柄；叶片长5.5~9.2 cm，宽11~16 cm，与金莲花的叶片均极相似。【花】花直径3.5~4.5 cm；萼片5~7枚，金黄色，干时变橙黄色，宽卵形或倒卵形，顶端圆形，生不明显小齿；花瓣14~22枚，在长度方面稍超过萼片或超出萼片达8 mm，有时与萼片近等长，狭线形，顶端渐变狭，常尖锐；心皮20~40枚。【果实】蓇葖果长约1.3 cm，宽约4 mm，喙长3.5~4 mm。

【花期】	7—8 月
【果期】	8—9 月
【生境】	草甸、湿草地、林缘及林间草地
【分布】	黑龙江北部及东部、吉林南部及东部、辽宁东部

长瓣金莲花花

长瓣金莲花果实

长瓣金莲花花（重瓣）

长瓣金莲花群落

长瓣金莲花植株

短瓣金莲花 *Trollius ledebourii*

【外观】多年生草本。【根茎】茎高 60~100 cm，疏生 3~4 枚叶。【叶】基生叶 2~3 枚，有长柄；叶片五角形，长 4.5~6.5 cm，宽 8.5~12.5 cm，基部心形，3 全裂，中央全裂片菱形，三裂近中部，边缘有小裂片及三角形小牙齿；叶柄基部具狭鞘。茎生叶与基生叶相似，上部的较小。【花】花单独顶生或 2~3 朵组成稀疏的聚伞花序，直径 3.2~4.8 cm；苞片 3 裂；萼片 5~8 枚，黄色，外层的椭圆状卵形，其他的倒卵形，椭圆形，生少数不明显的小齿；花瓣 10~22 枚，长度超过雄蕊，但比萼片短，线形；心皮 20~28 枚。【果实】蓇葖果长约 7 mm，喙长约 1 mm。

短瓣金莲花花

短瓣金莲花果实

【花期】	7—8 月
【果期】	8—9 月
【生境】	湿草地、林缘草甸、河滩草甸及林间草地
【分布】	黑龙江北部及东部、吉林东部、辽宁东北部、内蒙古东部

短瓣金莲花群落

短瓣金莲花植株

长白金莲花 *Trollius japonicus*

【别名】山地金莲花。【外观】多年生草本。【根茎】茎高 26~55 cm。【叶】基生叶 3~5 个；茎叶五角形，长 2.7~4.5 cm，宽 5~9 cm，基部心形，3 全裂，中央全裂片菱形，3 裂近中部，中央二回裂片菱形，侧面二回裂片较小，斜三角形，侧全裂片斜扇形，叶柄长，基部具狭鞘；茎上部叶较小，具鞘状短柄。【花】花单生或 2~3 朵组成疏松的聚伞花序，直径 2.7~3.2 cm；苞片似茎上部叶，渐变小；萼片 5 枚，黄色，倒卵形或圆倒卵形；花瓣约 9 枚，与雄蕊近等长，线形，顶端钝；心皮 7~15 枚。【果实】蓇葖果长达 1.1 cm，宽约 3 mm，喙长 1.5~2 mm。

【花期】	7—8 月
【果期】	9 月
【生境】	河岸、沟谷、林边草地及高山苔原带上
【分布】	吉林东南部、辽宁东部

长白金莲花花（5瓣）

长白金莲花花（侧）

长白金莲花植株

长白金莲花花

长白金莲花花（7瓣）

长白金莲花花（6瓣）

长白金莲花果实

长白金莲花花（12瓣）

长白金莲花花（10瓣）

长白金莲花群落

莲属 *Nelumbo*

莲 *Nelumbo nucifera*

【别名】芙蕖、芙蓉、菡萏。【外观】多年生水生草本。【根茎】根状茎横生，肥厚，节间膨大，内有多数纵行通气孔道，节部缢缩，上生黑色鳞叶，下生须状不定根。【叶】叶圆形，盾状，直径 25~90 cm，全缘稍呈波状，上面光滑，具白粉，下面叶脉从中央射出，有 1~2 次叉状分枝；叶柄粗壮，圆柱形，中空，外面散生小刺。【花】花梗也散生小刺；花直径 10~20 cm；花瓣红色、粉红色或白色，矩圆状椭圆形至倒卵形，由外向内渐小，先端圆钝或微尖；花药条形，花丝细长；花柱极短，柱头顶生；花托（莲房）直径 5~10 cm。【果实】坚果椭圆形或卵形，果皮革质，坚硬，熟时黑褐色。

【花期】	7—8 月
【果期】	9—10 月
【生境】	池沼、水泡子
【分布】	黑龙江东部和西部、吉林西部及南部、辽宁（南部、中部及北部）

莲群落

莲果实

莲花（淡粉色）

莲植株

芍药属 *Paeonia*

芍药 *Paeonia lactiflora*

【别名】赤芍药、白芍药。【外观】多年生草本。【根茎】根粗壮，分枝黑褐色；茎高 40~70 cm，无毛。【叶】下部茎生叶为二回三出复叶，上部茎生叶为三出复叶；小叶狭卵形，椭圆形或披针形，顶端渐尖，基部楔形或偏斜，边缘具白色骨质细齿，两面无毛，背面沿叶脉疏生短柔毛。【花】花数朵，生茎顶和叶腋，有时仅顶端一朵开放，直径 8~11.5 cm；苞片 4~5 枚，披针形，大小不等；萼片 4 枚，宽卵形或近圆形；花瓣 9~13 枚，倒卵形，白色，有时基部具深紫色斑块；花丝黄色；花盘浅杯状，心皮 2~5 枚，无毛。【果实】蓇葖果长 2.5~3 cm，顶端具喙。

【花期】	5—6 月
【果期】	8—9 月
【生境】	山坡、山沟阔叶林下、林缘、灌丛间及草甸上
【分布】	东北大部分地区均有分布

芍药花 (粉色和淡粉色，重瓣)

芍药花 (白色，重瓣)

芍药植株

芍药花 (深粉色)

芍药群落 (花粉色)

芍药群落 (花白色)

山芍药花

山芍药植株(果期)

山芍药 *Paeonia japonica*

【别名】白花草芍药。【外观】多年生草本；高 40~60 cm。【根茎】根粗壮，有分枝，长圆形或纺锤状，褐色；茎直立，无毛，基部生数枚鞘状鳞片。【叶】叶 2~3 枚，纸质，最下部为二回三出复叶，上部为三出复叶或单叶，顶生小叶大，倒卵形或宽椭圆形，长 1.2~1.5 cm，下面无毛或沿脉疏生柔毛，侧生小叶较小，椭圆形。【花】花顶生，通常每茎着生 2~3 朵，有时仅一花发育，直径 6~9 cm，红色；萼片 5 枚，绿色，卵形；花瓣通常 7 枚，白色，广倒卵形，先端常凹缺；雄蕊多数，花药黄色；心皮 2~5 枚，柱头大。【果实】蓇葖果长圆形，呈弓形弯曲，熟时开裂，反卷。

【花期】	5 月
【果期】	8—9 月
【生境】	阔叶林和针阔混交林下、林缘及灌丛
【分布】	黑龙江南部、吉林南部及东部、辽宁东部及南部

山芍药花(黄色)

山芍药花(双花)

山芍药果实

山芍药植株(花期)

草芍药 *Paeonia obovata*

【别名】卵叶芍药。【外观】多年生草本；高 30~60 cm。【根茎】根状茎粗大，横走，长圆形或纺锤状；茎无毛，基部被数枚大型膜质鳞片。【叶】叶近纸质，二回三出复叶；小叶倒卵形或椭圆形，长 6~15 cm，宽 3~9 cm，先端短尖，基部楔形，全缘，上面暗绿色，无毛，下面灰绿色，沿叶脉疏被短柔毛或近无毛，有长柄。【花】花单生茎顶，直径 7~9 cm；萼片 3~5枚，不等大，卵形或卵状披针形；花瓣 6 枚，粉红色或淡紫红色，倒卵形；柱头长，旋卷，心皮 2~4 枚，无毛；花盘浅杯状。【果实】蓇葖果卵圆形或长圆形，成熟时开裂，果皮反卷呈鲱绛红色。

【花期】	6 月
【果期】	8—9 月
【生境】	针阔混交林、针叶林及杂木林下、林缘及灌丛
【分布】	黑龙江（东部、南部及北部）、吉林南部及东部、辽宁东部及南部、内蒙古东部

草芍药果实

草芍药花

草芍药植株

草芍药花（侧）

落新妇植株

落新妇属 *Astilbe*

落新妇 *Astilbe chinensis*

【别名】小升麻、红升麻。【外观】多年生草本；高 50~100 cm。
【根茎】根状茎暗褐色，粗壮，须根多数；茎无毛。【叶】基生叶为
二至三回三出羽状复叶，顶生小叶片菱状椭圆形，侧生小叶片卵形
至椭圆形，先端短渐尖至急尖，边缘有重锯齿，基部楔形、浅心形
至圆形，叶轴仅于叶腋部具褐色柔毛；茎生叶 2~3，较小。【花】圆
锥花序长 8~37 cm，下部分枝通常与花序轴呈 15°~30° 斜上，苞片卵形，
几无花梗，花密集；萼片 5 枚，卵形，两面无毛，边缘中部以上生微腺毛；
花瓣 5 枚，淡紫色至紫红色，线形，长 4.5~5 mm，宽 0.5~1 mm，单脉；
雄蕊 10 枚，心皮 2 枚，仅基部合生。【果实】蒴果长约 3 mm。

【花期】	7—8 月
【果期】	9—10 月
【生境】	山谷溪边、草甸子、针阔混交林下或杂木林缘
【分布】	黑龙江（南部、东部及北部）、吉林南部及东部、辽宁（东北、南部及西部）、内蒙古东部

落新妇群落

落新妇植株

大叶子属 *Astilboides*

大叶子 *Astilboides tabularis*

【别名】山荷叶、东北山荷叶。【外观】多年生草本；高 1~1.5 m。【根茎】根状茎粗壮，暗褐色，长达 35 cm；茎不分枝，下部疏生短硬腺毛。【叶】基生叶 1 枚，盾状着生，近圆形，或卵圆形，直径 18~10 cm，掌状浅裂，裂片宽卵形，先端急尖或短渐尖，掌状浅裂，两面被短硬毛，叶柄具刺状硬腺毛；茎生叶较小，掌状 3~5 浅裂，基部楔形或截形。【花】圆锥花序顶生，具多花；花小，白色或微带紫色；萼片 4~5 枚，卵形，革质，先端钝或微凹，腹面和边缘无毛，背面疏生近无柄之腺毛，5 脉于先端汇合；花瓣 4~5 枚，倒卵状长圆形；雄蕊 8 枚，心皮 2 枚，下部合生，子房半下位。【果实】蒴果长 6.5~7 mm。

大叶子花

大叶子植株

【花期】	6—7 月
【果期】	8—9 月
【生境】	山坡林下、沟谷边及林缘
【分布】	吉林东南部、辽宁东部及南部

金腰属 *Chrysosplenium*

中华金腰 *Chrysosplenium sinicum*

【别名】异叶金腰、华金腰子、中华金腰子。【外观】多年生草本；高 3~33 cm。【根茎】不育枝发达，出自茎基部叶腋。【叶】叶通常对生，叶片近圆形至阔卵形，长 6~10.5 mm，宽 7.5~11.5 mm，先端钝圆，边缘具 12~16 钝齿，基部宽楔形；叶柄长 6~10 mm。【花】聚伞花序，具 4~10 花；苞叶阔卵形、卵形至近狭卵形，边缘具 5~16 钝齿；花黄绿色，萼片在花期直立，阔卵形至近阔椭圆形，长 0.8~2.1 mm，宽 1~2.4 mm，先端钝；雄蕊 8 枚，子房半下位，无花盘。【果实】蒴果，2 果瓣明显不等大。

中华金腰花序

中华金腰植株

【花期】	4—5 月
【果期】	7—8 月
【生境】	林下或山沟阴湿处
【分布】	黑龙江南部及东北部、吉林东部及南部、辽宁东部

互叶金腰 *Chrysosplenium alternifolium*

互叶金腰花序

【别名】金腰子。【外观】多年生草本；植株较小。【根茎】根状茎细，有多数须根，具白色纤细的地下匍匐枝，生出幼苗；花茎高6~12 cm。【叶】基生叶柄较长，被淡锈色或稍白色毛；叶片肾状圆形，长4~8 mm，宽6~12 mm，果期增大，秋季生者长可达3 cm，宽达5 mm，基部深心形，边缘有5~8个浅圆齿，表面绿色，背面灰绿色；茎生叶1~2枚，互生，肾状圆形，基部近截形至浅心形，具短柄。【花】聚伞花序密集；苞片鲜黄色或绿色，似茎生叶；花近无梗，鲜黄色；萼片4枚，半圆形，长1.5~2 mm，金黄色；雄蕊8枚，短，花盘肉质，子房下位，与萼筒愈合，花柱短。【果实】蒴果与萼片近等长，上缘略截形，中部稍凹缺。

互叶金腰植株

【花期】	4—5 月
【果期】	7—8 月
【生境】	溪流旁、山地沟谷或针阔叶混交林下及高山苔原带上
【分布】	黑龙江北部及南部、吉林东部及南部、辽宁东部、内蒙古东北部

林金腰 *Chrysosplenium lectus-cochleae*

【别名】林金腰子。【外观】多年生草本；高11~15 cm。【根茎】不育枝出自茎基部叶腋。【叶】其叶对生，近扇形，长0.3~9 mm，宽0.25~10 mm，先端钝，边缘具5~8圆齿，叶柄长3~8 mm，疏生褐色柔毛；顶生者近阔卵形、近圆形至倒阔卵形，长0.7~2.9 cm，宽0.8~2.7 cm，边缘具7~11圆齿。【花】聚伞花序；苞叶近阔卵形、倒阔卵形至扇形，边缘具5~7浅齿，具褐色乳头突起；花黄绿色；萼片在花期直立，近阔卵形，长1.1~2.5 mm，宽1.8~2.6 mm；雄蕊8枚，子房近上位，无花盘。【果实】蒴果，2果瓣明显不等大，具喙。

【花期】	5—6 月
【果期】	7—8 月
【生境】	林下湿地及林缘阴湿处
【分布】	黑龙江南部、吉林东部及南部、辽宁东部

林金腰植株

林金腰花序

唢呐草属 *Mitella*

唢呐草 *Mitella nuda*

【外观】多年生草本；高 9~24 cm。【根茎】根状茎细长；茎无叶或仅具 1 叶，被腺毛。【叶】基生叶 1~4 枚，叶片心形至肾状心形，长 0.8~3.7 cm，宽 0.8~3.9 cm，基部心形，不明显 5~7 浅裂，边缘具齿牙，两面被硬腺毛，叶柄被硬腺毛；茎生叶与基生叶同型。【花】总状花序，疏生数花；花梗被短腺毛；萼片近卵形，先端稍渐尖，单脉；花瓣长约 4 mm，羽状 9 深裂，裂片通常线形；雄蕊 10 枚，心皮合生，子房半下位，花柱 2 枚，柱头 2 裂。【果实】蒴果之 2 果瓣最上部离生，被腺毛。

【花期】	6—7 月
【果期】	8—9 月
【生境】	溪旁、河岸、林内及林缘等苔藓层厚处
【分布】	黑龙江北部及南部、吉林东南部、内蒙古东北部

唢呐草植株

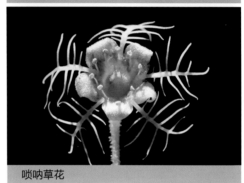

唢呐草花

槭叶草属 *Mukdenia*

槭叶草 *Mukdenia rossii*

【外观】多年生草本；高 20~36 cm。【根茎】根状茎较粗壮，具暗褐色鳞片。【叶】叶均基生，具长柄；叶片阔卵形至近圆形，长 10~14.3 cm，宽 12~14.5 cm，掌状 5~9 浅裂至深裂，裂片近卵形，先端急尖，边缘有锯齿，两面均无毛；叶柄无毛。【花】花葶被黄褐色腺毛；多歧聚伞花序具多花，花梗与托杯外面均被黄褐色腺毛，托杯内壁仅基部与子房愈合；萼片狭卵状长圆形，无毛，单脉；花瓣白色，披针形，长约 2.5 mm，宽约 1 mm，单脉；心皮 2 枚，下部合生，子房半下位。【果实】蒴果长约 7.5 mm，果瓣先端外弯，果柄弯垂。

【花期】	5—6 月
【果期】	7—8 月
【生境】	水边沟谷石崖上及江河边石砬上
【分布】	吉林东南部、辽宁东部

槭叶草花序

槭叶草植株

独根草植株（叶片未展）

独根草植株（叶片展开）

独根草属 *Oresitrophe*

独根草 *Oresitrophe rupifraga*

【外观】多年生草本；高 12~28 cm。【根茎】根状茎粗壮，具芽，芽鳞棕褐色。【叶】叶均基生，2~3 枚；叶片心形至卵形，长 3.8~25.5 cm，宽 3.4~22 cm，先端短渐尖，边缘具不规则齿牙，基部心形，腹面近无毛，背面和边缘具腺毛，叶柄被腺毛。【花】花葶不分枝，密被腺毛；多歧聚伞花序多花，无苞片，花梗，与花序梗均密被腺毛，有时毛极疏；萼片 5~7 枚，不等大，卵形至狭卵形，长 2~4.2 mm，宽 0.5~2 mm，先端急尖或短渐尖，全缘，具多脉，无毛；雄蕊 10~13 枚，心皮 2 枚，基部合生，子房近上位。

【花期】	4—5 月
【果期】	6—7 月
【生境】	山谷及悬崖阴湿石隙中
【分布】	辽宁西部

镜叶虎耳草植株

镜叶虎耳草花

虎耳草属 *Saxifraga*

镜叶虎耳草 *Saxifraga fortunei* var. *koraiensis*

【外观】多年生草本；高 24~40 cm。【根茎】叶均基生，具长柄。【叶】叶片肾形至近心形，长 3.3~16 cm，宽 3.8~20 cm，先端钝或急尖，基部心形，7~11 浅裂，浅裂片近阔卵形，具掌状达缘脉序；叶柄长 5~18.5 cm。【花】多歧聚伞花序圆锥状，具多花；花序分枝细弱，花梗长 5~16 mm；苞片狭三角形，萼片在花期开展至反曲，近卵形；花瓣白色至淡红色，5 枚，其中 3 枚较短，卵形，长 1.3~4.1 mm，先端稍渐尖或渐尖，1 枚较长，狭卵形，先端渐尖，另 1 枚最长，狭卵形。【果实】蒴果弯垂，2 果瓣叉开。

【花期】	6—7 月
【果期】	8—9 月
【生境】	溪边岩隙、林下及高山岩石缝隙中
【分布】	吉林东南部、辽宁东部

斑点虎耳草 *Saxifraga punctata*

【外观】多年生草本。茎直立，高 20~50 cm。【根茎】基生叶数枚。【叶】叶柄长 3~10 cm，具长柄，叶片肾形，长 2~4 cm，宽 3~6 cm，基部心形，边缘有粗牙齿，牙齿宽卵形或三角形，先端尖。【花】聚伞花序疏展，长 5~25 cm，花轴与花梗被短腺毛；苞片条形，长 2~5 mm；萼裂片 5 枚，卵形，长 1~2 mm，绿色有时带紫红色，无毛或边缘具纤毛，花后反卷；花瓣 5 枚，白色或淡紫红色，有橙色斑点或无，基部具爪，先端钝圆；雄蕊 10 枚，比花瓣稍短或近等长；花丝棒锤形，基部细。【果实】蒴果长约 5 mm。

【花期】	7—8 月
【果期】	8—9 月
【生境】	溪流边、林下、林缘及石壁
【分布】	黑龙江南部及北部、吉林东南部

斑点虎耳草植株

斑点虎耳草花序

斑点虎耳草果实

长药八宝植株

长药八宝花序

八宝属 *Hylotelephium*

长药八宝 *Hylotelephium spectabile*

【别名】长药景天、蝎子掌。【外观】多年生草本。【根茎】茎直立，高 30~70 cm。【叶】叶对生，或 3 叶轮生，卵形至宽卵形，或长圆状卵形，长 4~10 cm，宽 2~5 cm，先端急尖，钝，基部渐狭，全缘或多少有波状牙齿。【花】花序大形，伞房状，顶生；花密生，直径约 1 cm，萼片 5 枚，线状披针形至宽披针形，渐尖；花瓣 5 枚，淡紫红色至紫红色，披针形至宽披针形；雄蕊 10 枚，花药紫色，鳞片 5 枚，长方形，先端有微缺，心皮 5 枚，狭椭圆形。【果实】蓇葖果直立。

【花期】	8—9 月
【果期】	9—10 月
【生境】	石质山坡及干石缝隙中
【分布】	黑龙江中部及南部、吉林南部及东部、辽宁东部及西部、内蒙古东北部

长药八宝群落

紫八宝 *Hylotelephium triphyllum*

【别名】紫景天。【外观】多年生草本。【根茎】块根多数，胡萝卜状。茎直立，单生或少数聚生，高 16~70 cm。【叶】叶互生，卵状长圆形至长圆形，长 2~7 cm，宽 0.4~3 cm，先端急尖、钝，上部叶无柄，基部圆，下部叶基部楔形，边缘有不整齐牙齿。【花】花序伞房状，花密生；萼片 5 枚，卵状披针形，先端尖，基部合生；花瓣 5 枚，紫红色，长圆状披针形，长 5~6 mm，急尖，自中部向外反折；雄蕊 10 枚，与花瓣稍同长；鳞片 5 枚，线状匙形，先端稍宽，有缺刻；心皮 5 枚，直立，椭圆状披针形，两端渐狭，花柱短。【果实】蓇葖果直立。

【花期】	7—8 月
【果期】	9 月
【生境】	林缘、灌丛、山坡、石砾地、沙丘及草甸
【分布】	黑龙江北部及南部、吉林东部及南部、辽宁东北部、内蒙古东部

紫八宝花序

紫八宝花（侧）

紫八宝花

紫八宝植株

华北八宝植株

华北八宝果实

华北八宝 *Hylotelephium tatarinowii*

【别名】华北景天。【外观】多年生草本。【根茎】根块状；茎直立，或倾斜，多数，高 10~15 cm，不分枝，生叶多。【叶】叶互生，狭倒披针形至倒披针形，长 1.2~3 cm，宽 5~7 mm，先端渐尖，钝，基部渐狭，边缘有疏锯齿至浅裂，近有柄。【花】伞房状花序；萼片 5 枚，卵状披针形，先端稍急尖；花瓣 5 枚，浅红色，卵状披针形，长 4~6 mm，宽 1.7~2 mm，先端浅尖；雄蕊 10 枚，与花瓣稍同长，花丝白色，花药紫色；鳞片 5 枚，近正方形，先端有微缺；心皮 5 枚，直立，卵状披针形，花柱长稍外弯。【果实】蓇葖果直立。

【花期】	7—8 月
【果期】	9 月
【生境】	石质山坡及干石缝隙中
【分布】	内蒙古东北部

华北八宝花（侧）

华北八宝花

华北八宝群落

瓦松属 *Orostachys*

钝叶瓦松 *Orostachys malacophyllus*

【外观】二年生草本。【根茎】第一年植株有莲座丛；第二年自莲座丛中抽出花茎，花茎高 10~30 cm。【叶】莲座叶先端不具刺，先端钝或短渐尖，长圆状披针形、倒卵形、长椭圆形至椭圆形，全缘；茎生叶互生，近生，较莲座叶为大，长达 7 cm，钝。【花】花序紧密，总状，有时穗状，有时有分枝；苞片匙状卵形，常啮蚀状，上部的短渐尖；花常无梗；萼片 5 枚，长圆形，急尖；花瓣 5 枚，白色或带绿色，长圆形至卵状长圆形，长 4~6 mm，边缘上部常带啮蚀状，基部合生；雄蕊 10 枚，花药黄色，心皮 5 枚。【果实】蓇葖果。

【花期】	7 月
【果期】	8—9 月
【生境】	砾石地，沙质山坡、河滩、岳桦林下岩石上及高山火山灰上
【分布】	黑龙江北部、吉林东南部、辽宁西北部、内蒙古东北部

钝叶瓦松花

钝叶瓦松植株（花期）

钝叶瓦松植株（果期）

黄花瓦松 *Orostachys spinosa*

【别名】刺叶瓦松。【外观】二年生草本。【根茎】第一年有莲座丛,无主茎;第二年生花茎,高10~30 cm。【叶】莲座叶长圆形,先端有半圆形,中央有白色软骨质的刺;叶互生,宽线形至倒披针形,长1~3 cm,宽2~5 mm,先端渐尖,有软骨质的刺,基部无柄。【花】花序顶生,狭长,有或无花梗;苞片披针形至长圆形,有刺尖;萼片5枚,卵状长圆形,先端有刺尖,有红色斑点;花瓣5枚,黄绿色,卵状披针形,长5~7 mm,宽1.5 mm,基部合生;雄蕊10枚,花药黄色,鳞片5枚,近正方形,先端有微缺。【果实】蓇葖果5枚,椭圆状披针形,直立,基部狭,有喙。

【花期】	7—8 月
【果期】	9 月
【生境】	石质山坡、石垃子中及屋顶上
【分布】	黑龙江（北部、东部及南部）、吉林东南部、辽宁东部及南部、内蒙古东北部

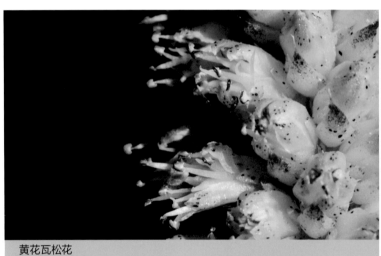
黄花瓦松花

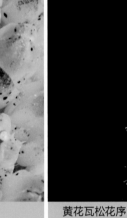
黄花瓦松花序

黄花瓦松群落

黄花瓦松植株

狼爪瓦松 *Orostachys cartilaginea*

【别名】瓦松、辽瓦松。【外观】二年生或多年生草本。【根茎】花茎不分枝，高 10~35 cm。【叶】莲座叶长圆状披针形，先端有软骨质附属物，背凸出，白色，全缘，先端中央有白色软骨质的刺；茎生叶互生，线形或披针状线形，长 1.5~3.5 cm，宽 2~4 mm，先端渐尖，有白色软骨质的刺，无柄。【花】总状花序圆柱形，紧密多花；苞片线形至线状披针形，先端有刺；萼片 5 枚，狭长圆状披针形，有斑点，先端呈软骨质；花瓣 5 枚，白色，长圆状披针形，长 5~6 mm，宽 2 mm，基部稍合生，先端急尖；雄蕊 10 枚，鳞片 5 枚，有短梗。【果实】蓇葖果。

狼爪瓦松群落

狼爪瓦松花

【花期】	8—9 月
【果期】	9—10 月
【生境】	石质山坡、石垃子上及干燥草地
【分布】	黑龙江北部及南部、吉林（南部、东部及西部）、辽宁北部及南部、内蒙古东部

瓦松 *Orostachys fimbriata*

【别名】流苏瓦松。【外观】二年生草本；全株粉绿色，密生紫红色斑点。【根茎】一年生莲座丛的叶短；二年生花茎高 5~30 cm。【叶】莲座叶线形，先端增大，为白色软骨质，半圆形，有齿；茎叶互生，疏生，有刺，线形至披针形，长可达 3 cm，宽 2~5 mm。【花】花序总状，紧密，或下部分枝，呈金字塔形；苞片线状渐尖；萼片 5 枚，长圆形；花瓣 5 枚，红色，披针状椭圆形，长 5~6 mm，宽 1.2~1.5 mm，先端渐尖，基部合生；雄蕊 10 枚，花药紫色，鳞片 5 枚，近四方形，先端稍凹。【果实】蓇葖果 5 枚，长圆形，喙细。

【花期】	8—9 月
【果期】	9—10 月
【生境】	石质山坡、石质丘陵及沙土地上
【分布】	辽宁（北部、南部及西部）、内蒙古东部

瓦松花序

瓦松植株

瓦松花

红景天属 *Rhodiola*

库页红景天 *Rhodiola sachalinensis*

【别名】高山红景天。【外观】多年生草本。【根茎】根粗壮，通常直立；根颈短粗，先端被膜质鳞片状叶；花茎高 6~30 cm。【叶】下部的叶较小，疏生，上部叶较密生，叶长圆状匙形、长圆状菱形或长圆状披针形，长 7~40 mm，宽 4~9 mm，先端急尖至渐尖，基部楔形，边缘上部有粗牙齿，下部近全缘。【花】聚伞花序，密集多花；雌雄异株；萼片 4 枚，少有 5 枚，披针状线形，先端钝；花瓣 4 枚，少有 5 枚，淡黄色，线状倒披针形或长圆形，长 2~6 mm，先端钝；雄花中雄蕊 8 枚，花药黄色，有不发育的心皮；雌花中心皮 4 枚，花柱外弯，鳞片 4 枚，长圆形。【果实】蓇葖果披针形或线状披针形，直立具喙。

【花期】	6—7 月
【果期】	8—9 月
【生境】	岳桦林内、高山苔原上、高山荒漠带上、高山砾质地草甸及岩石缝隙中
【分布】	黑龙江南部、吉林东南部、内蒙古东部

库页叶红景天植株

库页红景天果实

长白红景天 *Rhodiola angusta*

【别名】长白景天、乌苏里景天。【外观】多年生草本。【根茎】主根常不分枝；根颈直立，细长，老枝先端被鳞片；花茎直立，长 3.5~10 cm，稻秆色，密着叶。【叶】叶互生，线形，长 1~2 cm，宽 1~2 mm，先端稍钝，基部稍狭，全缘或在上部有 1~2 牙齿。【花】伞房状花序，多花或少花；雌雄异株；萼片 4 枚，线形，稍不等长，钝；花瓣 4 枚，黄色，长圆状披针形，长 4~5 mm，宽 1 mm，先端钝；雄蕊 8 枚，鳞片 4 枚，近四方形，先端稍平或有微缺；心皮在雄花中不育，在雌花中心皮披针形，直立，柱头头状。【果实】蓇葖果 4 枚，紫红色，直立，先端稍外弯。

【花期】	7—8 月
【果期】	8—9 月
【生境】	岳桦林内、高山苔原带、高山荒漠带、高山砾质地草甸及岩石缝隙中
【分布】	黑龙江南部、吉林东部

长白红景天植株（花期）

长白红景天植株（果期）

小丛红景天 *Rhodiola dumulosa*

【别名】香景天、雾灵景天、凤凰七。【外观】多年生草本。【根茎】根茎粗壮，分枝；花茎聚生主轴顶端，长 5~28 cm，不分枝。【叶】叶互生，线形至宽线形，长 7~10 mm，宽 1~2 mm，先端稍急尖，基部无柄，全缘。【花】花序聚伞状，有 4~7 花；萼片 5 枚，线状披针形，先端渐尖，基部宽；花瓣 5 枚，白或红色，披针状长圆形，直立，长 8~11 mm，宽 2.3~2.8 mm，先端渐尖，有较长的短尖，边缘平直，或多少呈流苏状；雄蕊 10 枚，着生花瓣基部；鳞片 5 枚，心皮 5 枚，卵状长圆形，直立。【果实】蓇葖果。

【花期】	6—7 月
【果期】	8—9 月
【生境】	山地阳坡及山脊的岩石裂缝中
【分布】	内蒙古东北部

小丛红景天果实

小丛红景天花

小丛红景天花（侧）

小丛红景天群落

小丛红景天植株（花期）

小丛红景天植株（果期）

费菜属 *Phedimus*

费菜 *Phedimus aizoon*

费菜花序

费菜果实

【别名】土三七、多花景天、景天三七、长生景天、细叶费菜。【外观】多年生草本。【根茎】根状茎短，粗茎高 20~50 cm；有 1~3 条茎，直立，无毛，不分枝。【叶】叶互生，狭披针形、椭圆状披针形至卵状倒披针形，长 3.5~8 cm，宽 1.2~2 cm，先端渐尖，基部楔形，边缘有不整齐的锯齿；叶坚实，近革质。【花】聚伞花序有多花，水平分枝，平展，下托以苞叶；萼片 5 枚，线形，肉质，不等长，先端钝；花瓣 5 枚，黄色，长圆形至椭圆状披针形，长 6~10 mm，有短尖；雄蕊 10 枚，较花瓣短；鳞片 5 枚，近正方形；心皮 5 枚，卵状长圆形，基部合生，腹面凸出；花柱长钻形。【果实】蓇葖果星芒状排列。

【花期】	6—7 月
【果期】	8—9 月
【生境】	山地林缘、林下、灌丛中、草地及荒地
【分布】	东北地区广泛分布
【附注】	本区尚有 1 变种和 1 变型：宽叶费菜，叶宽倒卵形、椭圆形、卵形，有时稍呈圆形，先端圆钝，基部楔形，长 2~7 cm，宽达 3 cm，其他与原种同；狭叶费菜，叶狭长圆状楔形或几为线形，宽不及 5 mm，其他与原种同

费菜居群

费菜植株

宽叶费菜 var. *latifolium*　　　　　狭叶费菜 f. *angustifolium*

宽叶费菜植株　　　　　狭叶费菜植株

吉林费菜果实

吉林费菜花

吉林费菜 *Phedimus middendorffianus*

【别名】狗景天、细叶景天、吉林景天。【外观】多年生草本。【根茎】根状茎蔓生，木质，分枝长；茎多数，丛生，常宿存，直立或上升，基部分枝，无毛，高 10~30 cm。【叶】叶线状匙形，长 12~25 mm，宽 2~5 mm，先端钝，基部楔形，上部边缘有锯齿。【花】聚伞花序有多花，常有展开的分枝；萼片 5 枚，线形，钝；花瓣 5 枚，黄色，披针形至线状披针形，长 5~11 mm，宽 1.8~3 mm，渐尖，有短尖；雄蕊 10 枚，较花瓣为短，花丝黄色，花药紫色；鳞片 5 枚，细小，几全缘；心皮 5 枚，披针形，基部合生。【果实】蓇葖果星芒状，几成水平排列，喙短。

【花期】	6—8 月
【果期】	8—9 月
【生境】	山地林下石上或山坡岩石缝处
【分布】	黑龙江西北部、吉林东部及南部、辽宁东部

吉林费菜植株

合欢属 *Albizia*

合欢 *Albizia julibrissin*

　　【别名】马缨花。【外观】落叶乔木；高可达 16 m，树冠开展。【根茎】小枝有棱角；嫩枝、花序和叶轴被绒毛或短柔毛。【叶】托叶线状披针形，早落；二回羽状复叶，总叶柄近基部及最顶一对羽片着生处各有 1 枚腺体；羽片 4~12 对，小叶 10~30 对，线形至长圆形，长 6~12 mm，宽 1~4 mm，向上偏斜，先端有小尖头，有缘毛，有时在下面或仅中脉上有短柔毛；中脉紧靠上边缘。【花】头状花序于枝顶排成圆锥花序；花粉红色；花萼管状，花冠长 8 mm，裂片三角形，花萼、花冠外均被短柔毛。【果实】荚果带状，嫩荚有柔毛，老荚无毛。

合欢枝条（花期）

合欢枝条（果期）

【花期】	6—7 月
【果期】	8—10 月
【生境】	山坡、路边
【分布】	辽宁南部

合欢植株

黄芪属 *Astragalus*

乳白黄芪 *Astragalus galactites*

　　【别名】乳白花黄芪、白花黄芪。【外观】多年生草本；高 5~15 cm。【根茎】根粗壮；茎极短缩。【叶】羽状复叶有 9~37 片小叶，叶柄较叶轴短；托叶膜质，下部与叶柄贴生，上部卵状三角形；小叶长圆形或狭长圆形，长 8~18 mm，宽 15~6 mm，先端稍尖或钝，基部圆形或楔形。【花】花生于基部叶腋，通常 2 花簇生，苞片披针形或线状披针形；花萼管状钟形，萼齿线状披针形或近丝状；花冠乳白色或稍带黄色，旗瓣狭长圆形，先端微凹，中部稍缢缩，下部渐狭成瓣柄，翼瓣较旗瓣稍短，瓣片先端有时 2 浅裂，龙骨瓣瓣片短。【果实】荚果小，卵形或倒卵形，先端有喙。

【花期】	5—6 月
【果期】	6—8 月
【生境】	砾石质及砂砾质土壤的草原中
【分布】	黑龙江西部、吉林西部、内蒙古东部

乳白黄芪群落

乳白黄芪植株　　　　　　　　　　　　　　乳白黄芪花序

达乌里黄芪花序

达乌里黄芪 *Astragalus dahuricus*

【别名】兴安黄芪。【外观】一年生或二年生草本。【根茎】茎直立，高达 80 cm，分枝，有细棱。【叶】羽状复叶有 11~23 枚小叶，长 4~8 cm；叶柄长不及 1 cm；托叶分离，狭披针形或钻形，长 4~8 mm；小叶长圆形、倒卵状长圆形或长圆状椭圆形，长 5~20 mm，宽 2~6 mm，先端圆或略尖。【花】总状花序较密，生 10~20 花；花萼斜钟状；花冠紫色，旗瓣近倒卵形，长 12~14 mm，宽 6~8 mm，翼瓣瓣片弯长圆形，龙骨瓣瓣片近倒卵形，瓣柄长约 4.5 mm；子房有柄，柄长约 1.5 mm。【果实】荚果线形，含 20~30 颗种子，果颈短。

【花期】	7—8 月
【果期】	8—9 月
【生境】	草甸、向阳山坡及河岸砂砾地
【分布】	黑龙江北部、吉林西部、辽宁（北部、西部及南部）、内蒙古东北部

达乌里黄芪花序（白色）

达乌里黄芪果实

达乌里黄芪居群

达乌里黄芪群落

达乌里黄芪植株

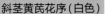

斜茎黄芪植株

斜茎黄芪花序（白色）　斜茎黄芪花序

斜茎黄芪 *Astragalus laxmannii*

【别名】直立黄芪。【外观】多年生草本，高 20~100 cm。【根茎】根较粗壮，暗褐色。茎多数或数个丛生，直立或斜上。【叶】羽状复叶有 9~25 枚小叶，叶柄较叶轴短；托叶三角形，渐尖；小叶长圆形、近椭圆形或狭长圆形，长 10~35 mm，宽 2~8 mm，基部圆形或近圆形，有时稍尖。【花】总状花序长圆柱状、穗状，生多数花，排列密集；总花梗生于茎的上部；花梗极短；苞片狭披针形至三角形，先端尖；花萼管状钟形，萼齿狭披针形；花冠近蓝色或红紫色，旗瓣倒卵圆形，先端微凹，翼瓣较旗瓣短，瓣片长圆形，龙骨瓣瓣片较瓣柄稍短。【果实】荚果长圆形，两侧稍扁，背缝凹入成沟槽，顶端具下弯的短喙。

【花期】	6—8 月
【果期】	8—10 月
【生境】	草甸草原及林缘地带
【分布】	黑龙江北部及西部、吉林西部、辽宁北部、内蒙古东部

红花锦鸡儿花

红花锦鸡儿枝条

锦鸡儿属 *Caragana*

红花锦鸡儿 *Caragana rosea*

【别名】金雀儿、紫花锦鸡儿、黄枝条。【外观】落叶灌木；高 0.4~1 m。【根茎】树皮绿褐色或灰褐色；小枝细长，具条棱。【叶】托叶在长枝者成细针刺，短枝者脱落；叶柄脱落或宿存成针刺；叶假掌状；小叶 4 枚，楔状倒卵形，长 1~2.5 cm，宽 4~12 mm，先端圆钝或微凹，具刺尖，基部楔形，近革质，有时小叶边缘、小叶柄、小叶下面沿脉被疏柔毛。【花】花梗单生；花萼管状，常紫红色，萼齿三角形，渐尖，内侧密被短柔毛；花冠黄色，凋时变为红色，长 20~22 mm，旗瓣长圆状倒卵形，先端凹入，基部渐狭成宽瓣柄，翼瓣长圆状线形，瓣柄较瓣片稍短，耳短齿状，龙骨瓣的瓣柄与瓣片近等长，耳不明显。【果实】荚果圆筒形，具渐尖头。

【花期】	5—6 月
【果期】	6—7 月
【生境】	山地灌丛及山地沟谷灌丛中
【分布】	辽宁西部、内蒙古东部

毛掌叶锦鸡儿 *Caragana leveillei*

【外观】落叶灌木；高约 1 m，多分枝。【根茎】树皮深褐色；小枝淡褐色，有条棱，嫩枝灰褐色，密被灰白色毛。【叶】假掌状复叶有 4 枚小叶；托叶狭，具短刺尖，硬化成针刺；叶柄被灰白色毛，脱落或宿存；小叶楔状倒卵形，长 5~30 mm，宽 2~15 mm，先端圆形，近截形或具浅凹，有刺尖，基部楔形，上面绿色，下面灰绿色，密被柔毛，叶脉明显。【花】花梗单生，关节在下部；花萼基部具囊，萼齿三角状；花冠长 2.5~2.8 cm，黄色或浅红色，旗瓣倒卵状楔形，端圆钝或稍凹，有瓣柄，翼瓣狭长圆形，耳细短，龙骨瓣先端钝。【果实】荚果圆筒状，具短尖头，密被长柔毛。

毛掌叶锦鸡儿枝条

毛掌叶锦鸡儿植株

【花期】	4—5 月
【果期】	6 月
【生境】	干山坡或土质贫瘠的岩石缝隙中
【分布】	辽宁南部

树锦鸡儿 *Caragana arborescens*

【别名】蒙古锦鸡儿　黄槐。【外观】落叶小乔木或大灌木；高 2~6 m。【根茎】老枝深灰色，平滑，稍有光泽；小枝有棱，幼时被柔毛，绿色或黄褐色。【叶】羽状复叶有 4~8 对小叶，托叶针刺状，叶轴细瘦；小叶长圆状倒卵形、狭倒卵形或椭圆形，长 1~2.5 cm，宽 5~13 mm，先端圆钝，具刺尖，基部宽楔形。【花】花梗 2~5 簇生，每梗 1 花，关节在上部，苞片小，刚毛状；花萼钟状，萼齿短宽；花冠黄色，长 16~20 mm，旗瓣菱状宽卵形，宽与长近相等，先端圆钝，具短瓣柄，翼瓣长圆形，较旗瓣稍长，耳距状，龙骨瓣较旗瓣稍短，瓣柄较瓣片略短，耳钝或略呈三角形。【果实】荚果圆筒形，先端渐尖，无毛。

【花期】	5—6 月
【果期】	8—9 月
【生境】	山坡、林缘及灌丛
【分布】	吉林东南部

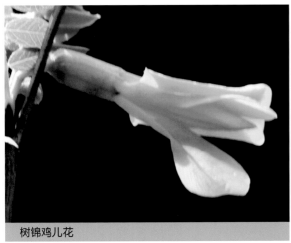

树锦鸡儿花

树锦鸡儿植株

树锦鸡儿枝条

小叶锦鸡儿植株

小叶锦鸡儿枝条

小叶锦鸡儿 *Caragana microphylla*

【别名】小叶金雀花。【外观】落叶灌木；高 1~3 m。【根茎】老枝深灰色或黑绿色；嫩枝被毛，直立或弯曲。【叶】羽状复叶有 5~10 对小叶；托叶脱落；小叶倒卵形或倒卵状长圆形，长 3~10 mm，宽 2~8 mm，先端圆或钝，很少凹入，具短刺尖，幼时被短柔毛。【花】花梗近中部具关节，被柔毛；花萼管状钟形，萼齿宽三角形；花冠黄色，长约 25 mm，旗瓣宽倒卵形，先端微凹，基部具短瓣柄，翼瓣的瓣柄长为瓣片的 1/2，耳短，齿状；龙骨瓣的瓣柄与瓣片近等长，耳不明显，基部截平。【果实】荚果圆筒形，稍扁，具锐尖头。

【花期】	5—6 月
【果期】	7—8 月
【生境】	沙地、沙丘及干山坡上
【分布】	黑龙江西部、吉林西部及东部、辽宁西部、内蒙古东部

狭叶锦鸡儿 *Caragana stenophylla*

【外观】落叶灌木；高 30~80 cm。【根茎】树皮灰绿色，黄褐色或深褐色；小枝细长，具条棱，嫩时被短柔毛。【叶】假掌状复叶有 4 枚小叶；托叶在长枝者硬化成针刺，长枝上叶柄硬化成针刺，宿存，直伸或向下弯，短枝上叶无柄，簇生；小叶线状披针形或线形，长 4~11 mm，宽 1~2 mm，两面绿色或灰绿色，常由中脉向上折叠。【花】花梗单生，关节在中部稍下；花萼钟状管形，萼齿三角形，具短尖头；花冠黄色，旗瓣圆形或宽倒卵形，长 14~20 mm，中部常带橙褐色，瓣柄短宽，翼瓣上部较宽，耳长圆形，龙骨瓣的瓣柄较瓣片长 1/2，耳短钝。【果实】荚果圆筒形。

【花期】	4—6 月
【果期】	7—8 月
【生境】	干草原、荒漠草原、山地草原的砂砾质土壤、复沙地及砾石质坡地
【分布】	内蒙古东部

狭叶锦鸡儿枝条

狭叶锦鸡儿植株

柠条锦鸡儿 *Caragana korshinskii*

【外观】落叶灌木或小乔木；高 1~4 m。【根茎】老枝金黄色，有光泽；嫩枝被白色柔毛。【叶】羽状复叶有 6~8 对小叶；托叶在长枝者硬化成针刺，宿存；叶轴脱落；小叶披针形或狭长圆形，长 7~8 mm，宽 2~7 mm，先端锐尖或稍钝，有刺尖，基部宽楔形，灰绿色，两面密被白色伏贴柔毛。【花】花梗密被柔毛，关节在中上部；花萼管状钟形，密被伏贴短柔毛，萼齿三角形或披针状三角形；花冠长 20~23 mm，旗瓣宽卵形或近圆形，先端截平而稍凹，宽约 16 mm，具短瓣柄，翼瓣瓣柄细窄，耳短小，齿状，龙骨瓣具长瓣柄，耳极短。【果实】荚果扁，披针形，有时被疏柔毛。

柠条锦鸡儿枝条

柠条锦鸡儿群落

【花期】	5 月
【果期】	6 月
【生境】	半固定和固定沙地
【分布】	内蒙古东部

米口袋属 *Gueldenstaedtia*

米口袋 *Gueldenstaedtia verna*

【别名】少花米口袋、小米口袋、多花米口袋。【外观】多年生草本。【根茎】主根直下；分茎具宿存托叶。【叶】叶长 2~20 cm；托叶三角形，基部合生；叶柄具沟；小叶 7~19 枚，长椭圆形至披针形，长 0.5~2.5 cm，宽 1.5~7 mm，钝头或急尖，先端具细尖。【花】伞形花序有花 2~4 朵，总花梗约与叶等长，苞片长三角形，小苞片线形；花萼钟状，被白色疏柔毛，萼齿披针形，不等长；花冠红紫色，旗瓣卵形，长 13 mm，先端微缺，基部渐狭成瓣柄，翼瓣瓣片倒卵形具斜截头，长 11 mm，具短耳，龙骨瓣瓣片倒卵形，长 5.5 mm，有瓣柄。【果实】荚果长圆筒状，成熟时毛稀疏，开裂。

【花期】	5 月
【果期】	6—7 月
【生境】	干旱沙地、山坡、草地、路旁、田野及荒地
【分布】	黑龙江西部及南部、吉林西部、辽宁（西部、南部及北部）、内蒙古东部

米口袋植株

米口袋花（侧）

米口袋果实

羊柴属 *Corethrodendron*

山竹子 *Corethrodendron fruticosum*

【别名】山竹岩黄芪。【外观】落叶半灌木或小半灌木；高
40~80 cm。【根茎】根系发达，主根深长；茎直立，多分枝。
【叶】叶长 8~14 cm，托叶卵状披针形；小叶 11~19 枚，小叶柄
短，小叶片通常椭圆形或长圆形，长 14~22 mm，宽 3~6 mm，
先端钝圆或急尖，基部楔形。【花】总状花序腋生，花序与叶近
等高，具 4~14 朵花；具花梗，疏散排列，苞片三角状卵形；花
萼钟状，萼齿三角状，近等长；花冠紫红色，旗瓣倒卵圆形，长
14~20 mm，先端圆形，微凹，基部渐狭为瓣柄，翼瓣三角状披
针形，等于或稍短于龙骨瓣的瓣柄，龙骨瓣等于或稍短于旗瓣。
【果实】荚果 2~3 节；节荚椭圆形，成熟荚果具细长的刺。

【花期】	7—8 月
【果期】	8—9 月
【生境】	草原带沿河、湖沙地、沙丘或古河床沙地上
【分布】	黑龙江西部、吉林西部、辽宁北部、内蒙古东部

山竹子群落

山竹子植株

山竹子花序

岩黄芪属 *Hedysarum*

山岩黄芪 *Hedysarum alpinum*

【外观】多年生草本；高 50~120 cm。【根茎】根为直根系，主根深长，粗壮；茎多数，直立。【叶】叶长 8~12 cm，托叶三角状披针形，棕褐色干膜质；小叶 9~17 枚，具短柄，小叶片卵状长圆形或狭椭圆形，长 15~30 mm，宽 4~7 mm，先端钝圆，具不明短尖头，基部圆形或圆楔形，主脉和侧脉明显隆起。【花】总状花序腋生，花多数，较密集着生，稍下垂，时而偏向一侧，具花梗；苞片钻状披针形，花萼钟状，萼齿三角状钻形；花冠紫红色，旗瓣倒长卵形，长约 10 mm，先端钝圆、微凹，翼瓣线形，等于或稍长于旗瓣，龙骨瓣长于旗瓣。【果实】荚果 3~4 节，节荚椭圆形或倒卵形。

【花期】	7—8 月
【果期】	8—9 月
【生境】	河谷沼泽化草甸、河岸沼泽化灌丛、山地灌丛及林缘
【分布】	黑龙江北部、吉林东部、内蒙古东北部

山岩黄芪花序（白色）

山岩黄芪群落

山岩黄芪植株

华北岩黄芪 *Hedysarum gmelinii*

【外观】多年生草本；高 20~30 cm。【根茎】根木质化，粗达 1cm；根颈向上多分枝。【叶】长 6~10 cm，具等于或稍短于叶片的柄；托叶披针形；小叶 11~13 枚，长卵形、卵状长椭圆形或卵状长圆形，长 8~20 mm，先端钝圆，基部圆楔形。【花】总状花序腋生，明显超出叶；花 10~25 朵，长 18~20 mm，长升，具短花梗；苞片披针形，棕褐色，长 2~3 mm；萼钟状，长 7~10 mm，萼齿钻状披针形，长为萼筒的 1.5~2.5 倍；花冠玫瑰紫色，旗瓣倒卵形，长 15~17 mm，先端钝圆、微凹，翼瓣线形，长为旗瓣的 2/3 或 3/4，龙骨瓣等于或稍短于旗瓣；子房线形。【果实】节荚圆形或阔卵形，被短柔毛，两侧膨胀。

【花期】	5—6 月
【果期】	7—8 月
【生境】	草原砾石质山坡及丘陵地
【分布】	内蒙古东部

华北岩黄芪群落

华北岩黄芪植株

华北岩黄芪花序(粉红色)

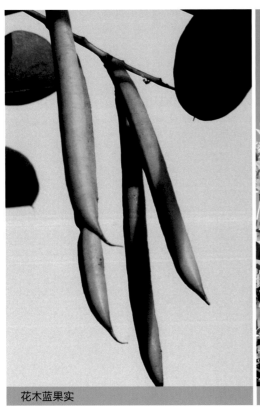

花木蓝花序

木蓝属 *Indigofera*

花木蓝 *Indigofera kirilowii*

　　【别名】吉氏木蓝。【外观】落叶小灌木；高 30～100 cm。【根茎】茎圆柱形；幼枝有棱。【叶】羽状复叶长 6～15 cm，叶柄长 1～2.5 cm，托叶披针形；小叶 2～5 对，对生，阔卵形、卵状菱形或椭圆形，先端圆钝或急尖，具长的小尖头，基部楔形或阔楔形，侧脉两面明显，小托叶钻形，宿存。【花】总状花序长 5～20 cm，疏花，花序轴有棱，苞片线状披针形；花萼杯状，萼齿披针状三角形；花冠淡红色，稀白色，花瓣近等长，旗瓣椭圆形，长 12～17 mm，翼瓣边缘有毛。【果实】荚果棕褐色，圆柱形，内果皮有紫色斑点，有种子 10 余粒；果梗平展。

【花期】	6—7 月
【果期】	8—9 月
【生境】	向阳干山坡、山野丘陵坡地或灌丛与疏林内
【分布】	吉林东南部、辽宁（西部、南部及北部）

花木蓝果实　　　　　　　　　　花木蓝植株

胡枝子属 *Lespedeza*

胡枝子 *Lespedeza bicolor*

【外观】落叶直立灌木；高 1~3 m。【根茎】多分枝，小枝黄色或暗褐色，有条棱；芽卵形。【叶】羽状复叶具 3 小叶；托叶 2 枚，线状披针形，叶柄长 2~9 cm；小叶质薄，卵形、倒卵形或卵状长圆形，长 1.5~6 cm，宽 1~3.5 cm，先端钝圆或微凹，稀稍尖，具短刺尖。【花】总状花序腋生，比叶长，常构成大型、较疏松的圆锥花序；小苞片 2 枚，卵形，先端钝圆或稍尖，黄褐色，花梗短；花萼 5 浅裂；花冠红紫色，极稀白色，长约 10 mm，旗瓣倒卵形，先端微凹，翼瓣较短，近长圆形，基部具耳和瓣柄，龙骨瓣先端钝，基部具较长的瓣柄。【果实】荚果斜倒卵形，稍扁，表面具网纹，密被短柔毛。

胡枝子花

【花期】	7—8 月
【果期】	9—10 月
【生境】	山坡、林缘、路旁、灌丛及杂木林间
【分布】	黑龙江（南部、东部及北部）、吉林（东部及南部）、辽宁东部及南部、内蒙古东部

胡枝子花序

胡枝子花（浅粉色）

胡枝子植株

阴山胡枝子 *Lespedeza inschanica*

【别名】白指甲花。【外观】落叶灌木，高达 80 cm。【根茎】茎直立或斜升。【叶】羽状复叶具 3 小叶；小叶长圆形，长 1.0~2.5 cm，宽 0.5~1.5 cm，顶生小叶较大。【花】总状花序腋生，与叶近等长，具花 2~6 枚；小苞片长卵形或卵形，背面密被伏毛，边有缘毛；花萼 5 深裂，前方 2 裂片分裂较浅，具明显 3 脉及缘毛，萼筒外被伏毛，向上渐稀疏；花冠白色，旗瓣近圆形，长 7 mm，宽 5.5 mm，先端微凹，基部带大紫斑，花期反卷，翼瓣长圆形，长 5~6 mm，宽 1.0~1.5 mm，龙骨瓣长 6.5 mm，通常先端带紫色。【果实】荚果倒卵形，密被伏毛，短于宿存萼。

【花期】	7—8 月
【果期】	8—9 月
【生境】	山坡、草地、路旁及砂质地上
【分布】	黑龙江东部、吉林东部、辽宁（南部、东部和北部）、内蒙古东南部

阴山胡枝子花

阴山胡枝子植株

阴山胡枝子枝条

短梗胡枝子 *Lespedeza cyrtobotrya*

　　【别名】短序胡枝子。【外观】落叶直立灌木；高 1~3 m，多分枝。【根茎】小枝褐色或灰褐色，具棱，贴生疏柔毛。【叶】羽状复叶具小叶 3 枚；托叶 2 枚，线状披针形，暗褐色；小叶宽卵形，卵状椭圆形或倒卵形，长 1.5~4.5 cm，宽 1~3 cm，先端圆或微凹，具小刺尖。【花】总状花序腋生，比叶短，苞片小，卵状渐尖，暗褐色；花梗短，被白毛；花萼筒状钟形，5 裂至中部，裂片披针形，渐尖，表面密被毛；花冠红紫色，长约 11 mm，旗瓣倒卵形，先端圆或微凹，基部具短柄，翼瓣长圆形，先端圆，基部具明显的耳和瓣柄，龙骨瓣顶端稍弯，基部具耳和柄。【果实】荚果斜卵形，表面具网纹，且密被毛。

短梗胡枝子花

短梗胡枝子花序

【花期】	7—8 月
【果期】	9—10 月
【生境】	向阳干山坡、山野丘陵坡地或灌丛与疏林内
【分布】	吉林南部及东部、辽宁（东部、西部及南部）

短梗胡枝子枝条

多花胡枝子果实

多花胡枝子 *Lespedeza floribunda*

【外观】落叶小灌木；高 30~100 cm。【根茎】根细长；茎常近基部分枝；枝有条棱，被灰白色绒毛。【叶】托叶线形，先端刺芒状；羽状复叶具 3 小叶；小叶具柄，倒卵形，宽倒卵形或长圆形，长 1~1.5 cm，宽 6~9 mm，先端微凹、钝圆或近截形，具小刺尖，基部楔形，侧生小叶较小。【花】总状花序腋生，总花梗细长，显著超出叶；花多数，小苞片卵形，先端急尖；花萼被柔毛，5 裂，先端渐尖；花冠紫色、紫红色或蓝紫色，旗瓣椭圆形，长 8 mm，先端圆形，基部有柄，翼瓣稍短，龙骨瓣长于旗瓣，钝头。【果实】荚果宽卵形，超出宿存萼，密被柔毛，有网状脉。

【花期】	7—8 月
【果期】	8—9 月
【生境】	石质山坡、林缘及灌丛中
【分布】	吉林西部及东部、辽宁西部及北部、内蒙古东南部

多花胡枝子植株

多花胡枝子枝条

多花胡枝子花

马鞍树属 *Maackia*

朝鲜槐 *Maackia amurensis*

【别名】樱槐、山槐。【外观】落叶乔木；高可达 15 m。【根茎】树皮淡绿褐色，薄片剥裂；枝紫褐色，有褐色皮孔。【叶】羽状复叶，小叶 3~5 对，对生或近对生；纸质，卵形、倒卵状椭圆形或长卵形，长 3.5~9.7 cm，宽 1~4.9 cm，先端钝，短渐尖，基部阔楔形或圆形；小叶柄长 3~6 mm。【花】总状花序 3~4 个集生，总花梗及花梗密被锈褐色柔毛；花蕾密被褐色短毛，花密集；花萼钟状，5 浅齿，密被黄褐色平贴柔毛；花冠白色，长 7~9 mm，旗瓣倒卵形，宽 3~4 mm，顶端微凹，基部渐狭成柄，反卷，翼瓣长圆形，基部两侧有耳。【果实】荚果扁平，暗褐色。

朝鲜槐花

【花期】	6—7 月
【果期】	9—10 月
【生境】	稍湿润的阔叶林内、林缘、溪流附近及山坡灌丛
【分布】	黑龙江南部及东部、吉林东部及南部、辽宁东部及西部、内蒙古东南部

朝鲜槐枝条

朝鲜槐植株

苜蓿属 *Medicago*

紫苜蓿 *Medicago sativa*

【别名】苜蓿、紫花苜蓿。【外观】多年生草本；高 30~100 cm。【根茎】根粗壮；茎直立、丛生以至平卧，四棱形。【叶】羽状三出复叶；托叶大，卵状披针形；叶柄比小叶短；小叶长卵形、倒长卵形至线状卵形，长 5~40 mm，宽 3~10 mm，纸质，先端钝圆，具由中脉伸出的长齿尖，侧脉 8~10 对。【花】花序总状或头状，具花 5~30 朵；总花梗挺直，比叶长；苞片线状锥形，比花梗长或等长；花长 6~12 mm，花梗短，萼钟形，萼齿线状锥形；花冠各色：淡黄、深蓝至暗紫色，花瓣均具长瓣柄，旗瓣长圆形，先端微凹，翼瓣较龙骨瓣稍长。【果实】荚果螺旋状紧卷 2~6 圈，脉纹细，熟时棕色。

紫苜蓿花序

紫苜蓿花序（淡紫色）

【花期】	6—7 月
【果期】	7—8 月
【生境】	路旁、沟边、荒地及田边
【分布】	原产伊朗，我国东北地区广泛分布

紫苜蓿植株

草木樨属 *Melilotus*

白花草木樨 *Melilotus albus*

【别名】辟汗草、白香草木樨。【外观】一二年生草本，高
70~200 cm。【根茎】茎直立，多分枝。【叶】羽状三出复叶，托叶尖
刺状锥形，叶柄纤细；小叶长圆形或倒披针状长圆形，长 15~30 mm，
宽 4~12 mm，先端钝圆，基部楔形，边缘疏生浅锯齿，侧脉 12~15 对，
平行直达叶缘齿尖，顶生小叶稍大，具较长小叶柄，侧小叶小叶柄短。
【花】总状花序长 9~20 cm，腋生，具花 40~100 朵，排列疏松，苞片线形；
花长 4~5 mm，花梗短，萼钟形，萼齿三角状披针形；花冠白色，旗瓣
椭圆形，稍长于翼瓣，龙骨瓣与翼瓣等长或稍短。【果实】荚果椭圆形
至长圆形，先端锐尖，具尖喙，表面脉纹细，棕褐色。

白花草木樨花

白花草木樨植株

【花期】	7—8 月
【果期】	8—9 月
【生境】	草地、田边、路旁及住宅附近
【分布】	原产西亚，我国东北地区广泛分布

白花草木樨群落

草木樨花序

草木樨 *Melilotus officinalis*

【别名】辟汗草、黄香草木犀、草木犀。【外观】二年生草本；高 40~100 cm。【根茎】茎直立，粗壮，多分枝。【叶】羽状三出复叶；托叶镰状线形，中央有 1 条脉纹，全缘或基部有 1 尖齿；叶柄细长；小叶倒卵形、阔卵形、倒披针形至线形，长 15~30 mm，宽 5~15 mm，侧脉 8~12 对，平行直达齿尖。【花】总状花序长 6~20 cm，腋生，具花 30~70 朵，初时稠密，花开后渐疏松，苞片刺毛状；花长 3.5~7 mm；花梗与苞片等长或稍长；萼钟形，脉纹 5 条，萼齿三角状披针形；花冠黄色，旗瓣倒卵形，与翼瓣近等长，龙骨瓣稍短或三者均近等长。【果实】荚果卵形，先端具宿存花柱，棕黑色；有种子 1~2 粒。

【花期】	7—8 月
【果期】	9—10 月
【生境】	田边、草地、湿草甸、河岸、路旁及住宅附近
【分布】	原产西亚，我国东北地区广泛分布

草木樨群落

草木樨植株

猫头刺花

猫头刺花（白色）

棘豆属 *Oxytropis*

猫头刺 *Oxytropis aciphylla*

【别名】刺叶柄棘豆。【外观】矮小丛生垫状半灌木。【根茎】高10~20 cm，分枝多而密。【叶】叶轴宿存，呈硬刺状，密生平伏柔毛；托叶膜质，下部与叶柄连合；双数羽状复叶，小叶4~6枚，条形，长5~15 mm，宽1~2 mm，先端渐尖，具刺尖，基部楔形，两面被银白色平伏柔毛，边缘常内卷。【花】总状花序腋生，有花1~3枚，蓝紫色、红紫色以至白色；花萼筒状；花冠蝶形，旗瓣倒卵形，长14~24 mm，顶端钝，基部渐狭成爪，翼瓣短于旗瓣，龙骨瓣先端具喙；子房圆柱形，花柱顶端弯曲，无毛。【果实】荚果长圆形，革质，外被平伏柔毛，背缝线深陷，隔膜发达。

【花期】	5—6 月
【果期】	6—7 月
【生境】	砾石质平原、薄层沙地、丘陵坡地及沙荒地上
【分布】	内蒙古东部

猫头刺植株（侧）

猫头刺群落

猫头刺植株

长白棘豆花

长白棘豆果实

长白棘豆 *Oxytropis anertii*

【外观】多年生草本；高 5~25 cm。【根茎】根圆锥状、圆柱状，直伸；茎极缩短，【叶】丛生羽状复叶长 4~12 cm；托叶膜质，卵状披针形；叶柄与叶轴上面有沟；小叶 17~33 枚，卵状披针形、卵形或长圆形，长 5~12 mm，宽 2~4 mm。【花】2~7 花组成头形总状花序，总花梗与叶近等长，苞片卵状披针形至狭披针形，花梗极短；花萼草质，筒状，萼齿三角形；花冠淡蓝紫色，旗瓣长 19~20 mm，瓣片长圆形，先端深凹，近 2 裂，翼瓣长 12~13 mm，龙骨瓣长 12~13 mm，喙极短，有瓣柄。【果实】荚果卵形至卵状长圆形，膨胀，先端渐尖，具弯曲长喙，基部稍圆。

【花期】	6—7 月
【果期】	7—9 月
【生境】	高山冻原、高山草甸、高山石缝及林缘
【分布】	吉林东南部
【附注】	本区尚有 1 变种：白花长白棘豆，花冠为白色，其他与原种同

长白棘豆植株（花期，粉紫色）　　长白棘豆植株（花期，蓝色）

长白棘豆植株（果期）

白花长白棘豆 var. *albiflora*

白花长白棘豆花

砂珍棘豆 *Oxytropis racemosa*

　　【外观】多年生草本；高 5~30 cm。【根茎】根淡褐色，较长；茎缩短，多头。【叶】轮生羽状复叶长 5~14 cm；托叶膜质，卵形；叶柄与叶轴上面有细沟纹；小叶轮生，6~12 轮，每轮 4~6 枚，或有时为 2 小叶对生，长圆形、线形或披针形，先端尖，基部楔形，边缘有时内卷。【花】顶生头形总状花序，总花梗被微卷曲绒毛，苞片披针形，花长8~12 mm；花萼管状钟形，萼齿线形，被短柔毛；花冠红紫色或淡紫红色，旗瓣匙形，先端圆或微凹，基部渐狭成瓣柄，翼瓣卵状长圆形，龙骨瓣具喙。【果实】荚果膜质，卵状球形，膨胀，先端具钩状短喙，腹缝线内凹。

砂珍棘豆植株

砂珍棘豆花序（粉色）

【花期】	5—7 月
【果期】	6—10 月
【生境】	沙滩、沙荒地、沙丘、砂质坡地及丘陵地区阳坡
【分布】	黑龙江东部、辽宁西北部、内蒙古东部

尖叶棘豆 *Oxytropis oxyphylla*

　　【别名】山棘豆、呼伦贝尔棘豆、海拉尔棘豆。【外观】多年生草本；高 7~20 cm。【根茎】根黄褐色至深褐色；茎短，由基部分枝多，铺散。【叶】轮生羽状复叶长 2.5~14 cm，托叶宽卵形或三角状卵形，叶轴上面有小沟纹；小叶草质，轮生或有时近轮生，3~9 轮，每轮 3~6 枚，线状披针形、长圆状披针形或线形。【花】多花组成近头形总状花序，总花梗长 14.5 cm；苞片膜质，披针形或狭披针形；花长18 mm，花萼筒状，基部斜圆形，萼齿线状披针形，先端稍钝；花冠红紫色、淡紫色或稀为白色，旗瓣瓣片椭圆状卵形，翼瓣斜宽倒卵形，先端斜截形，耳椭圆形，龙骨瓣近狭倒卵形，具喙，耳圆形。【果实】荚果膜质，膨胀，宽卵形或卵形。

尖叶棘豆植株

尖叶棘豆花

【花期】	6—7 月
【果期】	7—8 月
【生境】	沙地、石砾地、草原及沙丘
【分布】	黑龙江西部、内蒙古东北部

多叶棘豆 *Oxytropis myriophylla*

【别名】狐尾藻棘豆、鸡翎草。【外观】多年生草本；高 20~30 cm。
【根茎】根褐色，粗壮，深长；茎缩短，丛生。【叶】轮生羽状复叶
长 10~30 cm；托叶膜质，卵状披针形，基部与叶柄贴生，先端分离；
小叶 25~32 轮，每轮 4~8 枚或有时对生，线形、长圆形或披针形，长
3~15 mm，宽 1~3 mm，先端渐尖，基部圆形。【花】多花组成的总状花序，
总花梗与叶近等长，苞片披针形；花长 20~25 mm，花梗极短，花萼筒状，
被长柔毛，萼齿披针形；花冠淡红紫色，旗瓣长椭圆形，先端圆形或微
凹，基部下延成瓣柄，翼瓣先端急尖，有耳和瓣柄，龙骨瓣具喙和耳。
【果实】荚果披针状椭圆形，膨胀，先端具喙，密被长柔毛。

【花期】	5—6 月
【果期】	7—8 月
【生境】	沙地、干河沟、丘陵地、轻度盐渍化沙地及石质山坡
【分布】	黑龙江北部及西部、吉林西部、辽宁西北部、内蒙古东北部

多叶棘豆花序（白色）

多叶棘豆花

多叶棘豆花序（粉色）

多叶棘豆果实

多叶棘豆植株

多叶棘豆群落

蓝花棘豆 *Oxytropis caerulea*

【外观】多年生草本；高 10~20 cm。【根茎】主根粗壮而直伸；茎缩短，基部分枝呈丛生状。【叶】羽状复叶长 5~15 cm，托叶被绢状毛，叶柄与叶轴疏被贴伏柔毛；小叶 25~41 枚，长圆状披针形，先端渐尖或急尖，基部圆形，上面无毛，下面疏被贴伏柔毛。【花】12~20 花组成稀疏总状花序，花葶比叶长 1 倍，苞片较花梗长，花长 8 mm；花萼钟状，疏被黑色和白色短柔毛，萼齿三角状披针形；花冠天蓝色或蓝紫色，旗瓣瓣片长椭圆状圆形，先端微凹、圆形、钝或具小尖，翼瓣瓣柄线形，龙骨瓣长等于翼瓣，具喙。【果实】荚果长圆状卵形膨胀，有喙，疏被白色和黑色短柔毛，果梗极短。

【花期】	6—7 月
【果期】	7—8 月
【生境】	草原、山坡及山地林下
【分布】	内蒙古东北部

蓝花棘豆花

蓝花棘豆花序

蓝花棘豆花序（白色）

蓝花棘豆植株

蓝花棘豆群落

蓝花棘豆植株（侧）

球花棘豆花序

球花棘豆植株

球花棘豆 *Oxytropis globiflora*

【外观】多年生草本；被银白色绢状毛。【根茎】根粗壮；茎缩短，匍匐。【叶】羽状复叶长 5~12 cm；托叶膜质，线状锥形；叶柄与叶轴被贴伏柔毛；小叶 11~21，披针形、长圆形或长圆状披针形，长 5~17 mm，宽 1.5~4 mm，先端尖，两面被贴伏银白色柔毛。【花】多花组成头形或卵形总状花序；总花梗长于叶，被贴伏柔毛；苞片膜质，线形，先端尖；花长约 9 mm，花萼钟状，萼齿线状锥形；花冠蓝紫色，旗瓣瓣片宽卵形，先端圆形，翼瓣略短于旗瓣，龙骨瓣与翼瓣几等长，具喙。【果实】荚果膜质，长圆状广椭圆形、长卵形，下垂，先端具喙，密被贴伏白色短柔毛。

【花期】	6—7 月
【果期】	7—8 月
【生境】	高山草原、河谷、石质山坡及高地
【分布】	内蒙古东南部

葛属 *Pueraria*

葛 *Pueraria montana*

【别名】野葛。【外观】落叶粗壮藤本，长可达 8 m，全体被黄色长硬毛。【根茎】茎基部木质；有粗厚的块状根。【叶】羽状复叶具 3 小叶；托叶背着，卵状长圆形；小叶 3 裂，顶生小叶宽卵形或斜卵形，长 7~19 cm，宽 5~18 cm，先端长渐尖，侧生小叶稍小。【花】总状花序长 15~30 cm，中部以上有颇密集的花，苞片线状披针形至线形，小苞片卵形，花 2~3 枚聚生于花序轴的节上，花萼钟形；花冠长 10~12 mm，紫色，旗瓣倒卵形，基部有 2 耳及 1 黄色硬痂状附属体，具短瓣柄，翼瓣镰状，较龙骨瓣为狭，基部有线形、向下的耳，龙骨瓣镰状长圆形，基部有极小、急尖的耳。【果实】荚果长椭圆形，扁平，被褐色长硬毛。

【花期】	7—8 月
【果期】	9—10 月
【生境】	阔叶杂木林、灌丛及荒山
【分布】	吉林南部及东部、辽宁（东部、南部及西部）

葛花序

葛枝条

葛果实

刺槐属 *Robinia*

刺槐 *Robinia pseudoacacia*

【别名】洋槐。【外观】落叶乔木；高 10~25 m。【根茎】树皮灰褐色至黑褐色，浅裂至深纵裂；小枝灰褐色，具托叶刺。【叶】羽状复叶长 10~40 cm；小叶 2~12 对，常对生，椭圆形、长椭圆形或卵形，先端具小尖头；小托叶针芒状。【花】总状花序腋生，长 10~20 cm，下垂，花多数，芳香；苞片早落，花梗长 7~8 mm，花萼斜钟状，萼齿 5；花冠白色，各瓣均具瓣柄，旗瓣近圆形，翼瓣斜倒卵形，龙骨瓣镰状，三角形。【果实】荚果褐色，或具红褐色斑纹，线状长圆形，扁平，先端上弯；花萼宿存，有种子 2~15 粒。

刺槐花

刺槐果实

【花期】	5—6 月
【果期】	8—9 月
【生境】	山坡、沟旁、荒地及田边
【分布】	原产美国东部，我国东北温带地区广泛分布

刺槐植株

苦马豆花序

苦马豆植株

苦马豆属 *Sphaerophysa*

苦马豆 *Sphaerophysa salsula*

【别名】羊尿泡、尿泡草。【外观】多年生草本。【根茎】茎直立或下部匍匐，高 0.3~1.3 m；枝开展。【叶】托叶线状披针形，叶轴长 5~8.5 cm；小叶 11~21 枚，倒卵形至倒卵状长圆形，长 5~25 mm，宽 3~10 mm，先端微凹至圆，具短尖头，基部圆至宽楔形；小叶柄短。【花】总状花序常较叶长，长 6.5~17 cm，生 6~16 花，苞片卵状披针形，花梗长 4~5 mm，小苞片线形至钻形；花萼钟状，萼齿三角形；花冠初呈鲜红色，后变紫红色，旗瓣瓣片近圆形，向外反折，翼瓣较龙骨瓣短，先端圆，基部具微弯的瓣柄及先端圆的耳状裂片，龙骨瓣有瓣柄。【果实】荚果椭圆形至卵圆形，膨胀。

【花期】	5—8 月
【果期】	6—9 月
【生境】	草原、山坡、荒地、沙滩、戈壁绿洲、沟渠旁及盐池周围
【分布】	黑龙江西部、吉林西部、辽宁西北部、内蒙古东部

野决明属 *Thermopsis*

披针叶野决明 *Thermopsis lanceolata*

【别名】披针叶黄华、牧马豆。【外观】多年生草本；高 12~40 cm。【根茎】茎直立，具沟棱。【叶】3 小叶，叶柄短；托叶叶状，卵状披针形；小叶狭长圆形、倒披针形，长 2.5~7.5 cm，宽 5~16 mm。【花】总状花序顶生，长 6~17 cm，具花 2~6 轮，排列疏松；苞片线状卵形或卵形，先端渐尖，宿存；萼钟形，背部稍呈囊状隆起，上方 2 齿连合，三角形，下方萼齿披针形，与萼筒近等长。花冠黄色，旗瓣近圆形，先端微凹，基部渐狭成瓣柄，瓣先端有狭窄头，龙骨瓣稍短于旗瓣。【果实】荚果线形，长 5~9 cm，宽 7~12 mm，先端具尖喙。

【花期】	5—7 月
【果期】	6—10 月
【生境】	草甸草原、河谷湿地、河岸、沙丘及砾滩
【分布】	黑龙江西部、吉林西部、辽宁西北部、内蒙古东部

披针叶野决明花序

披针叶野决明植株

披针叶野决明群落

车轴草属 *Trifolium*

野火球 *Trifolium lupinaster*

【别名】野车轴草、野火萩。【外观】多年生草本；高 30~60 cm。【根茎】根粗壮；茎直立，单生，基部无叶，上部具分枝。【叶】掌状复叶，小叶 3~9 枚；托叶膜质，大部分抱茎呈鞘状；叶柄几全部与托叶合生；小叶披针形至线状长圆形，长 25~50 mm，宽 5~16 mm，先端锐尖。【花】头状花序着生顶端和上部叶腋，具花 20~35 枚；总花梗长 1.3~5 cm；花序下端具 1 早落的膜质总苞；花长 10~17 mm，萼钟形，脉纹 10 条，萼齿丝状锥尖；花冠淡红色至紫红色，旗瓣椭圆形，先端钝圆，基部稍窄，翼瓣长圆形，下方有一钩状耳，龙骨瓣长圆形，比翼瓣短，先端具小尖喙。【果实】荚果长圆形，膜质，棕灰色，有种子 2~6 粒。

【花期】	7—8 月
【果期】	9—10 月
【生境】	低湿草地、林缘灌丛及草地
【分布】	黑龙江大部、吉林大部、辽宁东部及西部、内蒙古东部
【附注】	本区尚有 1 变种：白花野火球，花乳白色至黄色，稍小，小叶较狭，萼齿较短，其他与原种同

野火球花序（淡粉色）

野火球花序（粉红色）

野火球花序（纯粉色）

野火球植株

白花野火球 var. *albiflorum*

白花野火球花序

红车轴草 *Trifolium pratense*

【别名】红花苜蓿、红菽草。【外观】多年生草本。
【根茎】主根发达；茎粗壮，具纵棱，直立或平卧上升。
【叶】掌状三出复叶；托叶近卵形，膜质；叶柄较长，茎上部的叶柄短；小叶卵状椭圆形至倒卵形，叶面上常有"V"字形白斑，侧脉约 15 对，作 20° 展开在叶边处分叉隆起，伸出形成不明显的钝齿。【花】花序球状或卵状，顶生；包于顶生叶的托叶内，托叶扩展成焰苞状，具花 30~70 枚，密集，花长 12~18 mm；萼钟形，萼齿丝状，萼喉开张，具 1 多毛的加厚环；花冠紫红色至淡红色，旗瓣匙形，先端圆形，微凹缺，基部狭楔形，明显比翼瓣和龙骨瓣长，龙骨瓣稍比翼瓣短。【果实】荚果卵形，通常有 1 粒扁圆形种子。

红车轴草植株

红车轴草花序

【花期】	6—8 月
【果期】	8—9 月
【生境】	草原、草甸、湿草地、河岸、林缘及路旁
【分布】	原产西亚，东北地区广泛分布

杂种车轴草 *Trifolium hybridum*

【别名】杂车轴草。【外观】生长期 3~5 年；高 30~60 cm。
【根茎】主根不发达，多支根；茎直立或上升。【叶】掌状三出复叶，托叶卵形至卵状披针形，叶柄在茎下部甚长，上部较短；小叶阔椭圆形，有时卵状椭圆形或倒卵形，先端钝，有时微凹，基部阔楔形，边缘近基部锯齿呈尖刺状，侧脉约 20 对，与中脉作 70° 展开，隆起并连续分叉。
【花】花序球形，直径 1~2 cm，着生上部叶腋；总花梗比叶长，具花 12~30 朵，甚密集；无总苞，苞片甚小，锥刺状；花长 7~9 mm，花梗开花后下垂；萼钟形，萼齿近等长，萼喉开张；花冠淡红色至白色，旗瓣椭圆形，比翼瓣和龙骨瓣长。
【果实】荚果椭圆形，通常有种子 2 粒。

杂种车轴草植株

杂种车轴草花序

【花期】	6—8 月
【果期】	8—9 月
【生境】	草原、林缘及路旁等湿润处
【分布】	原产欧洲，我国东北地区广泛分布

白车轴草花序（淡粉色）

白车轴草花序（红色）

白车轴草 *Trifolium repens*

　　【别名】白花苜蓿。【外观】多年生草本；高 10~30 cm。【根茎】主根短，侧根和须根发达，茎匍匐蔓生。【叶】掌状三出复叶；托叶卵状披针形，膜质；叶柄较长；小叶倒卵形至近圆形，长 8~30 mm，宽 8~25 mm，先端凹头至钝圆，侧脉约 13 对，与中脉作 50° 展开；小叶柄微被柔毛。【花】花序球形，顶生，直径 15~40 mm；总花梗甚长，具花 20~80 枚，密集；无总苞，苞片披针形，膜质，锥尖；花长 7~12 mm，花梗开花立即下垂；萼钟形，萼齿 5 枚，披针形，萼喉开张；花冠白色、乳黄色或淡红色，具香气，旗瓣椭圆形，比翼瓣和龙骨瓣长近 1 倍，龙骨瓣比翼瓣稍短。【果实】荚果长圆形，种子通常 3 粒。

【花期】	6—8 月
【果期】	9—10 月
【生境】	草原、草甸、湿草地、河岸、林缘及路旁
【分布】	原产欧洲，我国东北地区广泛分布

白车轴草花序

白车轴草群落

白车轴草植株

歪头菜花序（淡粉色）

歪头菜果实

野豌豆属 *Vicia*

歪头菜 *Vicia unijuga*

　　【别名】三铃子、歪头草。【外观】多年生草本；高 15~100 cm。【根茎】根茎粗壮；通常数茎丛生，具棱，茎基部表皮红褐色或紫褐红色。【叶】叶轴末端为细刺尖头；偶见卷须，托叶戟形或近披针形，边缘有不规则齿蚀状；小叶 1 对，卵状披针形或近菱形，长 1.5~11 cm，宽 1.5~5 cm，先端渐尖，边缘具小齿状。【花】总状花序单一，花 8~20 枚一面向密集于花序轴上部；花萼紫色，斜钟状或钟状，萼齿明显短于萼筒；花冠蓝紫色、紫红色或淡蓝色，长 1~1.6 cm，旗瓣倒提琴形，翼瓣先端钝圆，龙骨瓣短于翼瓣。【果实】荚果扁、长圆形，两端渐尖，先端具喙。

【花期】	6—7 月
【果期】	8—9 月
【生境】	林缘、草地、山坡、草甸草原及灌丛
【分布】	黑龙江大部、吉林（南部、东部及中部）、辽宁大部、内蒙古东部

歪头菜植株

白鹃梅属 *Exochorda*

白鹃梅 *Exochorda racemosa*

　　【别名】总花白鹃梅。【外观】落叶灌木；高达 3~5 m，枝条细弱开展。【根茎】小枝圆柱形，微有棱角；冬芽三角卵形，先端钝，暗紫红色。【叶】叶片椭圆形，长椭圆形至长圆倒卵形，长 3.5~6.5 cm，宽 1.5~3.5 cm，先端圆钝或急尖稀有突尖，基部楔形或宽楔形，全缘，稀中部以上有钝锯齿；叶柄短或近于无柄；不具托叶。【花】总状花序，有花 6~10 枚；花梗基部花梗较顶部稍长，苞片小，宽披针形；花直径 2.5~3.5 cm；萼筒浅钟状，萼片宽三角形，先端急尖或钝，边缘有尖锐细锯齿，无毛，黄绿色；花瓣倒卵形，先端钝，基部有短爪，白色。【果实】蒴果倒圆锥形，有 5 脊。

白鹃梅植株

白鹃梅花

【花期】	5 月
【果期】	6—8 月
【生境】	山坡、河边及灌木丛中
【分布】	辽宁西部

齿叶白鹃梅 *Exochorda serratifolia*

　　【别名】榆叶白鹃梅、锐齿白鹃梅。【外观】落叶灌木；高达 2 m。【根茎】小枝圆柱形，无毛，幼时红紫色，老时暗褐色；冬芽卵形，先端圆钝，无毛或近于无毛，紫红色。【叶】叶片椭圆形或长圆倒卵形，长 5~9 cm，宽 3~5 cm，先端急尖或圆钝，基部楔形或宽楔形，中部以上有锐锯齿，下面全缘；叶柄无毛，不具托叶。【花】总状花序，有花 4~7 枚，无毛，花梗长 2~3 mm；花直径 3~4 cm；萼筒浅钟状，无毛；萼片三角卵形，先端急尖，全缘，无毛；花瓣长圆形至倒卵形，先端微凹，基部有长爪，白色；雄蕊 25 枚，着生在花盘边缘，花丝极短，心皮 5 枚，花柱分离。【果实】蒴果倒圆锥形，具脊棱，5 室，无毛。

齿叶白绢梅花

齿叶白鹃梅植株

【花期】	5—6 月
【果期】	8—9 月
【生境】	山坡、河边及灌木丛中
【分布】	吉林东南部、辽宁（西部、北部及南部）

东北绣线梅枝条

东北绣线梅花

绣线梅属 *Neillia*

东北绣线梅 *Neillia uekii*

【外观】落叶灌木；高达 2 m。【根茎】小枝细弱，有棱角，红褐色，老时暗灰褐色；冬芽卵形，紫褐色。【叶】叶片卵形至椭圆卵形，稀三角卵形，长 3~6 cm，宽 2~4 cm，先端长渐尖至尾尖，基部圆形至截形，边缘有重锯齿和羽状分裂；叶柄长 5~10 mm；托叶膜质。【花】总状花序，具花 10~25 枚，苞片线状披针形，内面微具短柔毛；花直径 5~6 mm；萼筒钟状，萼片三角形，先端渐尖，全缘；花瓣匙形，先端钝，白色；雄蕊 15 枚，略短于花瓣，着生在萼筒边缘；心皮 1~2 枚，花柱顶生，直立，内含 2 胚珠。【果实】蓇葖果具宿萼，外被腺毛及短柔毛，内有 2 光亮种子。

【花期】	6 月
【果期】	8—9 月
【生境】	山坡、河岸及林缘
【分布】	吉林东南部、辽宁东部

风箱果花

风箱果植株

风箱果属 *Physocarpus*

风箱果 *Physocarpus amurensis*

【别名】阿穆尔风箱果。【外观】落叶灌木；高达 3 m。【根茎】小枝圆柱形，稍弯曲，树皮呈纵向剥裂；冬芽卵形，先端尖。【叶】叶片三角卵形至宽卵形，长 3.5~5.5 cm，宽 3~5 cm，先端急尖或渐尖，基部心形或近心形，稀截形，通常基部 3 裂，稀 5 裂，边缘有重锯齿，沿叶脉较密；托叶线状披针形。【花】花序伞形总状，直径 3~4 cm，花梗长 1~1.8 cm；苞片披针形，顶端有锯齿，早落；花直径 8~13 mm；萼筒杯状，萼片三角形；花瓣倒卵形，先端圆钝，白色；雄蕊 20~30 枚，花药紫色；心皮 2~4 枚，外被星状柔毛，花柱顶生。【果实】蓇葖果膨大，卵形，长渐尖头，熟时沿背腹两缝开裂。

【花期】	6 月
【果期】	7~8 月
【生境】	山坡、河岸及林缘
【分布】	黑龙江南部、吉林东南部

绣线菊属 *Spiraea*

绣线菊 *Spiraea salicifolia*

【别名】柳叶绣线菊。【外观】落叶直立灌木;高1~2m。【根茎】枝条密集，小枝稍有棱角，黄褐色；冬芽卵形或长圆卵形，外被稀疏细短柔毛。【叶】叶片长圆披针形至披针形，长 4~8 cm，宽 1~2.5 cm，先端急尖或渐尖，基部楔形，边缘密生锐锯齿，有时为重锯齿，两面无毛；叶柄无毛。【花】花序为长圆形或金字塔形的圆锥花序，花朵密集；花梗长 4~7 mm；苞片披针形至线状披针形，全缘或有少数锯齿，微被细短柔毛；花直径 5~7 mm；萼筒钟状，萼片三角形；花瓣卵形，先端通常圆钝，粉红色；雄蕊 50 枚，约长于花瓣 2 倍，花柱短于雄蕊。【果实】蓇葖果直立,无毛或沿腹缝有短柔毛。

【花期】	7—8 月
【果期】	8—9 月
【生境】	河岸、湿草地、河谷及林缘沼泽地
【分布】	黑龙江（南部、东部及北部）、吉林东部及南部、辽宁东部、内蒙古东北部

绣线菊花序(淡粉色)

绣线菊果实

绣线菊枝条

绣线菊植株

绣线菊花

土庄绣线菊枝条

土庄绣线菊花序(纯白色)

土庄绣线菊 *Spiraea pubescens*

【别名】蚂蚱腿、柔毛绣线菊。【外观】落叶灌木；高 1~2 m。
【根茎】小枝开展，稍弯曲；冬芽卵形或近球形。【叶】叶片菱
状卵形至椭圆形，长 2~4.5 cm，宽 1.3~2.5 cm，先端急尖，基部
宽楔形，边缘自中部以上有深刻锯齿，有时 3 裂；叶柄被短柔毛。
【花】伞形花序具总梗，有花 15~20 枚；花梗无毛；苞片线形；花
直径 5~7 mm；萼筒钟状，萼片卵状三角形，先端急尖；花瓣卵形、
宽倒卵形或近圆形，先端圆钝或微凹，白色；雄蕊 25~30 枚，约与
花瓣等长，花柱短于雄蕊。【果实】蓇葖果开张，仅在腹缝微被短
柔毛，多数具直立萼片。

【花期】	5—6 月
【果期】	7—8 月
【生境】	干燥岩石坡地、向阳或半阴处的山坡及杂木林内
【分布】	黑龙江东南部、吉林东部及南部、辽宁大部、内蒙古东部

土庄绣线菊群落

土庄绣线菊花

土庄绣线菊花序

土庄绣线菊植株

华北绣线菊植株

华北绣线菊花

华北绣线菊 *Spiraea fritschiana*

【别名】弗氏绣线菊、大叶华北绣线菊。【外观】落叶灌木；高1~2 m。【根茎】枝条粗壮，小枝具明显棱角，有光泽。【叶】叶片卵形、椭圆卵形或椭圆长圆形，长3~8 cm，宽1.5~3.5 cm，先端急尖或渐尖，基部宽楔形，边缘有不整齐重锯齿或单锯齿，叶柄幼时具短柔毛。【花】复伞房花序顶生于当年生直立新枝上，多花，无毛，苞片披针形或线形；花直径5~6 mm；萼筒钟状；萼片三角形，先端急尖；花瓣卵形，先端圆钝，白色，在芽中呈粉红色；雄蕊25~30枚，长于花瓣；子房具短柔毛，花柱短于雄蕊。【果实】蓇葖果几直立，开张，无毛或仅沿腹缝有短柔毛，常具反折萼片。

【花期】	6月
【果期】	7—8月
【生境】	山坡杂木、林缘、山谷、多石砾地及石崖上
【分布】	辽宁西部及南部

三裂绣线菊 *Spiraea trilobata*

【别名】团叶绣球、团叶绣线菊、三裂叶绣线菊。【外观】落叶灌木；高1~2 m。【根茎】小枝细瘦，稍呈之字形弯曲；冬芽小，宽卵形。【叶】叶片近圆形，长1.7~3 cm，宽1.5~3 cm，先端钝，常3裂，基部圆形、楔形或亚心形，边缘自中部以上有少数圆钝锯齿，两面无毛，下面色较浅，基部具显著3~5脉。【花】伞形花序具总梗，无毛，有花15~30朵；花梗无毛；苞片线形或倒披针形，上部深裂成细裂片；花直径6~8 mm；萼筒钟状，萼片三角形；花瓣宽倒卵形，先端常微凹；雄蕊18~20枚，比花瓣短，花柱比雄蕊短。【果实】蓇葖果开张，仅沿腹缝微具短柔毛或无毛，花柱顶生稍倾斜，具直立萼片。

【花期】	5—6月
【果期】	7—8月
【生境】	多岩石向阳坡地或灌木丛中
【分布】	黑龙江东南部、辽宁西部及南部、内蒙古东南部

三裂绣线菊枝条

三裂绣线菊花序

绣球绣线菊 *Spiraea blumei*

【别名】补氏绣线菊、麻叶绣球。【外观】灌木，高 1~2 m。【根茎】茎直立，小枝细。【叶】叶片菱状卵形至倒卵形，长 2.0~3.5 cm，宽 1.0~1.8 cm，先端圆钝或微尖，基部楔形，边缘自近中部以上有少数圆钝缺刻状锯齿或 3~5 浅裂。【花】伞形花序有总梗，具花 10~25 枚；花梗长 6~10 mm，无毛；苞片披针形；花直径 5~8 mm；萼筒钟状；萼片三角形或卵状三角形，先端急尖或短渐尖；花瓣宽倒卵形，先端微凹，长 2.0~3.5 mm，宽几与长相等，白色；雄蕊 18~20 枚，较花瓣短；花盘由 8~10 个较薄的裂片组成，裂片先端有时微凹；花柱短于雄蕊。【果实】蓇葖果较直立，花柱位于背部先端，倾斜开展，萼片直立。

【花期】	7—8 月
【果期】	8—9 月
【生境】	向阳山坡、杂木林内、溪流旁、路旁及林缘
【分布】	辽宁大部

绣球绣线菊枝条

绣球绣线菊花序

绣球绣线菊花

绣球绣线菊植株

珍珠梅属 *Sorbaria*

珍珠梅 *Sorbaria sorbifolia*

【别名】花楸珍珠梅、东北珍珠梅。【外观】落叶灌木；高达
2 m。【根茎】枝条开展；小枝圆柱形；冬芽卵形。【叶】羽状复叶，
小叶片 11~17 枚，连叶柄长 13~23 cm，宽 10~13 cm；小叶片对生，
披针形至卵状披针形，先端渐尖，稀尾尖，基部近圆形或宽楔形，
稀偏斜，边缘有尖锐重锯齿；托叶叶质，卵状披针形至三角披针形。
【花】顶生大型密集圆锥花序，苞片卵状披针形至线状披针形，先
端长渐尖，全缘或有浅齿；花梗长 5~8 mm；花直径 10~12 mm；
萼筒钟状，萼片三角卵形，先端钝或急尖；花瓣长圆形或倒卵形，
白色；雄蕊 40~50 枚，生在花盘边缘，心皮 5 枚。【果实】蓇葖果
长圆形，萼片宿存，反折。

【花期】	7—8 月
【果期】	9 月
【生境】	河岸、沟谷、山坡溪流附近、林缘
【分布】	黑龙江（南部、北部及东部）、吉林东部及南部、辽宁东部及南部、内蒙古东北部

珍珠梅果实

珍珠梅花序

珍珠梅植株

珍珠梅枝条

珍珠梅花

珍珠梅群落

仙女木属 Dryas

东亚仙女木 *Dryas octopetala* var. *asiatica*

【别名】多瓣木、宽叶仙女木。【外观】常绿半灌木。【根茎】根木质；茎丛生，匍匐，高 3~6 cm，基部多分枝。【叶】叶亚革质，椭圆形、宽椭圆形或近圆形，长 5~20 mm，宽 3~12 mm，先端圆钝，基部截形或近心形，边缘外卷，有圆钝锯齿，上面疏生柔毛或无毛，下面有白色绒毛；托叶膜质，条状披针形。【花】花茎果期伸长，有密生白色绒毛；花直径 1.5~2 cm，萼筒连萼片长 7~9 mm；萼片卵状披针形，先端近锐尖，外面有深紫色分枝柔毛及疏生白色柔毛，内面先端有长柔毛；花瓣倒卵形，白色，先端圆形；雄蕊多数，花柱有绢毛。【果实】瘦果矩圆卵形，褐色，有长柔毛，先端具宿存花柱。

东亚仙女木果实

东亚仙女木花

【花期】	6—7 月
【果期】	8—9 月
【生境】	高山苔原带、荒漠带上
【分布】	吉林东南部

东亚仙女木群落

东亚仙女木植株（花期）

东亚仙女木植株（果期）

小米空木花

小米空木花序

小米空木属 *Stephanandra*

小米空木 *Stephanandra incisa*

【别名】小野珠兰、大米空木。【外观】落叶灌木；高
达 2.5 m。【根茎】小枝细弱，弯曲，圆柱形，幼时红褐色，
老时紫灰色。【叶】叶片卵形至三角卵形，长 2~4 cm，宽
1.5~2.5 cm，先端渐尖或尾尖，基部心形或截形，边缘常深
裂，有 4~5 对裂片及重锯齿，上面具稀疏柔毛，下面微被柔
毛沿叶脉较密；叶柄被柔毛；托叶卵状披针形至长椭圆形。
【花】顶生疏松的圆锥花序，具花多朵，总花梗与花梗均被
柔毛；苞片小，披针形；花直径约 5 mm；萼筒浅杯状，内外
两面微被柔毛；萼片三角形至长圆形，先端钝，边缘有细锯
齿；花瓣倒卵形，先端钝，白色。【果实】蓇葖果近球形，
具宿存直立或开展的萼片。

【花期】	6—7 月
【果期】	8—9 月
【生境】	山坡或沟边
【分布】	吉林中南部、辽宁东部及南部

小米空木枝条

小米空木植株

蛇莓属 *Duchesnea*

蛇莓 *Duchesnea indica*

【别名】鸡冠果、蚕莓、蛇蛋果。【外观】多年生草本。【根茎】根茎短，粗壮；匍匐茎多数，长 30~100 cm，有柔毛。【叶】小叶片倒卵形至菱状长圆形，长 2~5 cm，宽 1~3 cm，先端圆钝，边缘有钝锯齿，两面皆有柔毛，或上面无毛，具小叶柄；叶柄有柔毛；托叶窄卵形至宽披针形。【花】花单生于叶腋；直径 1.5~2.5 cm；花梗有柔毛；萼片卵形，先端锐尖，外面有散生柔毛；副萼片倒卵形，比萼片长，先端常具 3~5 锯齿；花瓣倒卵形，黄色，先端圆钝；雄蕊 20~30 枚；心皮多数，离生；花托在果期膨大，海绵质，鲜红色，有光泽，外面有长柔毛。【果实】瘦果卵形，光滑或具不显明突起，鲜时有光泽。

蛇莓花

蛇莓植株

【花期】	6—8 月
【果期】	8—9 月
【生境】	山坡、草地、路旁、田埂及沟谷边
【分布】	吉林东南部、辽宁东部及南部

草莓属 *Fragaria*

东方草莓 *Fragaria orientalis*

【外观】多年生草本；高 5~30 cm。【根茎】茎被开展柔毛。【叶】三出复叶，小叶几无柄，倒卵形或菱状卵形，长 1~5 cm，宽 0.8~3.5 cm，顶端圆钝或急尖，顶生小叶 基部楔形，侧生小叶基部偏斜，边缘有缺刻状锯齿，叶柄被开展柔毛有时上部较密。【花】花序聚伞状，有花 1~6 枚， 基部苞片淡绿色或具一有柄之小叶，花梗被开展柔毛。花两性，稀单性， 直径 1~1.5 cm；萼片卵圆披针形，顶端尾尖，副萼片线状披针形，偶有 2 裂；花瓣白色，几圆形，基部具短爪；雄蕊 18~22 枚，近等长；雌蕊多数。【果实】聚合果半圆形，成熟后紫红色，宿存萼片开展；瘦果卵形，表面脉纹明显或仅基部具皱纹。

东方草莓花（纯白色）

东方草莓植株

【花期】	6—7 月
【果期】	7—8 月
【生境】	林间草甸、河滩草甸、山坡、林缘及路旁
【分布】	黑龙江（南部、东部及北部）、吉林东部及南部、辽宁东部、内蒙古东北部

委陵菜属 *Potentilla*

金露梅 *Potentilla fruticosa*

【别名】金老梅、金腊梅。【外观】落叶灌木；高 0.5~2 m。【根茎】多分枝，树皮纵向剥落；小枝红褐色，幼时被长柔毛。【叶】羽状复叶，有小叶 2 对，上面一对小叶基部下延与叶轴汇合；叶柄被绢毛或疏柔毛；小叶片长圆形、倒卵长圆形或卵状披针形，长 0.7~2 cm，宽 0.4~1 cm，全缘，顶端急尖或圆钝，基部楔形；托叶薄膜质，宽大。【花】单花或数朵生于枝顶，花梗密被长柔毛或绢毛；花直径 2.2~3 cm；萼片卵圆形，顶端急尖至短渐尖，副萼片披针形至倒卵状披针形，顶端渐尖至急尖，与萼片近等长，外面疏被绢毛；花瓣黄色，宽倒卵形，顶端圆钝，比萼片长。【果实】瘦果近卵形，褐棕色。

【花期】	6—8 月
【果期】	8—9 月
【生境】	针阔混交林、落叶松林、火烧迹地的林缘、湿草地、火山灰路旁亚高山草地及高山苔原上
【分布】	黑龙江北部及南部、吉林东南部、内蒙古东北部

金露梅果实

金露梅花

金露梅枝条

金露梅花（金黄色）

金露梅群落

金露梅植株

小叶金露梅枝条

小叶金露梅 *Potentilla parvifolia*

【别名】小叶金老梅。【外观】落叶灌木；高 0.3~1.5 m。【根茎】分枝多，树皮纵向剥落；小枝灰色或灰褐色。【叶】叶为羽状复叶，有小叶 2 对，常混生有 3 对，基部 2 对小叶呈掌状或轮状排列；小叶小，披针形、带状披针形或倒卵披针形，长 0.7~1 cm，宽 2~4 mm，顶端常渐尖，基部楔形，边缘全缘，明显向下反卷；托叶膜质，褐色或淡褐色。【花】顶生单花或数朵，花梗被灰白色柔毛或绢状柔毛；花直径 1.2~2.2 cm；萼片卵形，顶端急尖，副萼片披针形、卵状披针形或倒卵披针形，顶端渐尖或急尖；花瓣黄色，宽倒卵形，顶端微凹或圆钝，比萼片长 1~2 倍。【果实】瘦果表面被毛。

【花期】	6—8 月
【果期】	8~9 月
【生境】	干燥山坡、岩石缝中、林缘及林中
【分布】	黑龙江北部、内蒙古东部

银露梅 *Potentilla glabra*

【别名】银老梅。【外观】落叶灌木；高 0.3~2 m。【根茎】树皮纵向剥落；小枝灰褐色或紫褐色，被稀疏柔毛。【叶】叶为羽状复叶，有小叶 2 对，稀 3 小叶，上面一对小叶基部下延与轴汇合，叶柄被疏柔毛；小叶片椭圆形、倒卵椭圆形或卵状椭圆形，长 0.5~1.2 cm，宽 0.4~0.8 cm，顶端圆钝或急尖，基部楔形或几圆形，边缘平坦或微向下反卷，全缘；托叶薄膜质。【花】顶生单花或数朵，花梗细长，被疏柔毛；花直径 1.5~2.5 cm；萼片卵形，急尖或短渐尖，副萼片披针形、倒卵披针形或卵形；花瓣白色，倒卵形，顶端圆钝。【果实】瘦果表面被毛。

【花期】	6—8 月
【果期】	8—9 月
【生境】	河谷岩石缝中、灌丛、林中及亚高山草地上
【分布】	黑龙江北部、内蒙古东部

银露梅花

银露梅枝条

银露梅群落

银露梅植株

蕨麻 *Potentilla anserina*

　　【别名】蕨麻委陵菜、鹅绒委陵菜、曲尖委陵菜。【外观】多年生草本。【根茎】根向下延长，有时在根的下部长成纺锤形或椭圆形块根；茎匍匐，在节处生根，常着地长出新植株。【叶】基生叶为间断羽状复叶，有小叶 6~11 对；小叶对生或互生，最上面一对小叶基部下延与叶轴汇合；小叶片通常椭圆形，倒卵椭圆形或长椭圆形，长 1~2.5 cm，宽 0.5~1 cm，顶端圆钝，基部楔形或阔楔形；茎生叶与基生叶相似，惟小叶对数较少。【花】单花腋生，花梗被疏柔毛，花直径 1.5~2 cm；萼片三角卵形，顶端急尖或渐尖，副萼片椭圆形或椭圆披针形，常 2~3 裂；花瓣黄色，倒卵形、顶端圆形；花柱侧生，小枝状，柱头稍扩大。【果实】瘦果。

【花期】	7—8 月
【果期】	8—9 月
【生境】	湿草地、河岸砂质地、路旁、田边及住宅附近
【分布】	黑龙江大部、吉林（西部、东部及南部）、辽宁（西部、北部及南部）、内蒙古东部

蕨麻群落

蕨麻植株

蕨麻果实

莓叶委陵菜植株

莓叶委陵菜花

莓叶委陵菜 *Potentilla fragarioides*

【别名】雉子筵。【外观】多年生草本。【根茎】根簇生；花茎丛生，上升或铺散，长 8~25 cm。【叶】基生叶羽状复叶，有小叶 2~3 对，连叶柄长 5~22 cm；小叶片倒卵形、椭圆形或长椭圆形，长 0.5~7 cm，宽 0.4~3 cm，顶端圆钝或急尖，基部楔形或宽楔形，边缘有多数急尖或圆钝锯齿，近基部全缘；茎生叶，常有 3 小叶，小叶与基生叶小叶相似。【花】伞房状聚伞花序顶生，多花，松散，花梗纤细；花直径 1~1.7 cm；萼片三角卵形，顶端急尖至渐尖，副萼片长圆披针形，顶端急尖；花瓣黄色，倒卵形，顶端圆钝或微凹。【果实】成熟瘦果近肾形，表面有脉纹。

【花期】	4—5 月
【果期】	7—8 月
【生境】	阴湿草地、沟边、地边、草地、灌丛及疏林下
【分布】	黑龙江（南部、东部及北部）、吉林（南部及东部）、辽宁大部、内蒙古东北部

狼牙委陵菜植株

狼牙委陵菜花

狼牙委陵菜 *Potentilla cryptotaeniae*

【别名】狼牙、狼牙萎陵菜。【外观】一年生或二年生草本。【根茎】多须根；花茎直立或上升，高 50~100 cm。【叶】基生叶 3 出复叶，茎生叶 3 小叶；小叶片长圆形至卵披针形，长 2~6 cm，常中部最宽，达 1~2.5 cm，顶端渐尖或尾状渐尖，基部楔形，边缘有多数急尖锯齿，两面绿色，上面被疏柔毛，有时脱落几无毛，下面沿脉较密而开展。【花】伞房状聚伞花序多花，顶生，花梗细，被长柔毛或短柔毛；花直径约 2 cm；萼片长卵形，顶端渐尖或急尖，副萼片披针形，顶端渐尖，外面被稀疏长柔毛；花瓣黄色，倒卵形，顶端圆钝或微凹。【果实】瘦果卵形，光滑。

【花期】	7—8 月
【果期】	8—9 月
【生境】	山坡草地、林缘湿地、水沟边、草甸及路旁
【分布】	黑龙江东北部、吉林南部及东部、辽宁东部

石生委陵菜 *Potentilla rupestris*

【外观】多年生草本。【根茎】茎单一,直立,簇生,下部带红色。【叶】羽状复叶,基生叶有长柄,纤细;顶生小叶三出,椭圆形或椭圆状菱形,长2.5~4 cm,宽1.2~2.7 cm,基部楔形或歪楔形,先端微尖,边缘具粗锯齿,表面绿色,背面淡绿色,两面均疏生伏毛,沿脉被开展的绢毛;侧生小叶1~3对,较顶生小叶小或不发达;茎生叶柄短;小叶3~5枚。【花】聚伞花序,花梗直立;花白色,径1.8~2.5 cm;萼片长圆状披针形,先端渐尖,背面被毛,边缘有长睫毛,副萼片线形,背面亦被毛;花瓣广倒卵形,先端微凹。【果实】瘦果卵形,先端尖,有皱纹。

【花期】	5—6 月
【果期】	8—9 月
【生境】	石质山坡及砾质地
【分布】	黑龙江北部、内蒙古东北部

石生委陵菜植株

石生委陵菜花

石生委陵菜群落

鸡麻属 *Rhodotypos*

鸡麻 *Rhodotypos scandens*

【外观】落叶灌木；高 0.5~2 m。【根茎】小枝紫褐色，嫩枝绿色，光滑。【叶】叶对生，卵形，长 4~11 cm，宽 3~6 cm，顶端渐尖，基部圆形至微心形，边缘有尖锐重锯齿，上面幼时被疏柔毛，以后脱落无毛，下面被绢状柔毛，老时脱落仅沿脉被稀疏柔毛；叶柄被疏柔毛。【花】单花顶生于新梢上，花直径 3~5 cm；萼片大，卵状椭圆形，顶端急尖，边缘有锐锯齿，外面被稀疏绢状柔毛，副萼片细小，狭带形；花瓣白色，倒卵形，比萼片长 1/4~1/3 倍。【果实】核果 1~4 枚，黑色或褐色，斜椭圆形，光滑。

鸡麻花

鸡麻植株

【花期】	5—6 月
【果期】	9—10 月
【生境】	山坡疏林中及山谷林下阴处
【分布】	辽宁南部

蔷薇属 *Rosa*

玫瑰 *Rosa rugosa*

【外观】落叶直立灌木；高可达 2 m。【根茎】茎粗壮，丛生；小枝密被绒毛，并有针刺和腺毛。【叶】小叶 5~9 枚，连叶柄长 5~13 cm；小叶片椭圆形或椭圆状倒卵形，先端急尖或圆钝，基部圆形或宽楔形，边缘有尖锐锯齿，上面深绿色，叶脉下陷，下面灰绿色，中脉突起；托叶大部贴生于叶柄，边缘有带腺锯齿。【花】花单生于叶腋，或数朵簇生，苞片卵形，花梗密被绒毛和腺毛；花直径 4~5.5 cm；萼片卵状披针形，先端尾状渐尖，常有羽状裂片而扩展成叶状；花瓣倒卵形，重瓣至半重瓣，芳香，紫红色至白色。【果实】果扁球形，砖红色，肉质，平滑，萼片宿存。

玫瑰花 (粉色)

玫瑰果实

【花期】	6—7 月
【果期】	8—9 月
【生境】	江边沙滩、干燥山坡及海岸边的沙地上
【分布】	吉林东部、辽宁南部

玫瑰枝条

玫瑰花（红粉色）

玫瑰花

玫瑰花（重瓣）

玫瑰植株

野蔷薇植株

野蔷薇花 (浅粉色)

野蔷薇 *Rosa multiflora*

【别名】营实墙蘼、多花蔷薇。【外观】落叶攀缘灌木。【根茎】小枝圆柱形，通常无毛，有短、粗稍弯曲皮束。【叶】小叶 5~9 枚，近花序的小叶有时 3 枚，连叶柄长 5~10 cm；小叶片倒卵形、长圆形或卵形，先端急尖或圆钝，基部近圆形或楔形，边缘有尖锐单锯齿，上面无毛，下面有柔毛；小叶柄和叶轴有散生腺毛；托叶篦齿状，大部贴生于叶柄。【花】花多朵，排成圆锥状花序，花梗无毛或有腺毛，有时基部有篦齿状小苞片；花直径 1.5~2 cm，萼片披针形，有时中部具 2 个线形裂片；花瓣白色，宽倒卵形，先端微凹，基部楔形。【果实】果近球形，红褐色或紫褐色，有光泽，无毛，萼片脱落。

【花期】	5—6 月
【果期】	9—10 月
【生境】	山坡、林缘及路旁
【分布】	辽宁南部

白玉山蔷薇 *Rosa baiyushanensis*

【外观】落叶攀缘灌木。【根茎】小枝黄褐色，具皮刺，老枝褐紫色，皮刺粗大，向下弯曲。【叶】奇数羽状复叶，长 3~6 cm，具小叶 5~7 枚，顶生小叶柄长 4~6 mm，侧生小叶无柄；小叶卵形或椭圆状卵形；基部近圆形或广楔形，先端急尖。【花】花单生，稀 2~3 朵集生于侧生小枝顶端，花梗基部具 1~2 枚苞片，花托近椭圆形；花径 2.5 cm；萼裂片具卵状披针形，先端延伸成长尾状；花瓣倒卵圆形，先端微凹，粉红色。【果实】果实椭圆形，橙红色，萼片脱落，部分宿存，反折，果梗具腺毛。

【花期】	6 月
【果期】	9—10 月
【生境】	山坡、林缘及路旁
【分布】	辽宁南部

白玉山蔷薇枝条

白玉山蔷薇花

伞花蔷薇 *Rosa maximowicziana*

【别名】蔓野蔷薇。【外观】落叶攀缘灌木。【根茎】具长匍枝，成弓形弯曲有时被刺毛。【叶】小叶 7~9 枚，稀 5 枚，连叶柄长 4~11 cm，小叶片卵形、椭圆形或长圆形，稀倒卵形，先端急尖或渐尖，基部宽楔形或近圆形，边缘有锐锯齿，上面深绿色，下面色淡，无毛或有小皮刺和腺毛；托叶大部贴生于叶柄。【花】花数朵成伞房状排列；苞片长卵形，边缘有腺毛；萼片三角卵形，先端长渐尖，全缘，有时有 1~2 裂片，内外两面均有柔毛，内面较密，萼筒和萼片外面有腺毛；花直径 3~3.5 cm；花梗有腺毛；花瓣白色或带粉红色，倒卵形，基部楔形。【果实】果实卵球形，红褐色，有光泽，萼片在果熟时脱落。

【花期】	6—7 月
【果期】	9—10 月
【生境】	路旁、沟边、山坡向阳处或灌丛中
【分布】	吉林东部及南部、辽宁东部及南部

伞花蔷薇花

伞花蔷薇果实

伞花蔷薇枝条

长白蔷薇花

长白蔷薇 *Rosa koreana*

【外观】落叶小灌木；丛生，高约 1 m。【根茎】枝条密被针刺，当年生小枝上针刺较稀疏。【叶】小叶 7~15 枚，连叶柄长 4~7 cm；小叶片椭圆形、倒卵状椭圆形，先端圆钝，基部近圆形或宽楔形，边缘有带腺尖锐锯齿，少部分为重锯齿，上面无毛，下面近无毛或沿脉微有柔毛；沿叶轴有稀疏皮刺和腺；托叶倒卵披针形，大部贴生于叶柄，边缘有腺齿。【花】花单生于叶腋，无苞片；花直径 2~3 cm；萼筒和萼片外面无毛，萼片披针形，先端长渐尖或稍带尾状渐尖，无腺，内面有稀疏白色柔毛；花瓣白色或带粉色，倒卵形，先端微凹。【果实】果实长圆球形，橘红色，有光泽，萼片宿存，直立。

【花期】	6—7 月
【果期】	8—9 月
【生境】	林缘、灌丛、山坡多石地及高山苔原带上
【分布】	黑龙江南部及东北部、吉林东部及南部
【附注】	本区尚有 1 变种：腺叶长白蔷薇，小叶片边缘为重锯齿，叶片下面、锯齿尖端以及叶轴和叶柄上均密被腺体，其他与原种同

长白蔷薇植株

腺叶长白蔷薇 var. *glandulosa*

腺叶长白蔷薇花

山刺玫 *Rosa davurica*

【别名】刺玫蔷薇、山玫瑰。【外观】直立灌木；高约 1.5 m。【根茎】分枝较多，小枝紫褐色，有带黄色皮刺。【叶】小叶 7~9 枚，连叶柄长 4~10 cm；小叶片长圆形或阔披针形，先端急尖或圆钝，基部圆形或宽楔形，边缘有单锯齿和重锯齿；叶柄和叶轴有柔毛、腺毛和稀疏皮刺；托叶大部贴生于叶柄，离生部分卵形，边缘有带腺锯齿。【花】花单生于叶腋，或 2~3 朵簇生；苞片卵形，边缘有腺齿，下面有柔毛和腺点；花直径 3~4 cm；萼筒近圆形，萼片披针形，先端扩展成叶状，边缘有不整齐锯齿和腺毛；花瓣粉红色，倒卵形，先端不平整，基部宽楔形。【果实】果近球形或卵球形，红色，光滑，萼片宿存，直立。

【花期】	6—7 月
【果期】	8—9 月
【生境】	山坡灌丛间、山野路旁、河边、沟边、林下及林缘
【分布】	黑龙江（北部、东部及南部）、吉林南部及东部、辽宁大部、内蒙古东部
【附注】	本区尚有 1 变种：长果山刺玫，果纺锤形、倒卵形长椭圆形至卵状长椭圆形，其他与原种同

山刺玫果实

山刺玫花（重瓣）

山刺玫花（浅粉色）

山刺玫植株

长果山刺玫 var. *ellipsoidea*

长果山刺玫果实

刺蔷薇枝条

刺蔷薇植株

刺蔷薇 *Rosa acicularis*

【别名】大叶蔷薇、多刺大叶蔷薇、少刺大叶蔷薇、柔毛大叶蔷薇。【外观】落叶灌木；高 1~3 m。【根茎】小枝圆柱形，稍微弯曲，红褐色或紫褐色；有细直皮刺，常密生针刺，有时无刺。【叶】小叶 3~7，连叶柄长 7~14 cm；小叶片宽椭圆形或长圆形，先端急尖或圆钝，基部近圆形，边缘有单锯齿；叶柄和叶轴有柔毛、腺毛和稀疏皮刺。【花】花单生或 2~3 朵集生，苞片卵形至卵状披针形，先端渐尖或尾尖，花梗密被腺毛；花直径 3.5~5 cm；萼筒长椭圆形，光滑无毛或有腺毛；萼片披针形，先端常扩展成叶状，外面有腺毛或稀疏刺毛；花瓣粉红色，芳香，倒卵形，先端微凹，基部宽楔形。【果实】果梨形、长椭圆形或倒卵球形，有明显颈部，红色，有光泽。

【花期】	6—7 月
【果期】	8—9 月
【生境】	山坡阳处、灌丛中或桦木林下，砍伐后针叶林迹地以及路旁
【分布】	黑龙江（南部、东部及北部）、吉林东部及南部、辽宁东部、内蒙古东北部
【附注】	本区尚有 1 变种：白花刺蔷薇，花白色，其他与原种同

刺蔷薇果实

刺蔷薇花（淡粉色）

刺蔷薇花（纯粉色）

刺蔷薇花（粉红色）

白花刺蔷薇 var. *albifloris*

白花刺蔷薇花

悬钩子属 *Rubus*

北悬钩子 *Rubus arcticus*

【别名】小托盘。【外观】草本状小灌木；高通常 10~30 cm。【根茎】根匍匐，近木质，能产生萌蘖；茎细弱。【叶】复叶具 3 小叶，小叶片菱形至菱状倒卵形，顶生小叶长 3~5 cm，较侧生小叶稍长，顶端急尖或圆钝，基部狭楔形，侧生小叶基部偏斜，边缘常具不整齐细锐锯齿；叶柄长，顶生小叶柄长达 0.5 cm，侧生小叶几无柄；托叶离生。【花】花常单生，顶生，有时 1~2 朵腋生，直径 1~2 cm；花萼陀螺状；萼片 5~10 枚，卵状披针形至狭披针形；花瓣宽倒卵形，稀长圆形或匙形，紫红色，有时顶端微凹；雄蕊直立，花丝线形，基部膨大；雌蕊约 20 枚，无毛或背部有疏柔毛。【果实】果实暗红色，宿存萼片反折。

北悬钩子花

北悬钩子果实

【花期】	6—7 月
【果期】	7—8 月
【生境】	苔藓沼泽地或塔头甸子中
【分布】	黑龙江北部及南部、吉林东部及南部、内蒙古东北部

牛叠肚 *Rubus crataegifolius*

【别名】山楂叶悬钩子、蓬藟、蓬藟悬钩子、牛跌肚。【外观】落叶直立灌木；高 1~3 m。【根茎】枝具沟棱，有微弯皮刺。【叶】单叶，卵形至长卵形，长 5~12 cm，宽达 8 cm，开花枝上的叶稍小，上面近无毛，下面脉上有柔毛和小皮刺，边缘 3~5 掌状分裂，基部具掌状 5 脉；叶柄疏生柔毛和小皮刺；托叶线形。【花】花数朵簇生或成短总状花序，常顶生；花梗有柔毛，苞片与托叶相似，花直径 1~1.5 cm；花萼外面有柔毛，至果期近于无毛，萼片卵状三角形或卵形，顶端渐尖；花瓣椭圆形或长圆形，白色，几与萼片等长；雄蕊直立，花丝宽扁，雌蕊多数，子房无毛。【果实】果实近球形，暗红色，无毛，有光泽。

牛叠肚枝条

牛叠肚果实

【花期】	6—7 月
【果期】	7—8 月
【生境】	向阳山坡灌木丛中或林缘，常在山沟、路边
【分布】	黑龙江（南部、东部及南部）、吉林南部及东部、辽宁大部、内蒙古东部

大白花地榆花序

地榆属 *Sanguisorba*

大白花地榆 *Sanguisorba stipulata*

【外观】多年生草本。【根茎】根粗壮，深长；茎高 35~80 cm，光滑。【叶】叶为羽状复叶，有小叶 4~6 对，叶柄有棱，无毛，小叶有柄，椭圆形或卵状椭圆形，基部心形至深心形，顶端圆形，边缘有粗大缺刻状急尖锯齿，上面暗绿色，下面绿色，无毛，茎生叶 2~4 枚，与基生叶相似，唯向上小叶对数逐渐减少。【花】穗状花序直立，从基部向上逐渐开放，花序梗无毛，苞片狭带形；萼片 4 枚，椭圆卵形，无毛；雄蕊 4 枚，花丝从中部开始扩大，比萼片长 2~3 倍。【果实】果被疏柔毛，萼片宿存。

【花期】	7—8 月
【果期】	8—9 月
【生境】	山地、山谷、湿地、疏林下、林缘及高山苔原上
【分布】	黑龙江南部、吉林东南部

大白花地榆植株

大白花地榆果实

大白花地榆群落

小白花地榆 *Sanguisorba tenuifolia* var. *alba*

【外观】多年生草本；高 40~100 cm，全株无毛。【根茎】根状茎肥厚，黑褐色，根较粗；茎直立，单一，上部少分枝，斜升。【叶】奇数羽状复叶，长 9~25 cm；基生叶有长柄；托叶膜质，褐色，光滑；小叶片宽条形或线状披针形，长 5~7 cm，宽 1~1.7 cm。【花】穗状花穗生于分枝顶端，长圆柱形，长 3~7 cm，直径约 5 mm，下垂，先从顶端开花；花两性，白色；苞片长圆形，内弯；萼片 4 枚，近圆形，花瓣状，白色；雄蕊 4 枚，花丝上部膨大，花柱短。【果实】瘦果近球形，具翅。

小白花地榆植株

【花期】	7—8 月
【果期】	8—9 月
【生境】	湿地、草甸、林缘、林下及高山苔原上
【分布】	黑龙江北部及东部、吉林（东部、南部及西部）、辽宁北部、内蒙古东北部

小白花地榆花序（半下垂）

小白花地榆果实

小白花地榆花序（平展）

小白花地榆群落

林石草植株

林石草花

林石草属 *Waldsteinia*

林石草 *Waldsteinia ternata*

【外观】多年生草本。【根茎】根茎匍匐；茎高 7~20 cm，光滑无毛。【叶】基生叶为掌状 3 小叶，连叶柄长 7~10 cm，叶柄光滑无毛或顶端被疏柔毛，小叶具短柄，被疏柔毛，小叶片倒卵形或宽椭圆形，顶端圆钝，基部楔形或阔楔形，上部 3~5 浅裂，边缘有圆钝锯齿，上面绿色，下面带紫色；茎生叶 1 枚或退化。【花】花单生或 2~3 朵，花梗基部有膜质小苞片；花直径 1~1.6 cm；萼片 5 枚，三角长卵形，顶端渐尖或有 2~3 锯齿，外面无毛或有疏柔毛；副萼片 5 枚，披针形，稍短于萼片；花瓣 5 枚，黄色，倒卵形，比萼片长约 1 倍。【果实】瘦果长圆形至歪倒卵形，黑褐色，外被白色柔毛。

【花期】	4—5 月
【果期】	5—6 月
【生境】	林下、林缘、灌丛间
【分布】	吉林南部及东部

全缘栒子枝条

全缘栒子花

栒子属 *Cotoneaster*

全缘栒子 *Cotoneaster integerrimus*

【外观】落叶灌木；高达 2 m。【根茎】多分枝，小枝棕褐色或灰褐色。【叶】叶片宽椭圆形、宽卵形或近圆形，长 2~5 cm，宽 1.3~2.5 cm，先端急尖或圆钝，基部圆形，全缘，上面无毛或有稀疏柔毛，下面密被灰白色绒毛；叶柄有绒毛；托叶披针形。【花】聚伞花序有花 2~7 枚，下垂，总花梗和花梗无毛或微具柔毛；苞片披针形，具稀疏柔毛；花梗长 3~6 mm；花直径 8 mm；萼筒钟状，萼片三角卵形，先端圆钝，内外两面无毛；花瓣直立，近圆形，长与宽各约 3 mm，先端圆钝，基部具爪，粉红色。【果实】果实近球形，稀卵形，红色，无毛。

【花期】	4—5 月
【果期】	8—9 月
【生境】	石砾坡地上或林缘
【分布】	黑龙江北部、吉林东部、辽宁西部、内蒙古东北部

黑果栒子 *Cotoneaster melanocarpus*

【别名】黑果栒子木、黑果灰栒子。【外观】落叶灌木；高 1~2 m。【根茎】枝条开展，小枝褐色或紫褐色。【叶】叶片卵状椭圆形至宽卵形，长 2~4.5 cm，宽 1~3 cm，先端钝或微尖，有时微缺，基部圆形或宽楔形，全缘；叶柄有绒毛；托叶披针形。【花】花 3~15 枚成聚伞花序，总花梗和花梗具柔毛，下垂；花梗长 3~9 mm；苞片线形，有柔毛；花直径约 7 mm，萼筒钟状，萼片三角形，先端钝；花瓣直立，近圆形，长与宽各 3~4 mm，粉红色。【果实】果实近球形，蓝黑色，有蜡粉。

黑果栒子花

【花期】	5—6 月
【果期】	8—9 月
【生境】	山坡、疏林间及灌木丛中
【分布】	黑龙江北部、内蒙古东部

黑果栒子果实

水栒子 *Cotoneaster multiflorus*

【别名】栒子木、多花栒子、多花灰栒子。【外观】落叶灌木；高达 4 m。【根茎】枝条细瘦，常呈弓形弯曲，小枝红褐色或棕褐色，无毛，幼时带紫色。【叶】叶片卵形或宽卵形，长 2~4 cm，宽 1.5~3 cm，先端急尖或圆钝，基部宽楔形或圆形；叶柄长 3~8 mm；托叶线形，疏生柔毛，脱落。【花】花多数，5~21 枚，成疏松的聚伞花序，总花梗和花梗无毛；花梗长 4~6 mm，苞片线形，花直径 1~1.2 cm；萼筒钟状，萼片三角形，先端急尖，通常除先端边缘外；花瓣平展，近圆形，先端圆钝或微缺，基部有短爪，内面基部有白色细柔毛，白色。【果实】果实近球形或倒卵形，红色，有个由 2 心皮合生而成的小核。

【花期】	5—6 月
【果期】	8—9 月
【生境】	沟谷、山坡杂木林中
【分布】	黑龙江东南部、辽宁西部、内蒙古东部

水栒子植株（花期）

水栒子花

山楂属 *Crataegus*

山楂 *Crataegus pinnatifida*

【别名】山里红。【外观】落叶乔木；高达 6 m。【根茎】树皮粗糙，暗灰色或灰褐色；有刺或无刺；当年生枝紫褐色。【叶】叶片宽卵形或三角状卵形，长 5~10 cm，宽 4~7.5 cm，先端短渐尖，基部截形至宽楔形，通常两侧各有 3~5 羽状深裂片，边缘有尖锐稀疏不规则重锯齿；叶柄长 2~6 cm；托叶草质，镰形，边缘有锯齿。【花】伞房花序具多花；苞片膜质，线状披针形，花直径约 1.5 cm；萼筒钟状，萼片三角卵形至披针形，先端渐尖，全缘；花瓣倒卵形或近圆形，白色；雄蕊 20 枚，短于花瓣，花药粉红色；花柱 3~5 枚，柱头头状。【果实】果实近球形或梨形，深红色，有浅色斑点。

山楂花

山楂花序

【花期】	5—6 月
【果期】	9—10 月
【生境】	山坡杂木林缘、灌木丛和干山坡砂质地
【分布】	黑龙江（南部、东部及北部）、吉林（南部、东部及中部）、辽宁大部、内蒙古东南部

山楂枝条

毛山楂 *Crataegus maximowiczii*

【别名】毛山里红。【外观】落叶灌木或小乔木；高达 7 m。【根茎】小枝粗壮，无刺或有刺；冬芽卵形。【叶】叶片宽卵形或菱状卵形，长 4~6 cm，宽 3~5 cm，先端急尖，基部楔形，边缘每侧各有 3~5 浅裂和疏生重锯齿；叶柄长 1~2.5 cm；托叶膜质，早落。【花】复伞房花序，多花，总花梗和花梗均被灰白色柔毛；苞片膜质，线状披针形，边缘有腺齿，早落；花直径约 1.2 cm；萼筒钟状，萼片三角卵形或三角状披针形，先端渐尖或急尖，全缘；花瓣近圆形，直径约 5 mm，白色。【果实】果实球形，红色，幼时被柔毛，以后脱落无毛；萼片宿存，反折。

毛山楂枝条（花期）

毛山楂枝条（果期）

【花期】	5—6 月
【果期】	8—9 月
【生境】	杂木林中或林边、河岸沟边及路边
【分布】	黑龙江（北部、南部及东部）、吉林东部及南部、内蒙古东北部

辽宁山楂 *Crataegus sanguinea*

【别名】血红山楂、红果山楂。【外观】落叶灌木；高达 2~4 m。【根茎】刺短粗，锥形；当年枝条紫红色或紫褐色，多年生枝灰褐色；冬芽三角卵形。【叶】叶片宽卵形或菱状卵形，长 5~6 cm，宽 3.5~4.5 cm，先端急尖，基部楔形，边缘通常有 3~5 对浅裂片和重锯齿，裂片宽卵形，先端急尖；叶柄粗短；托叶草质，镰刀形或不规则心形。【花】伞房花序，多花，密集；苞片膜质，线形，边缘有腺齿；花直径约 8 mm；萼筒钟状，萼片三角卵形，先端急尖，全缘；花瓣长圆形，白色；雄蕊 20 枚，花药淡红色或紫色，花柱 3~5 枚，柱头半球形。【果实】果实近球形，血红色；萼片宿存，反折。

【花期】	5—6 月
【果期】	7—8 月
【生境】	山坡或河沟旁杂木林中
【分布】	黑龙江北部及南部、内蒙古东部

辽宁山楂花序

辽宁山楂果实

苹果属 *Malus*

山荆子 *Malus baccata*

【别名】林荆子。【外观】落叶乔木；高达 10~14 m，树冠广圆形。【根茎】幼枝红褐色，老枝暗褐色；冬芽卵形。【叶】叶片椭圆形或卵形，长 3~8 cm，宽 2~3.5 cm，先端渐尖，稀尾状渐尖，基部楔形或圆形，边缘有细锐锯齿；叶柄长 2~5 cm；托叶膜质，早落。【花】伞形花序，具花 4~6 枚，无总梗，集生在小枝顶端，梗细长，无毛；苞片膜质，线状披针形，边缘具有腺齿，无毛，早落；花直径 3~3.5 cm；萼筒外面无毛，萼片披针形，先端渐尖，全缘，长于萼筒；花瓣倒卵形，先端圆钝，基部有短爪，白色。【果实】果实近球形，红色或黄色；萼片脱落。

【花期】	5—6 月
【果期】	9—10 月
【生境】	山坡杂木林中及山谷阴处灌木丛中
【分布】	黑龙江（北部、东部及南部）、吉林南部及东部、辽宁大部、内蒙古东部

山荆子花

山荆子花（侧）

山荆子植株

山荆子枝条（花期）

山荆子花序

山荆子枝条（果期）

山荆子果实

三叶海棠 *Malus sieboldii*

【外观】落叶小乔木或灌木；高 2~6 m。【根茎】枝条开展，小枝圆柱形；冬芽卵形。【叶】叶片卵形、椭圆形或长椭圆形，长 3~7.5 cm，宽 2~4 cm，先端急尖，基部圆形或宽楔形，边缘有尖锐锯齿，在新枝上的叶片锯齿粗锐，常 3，稀 5 浅裂；叶柄长 1~2.5 cm；托叶草质，全缘。【花】花 4~8 朵，集生于小枝顶端，花梗长 2~2.5 cm；苞片膜质，线状披针形，先端渐尖，全缘；花直径 2~3 cm；萼片三角卵形，先端尾状渐尖，全缘；花瓣长椭倒卵形，基部有短爪，淡粉红色，在花蕾时颜色较深。【果实】果实近球形，红色或褐黄色；萼片脱落。

三叶海棠枝条

三叶海棠花

【花期】	5 月
【果期】	8—9 月
【生境】	山坡杂木林或灌木丛中
【分布】	辽宁东部

三叶海棠植株

秋子梨花

秋子梨花序

梨属 *Pyrus*

秋子梨 *Pyrus ussuriensis*

【别名】花盖梨、青梨、楸子梨。【外观】落叶乔木；高达 15 m，树冠宽广。【根茎】二年生枝条黄灰色至紫褐色，老枝转为黄灰色或黄褐色；冬芽肥大。【叶】叶片卵形至宽卵形，长 5~10 cm，宽 4~6 cm，先端短渐尖，基部圆形或近心形，稀宽楔形，边缘具有带刺芒状尖锐锯齿；托叶线状披针形，早落。【花】花序密集，有花 5~7 枚，花梗长 2~5 cm；苞片膜质，线状披针形，先端渐尖，全缘；花直径 3~3.5 cm；萼筒外面无毛或微具绒毛，萼片三角披针形，先端渐尖，边缘有腺齿；花瓣倒卵形或广卵形，先端圆钝，基部具短爪，无毛，白色。【果实】果实近球形，黄色，萼片宿存，基部微下陷，具短果梗。

【花期】	4—5 月
【果期】	8—10 月
【生境】	河流两旁或土质肥沃的山坡上
【分布】	黑龙江（南部、东部及北部）、吉林南部及东部、辽宁大部、内蒙古东部

秋子梨植株

秋子梨枝条（花期）

秋子梨枝条（果期）

秋子梨果实

杜梨 *Pyrus betulifolia*

【别名】棠梨。【外观】落叶乔木；高达 10 m。【根茎】树冠开展，枝常具刺，小枝嫩时密被灰白色绒毛，二年生枝条紫褐色；冬芽卵形，先端渐尖。【叶】叶片菱状卵形至长圆卵形，长 4~8 cm，宽 2.5~3.5 cm，先端渐尖，基部宽楔形，稀近圆形，边缘有粗锐锯齿；叶柄长 2~3 cm；托叶膜质，早落。【花】伞形总状花序，有花 10~15 枚，总花梗和花梗均被灰白色绒毛，苞片膜质，线形；花直径 1.5~2 cm；萼筒外密被灰白色绒毛，萼片三角卵形，先端急尖，全缘；花瓣宽卵形，先端圆钝，基部具有短爪，白色。【果实】果实近球形，2~3 室，褐色，有淡色斑点，萼片脱落，基部具带绒毛果梗。

【花期】	4 月
【果期】	8—9 月
【生境】	土质肥沃的向阳山坡上
【分布】	辽宁南部及北部

杜梨枝条（果期）

杜梨花序

杜梨植株

花楸属 *Sorbus*

花楸树 *Sorbus pohuashanensis*

【别名】花楸。【外观】落叶乔木；高达 8 m。【根茎】小枝粗壮，灰褐色，具灰白色细小皮孔；冬芽长圆卵形。【叶】奇数羽状复叶，连叶柄在内长 12~20 cm，叶柄长 2.5~5 cm；小叶片 5~7 对，基部和顶部的小叶片常稍小，卵状披针形或椭圆披针形，先端急尖或短渐尖，基部偏斜圆形，边缘有细锐锯齿；托叶草质，宿存。【花】复伞房花序具多数密集花朵，花梗长 3~4 mm，花直径 6~8 mm；萼筒钟状，萼片三角形，内外两面均具绒毛；花瓣宽卵形或近圆形，先端圆钝，白色，内面微具短柔毛。【果实】果实近球形，红色或橘红色。

花楸树花

花楸树果实

【花期】	5—6 月
【果期】	9—10 月
【生境】	山坡、谷地、林缘或杂木林中，常伴生在寒温性的针叶林中
【分布】	黑龙江（北部、南部及东部）、吉林南部及东部、辽宁东部及南部、内蒙古东北部

花楸树枝条（果期）

花楸树枝条（花期）

花楸树植株（果期）

花楸树植株（花期）

水榆花楸 *Sorbus alnifolia*

【别名】水榆、花楸。【外观】落叶乔木；高达 20 m。
【根茎】小枝具灰白色皮孔，二年生枝暗红褐色，老枝暗灰褐色；冬芽卵形。【叶】叶片卵形至椭圆卵形，长 5~10 cm，宽 3~6 cm，先端短渐尖，基部宽楔形至圆形，边缘有不整齐的尖锐重锯齿，侧脉6~14对，直达叶边齿尖；叶柄长 1.5~3 cm。【花】复伞房花序较疏松，具花 6~25 枚，总花梗和花梗具稀疏柔毛，花梗长 6~12 mm；花直径 10~18 mm；萼筒钟状，萼片三角形，先端急尖；花瓣卵形或近圆形，先端圆钝，白色。【果实】果实椭圆形或卵形，红色或黄色。

【花期】	5 月
【果期】	8—9 月
【生境】	山坡、山沟或山顶混交林或灌木丛中
【分布】	黑龙江南部、吉林南部及东部、辽宁东部及南部
【附注】	本区尚有 1 变种：裂叶水榆花楸，叶片边缘有浅裂片和重锯齿，其他与原种同

水榆花楸花序

水榆花楸花

水榆花楸枝条

水榆花楸果实

裂叶水榆花楸 var. *lobuiata*

裂叶水榆花楸枝条

东北扁核木果实

东北扁核木枝条

扁核木属 *Prinsepia*

东北扁核木 *Prinsepia sinensis*

【别名】辽宁扁核木、东北蕤核。【外观】落叶小灌木；高约2 m。【根茎】树皮成片状剥落；小枝红褐色，有棱条，枝刺直立或弯曲。【叶】叶互生，稀丛生，叶片卵状披针形或披针形，极稀带形，长3~6.5 cm，宽 6~20 mm，先端急尖、渐尖或尾尖，基部近圆形或宽楔形，全缘或有稀疏锯齿；叶柄长 5~10 mm；托叶小，全缘。【花】花1~4 朵，簇生于叶腋；花梗无毛；花直径约 1.5 cm；萼筒钟状，萼片短三角状卵形，全缘，萼筒和萼片外面无毛，边有睫毛；花瓣黄色，倒卵形，先端圆钝，基部有短爪，着生在萼筒口部里面花盘边缘。【果实】核果近球形或长圆形，红紫色或紫褐色，萼片宿存。

【花期】	5 月
【果期】	8—9 月
【生境】	杂木林中或阴山坡的林间，或山坡开阔处以及河岸旁
【分布】	黑龙江南部及东北部、吉林南部及东部、辽宁东部

黑樱桃枝条

黑樱桃花

樱属 *Cerasus*

黑樱桃 *Cerasus maximowiczii*

【别名】深山樱。【外观】落叶小乔木；高达 7 m。【根茎】树皮暗灰色，小枝灰褐色；冬芽长卵形。【叶】叶片倒卵形或倒卵状椭圆形，长 3~9 cm，宽 1.5~4 cm，先端骤尖或短尾尖，基部楔形或圆形，边有重锯齿，侧脉 6~9 对；叶柄长 0.5~1.5 cm；托叶线形。【花】伞房花序，有花 5~10 枚，基部具绿色叶状苞片，花叶同开；总苞片匙状长圆形，苞片绿色，卵圆形，边有尖锐锯齿；花梗长 0.5~1.5 cm；花直径约 1.5 cm；萼筒倒圆锥状，萼片椭圆三角形，先端通常渐尖，边有疏齿，齿端有不明显的细小腺体或无；花瓣白色，椭圆形。【果实】核果卵球形，成熟后变黑色。

【花期】	5—6 月
【果期】	8—9 月
【生境】	阳坡杂木林中或有腐殖质土石坡上
【分布】	黑龙江（南部、东部及北部）、吉林南部及东部、辽宁东部及南部

郁李 *Cerasus japonica*

【外观】落叶灌木；高 1~1.5 m。【根茎】小枝灰褐色，嫩枝绿色或绿褐色。【叶】叶片卵形或卵状披针形，长 3~7 cm，宽 1.5~2.5 cm，先端渐尖，基部圆形，边有缺刻状尖锐重锯齿，上面深绿色，无毛，下面淡绿色，无毛或脉上有稀疏柔毛，侧脉 5~8 对；叶柄无毛或被稀疏柔毛；托叶线形，边有腺齿。【花】花 1~3 枚，簇生，花叶同开或先叶开放；花梗无毛或被疏柔毛；萼筒陀螺形，无毛，萼片椭圆形，先端圆钝，边有细齿；花瓣白色或粉红色，倒卵状椭圆形。【果实】核果近球形，深红色。

【花期】	5 月
【果期】	7—8 月
【生境】	山坡林下及灌丛
【分布】	黑龙江（南部、东部及北部）、吉林东部、辽宁（西部、南部及北部）、内蒙古东南部
【附注】	本区尚有 1 变种：长梗郁李，花梗较长，1~2 cm，叶片卵圆形，叶边锯齿较深，叶柄较长，3~5 mm，其他与原种同

郁李花

郁李枝条（果期）

郁李植株

长梗郁李 var. *nakaii*

长梗郁李果实

山樱花 *Cerasus serrulata*

【别名】樱花、辽东山樱、山樱、山樱桃。【外观】乔木；高 3~8 m。【根茎】树皮灰褐色或灰黑色，小枝灰白色或淡褐色；冬芽卵圆形。【叶】叶片卵状椭圆形或倒卵椭圆形，长 5~9 cm，宽 2.5~5 cm，先端渐尖，基部圆形，边有渐尖单锯齿及重锯齿，齿尖有小腺体，上面深绿色，下面淡绿色，有侧脉 6~8 对；叶柄无毛，先端有 1~3 圆形腺体；托叶线形，早落。【花】花序伞房总状或近伞形，有花 2~3 枚；总苞片褐红色，倒卵长圆形；苞片褐色或淡绿褐色，边有腺齿；花梗长 1.5~2.5 cm；萼筒管状，先端扩大，萼片三角披针形，先端渐尖或急尖，边全缘；花瓣白色，稀粉红色，倒卵形，先端下凹。【果实】核果球形或卵球形，紫黑色。

【花期】	4—5 月
【果期】	6—7 月
【生境】	林缘、溪旁、河岸、灌丛及阔叶林中
【分布】	黑龙江东南部、吉林南部及东部、辽宁东部

山樱花植株

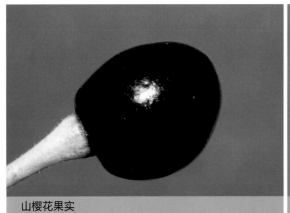

山樱花果实

山樱花枝条

山樱花花（淡粉色）

山樱花花（白色）

毛樱桃 *Cerasus tomentosa*

【别名】山樱桃。【外观】落叶灌木，高 1~2.5 m。【根茎】小枝紫褐色或灰褐色。冬芽卵形。【叶】叶片卵状椭圆形或倒卵状椭圆形，长 2~7 cm，宽 1~3.5 cm，先端急尖或渐尖，基部楔形，边有急尖或粗锐锯齿，上面暗绿色或深绿色，被疏柔毛，下面灰绿色，侧脉 4~7 对；叶柄被绒毛或脱落稀疏；托叶线形。【花】花单生或 2 朵簇生，花叶同开，近无梗；萼筒管状或杯状，萼片三角卵形，先端圆钝或急尖，内外两面内被短柔毛或无毛；花瓣白色或粉红色，倒卵形，先端圆钝；雄蕊 20~25 枚，短于花瓣。【果实】核果近球形，红色。

【花期】	4—5 月
【果期】	6—7 月
【生境】	山坡林中、林缘、灌丛中或草地上
【分布】	黑龙江南部、吉林南部、辽宁（南部、东部及西部）、内蒙古东南部

毛樱桃枝条

毛樱桃果实

毛樱桃花（粉色）

毛樱桃花（纯白色）

毛樱桃果实（白色）

桃属 *Amygdalus*

榆叶梅 *Amygdalus triloba*

【外观】落叶灌木稀小乔木；高 2~3 m。【根茎】枝条开展，具多数短小枝；小枝灰褐色。【叶】短枝上的叶常簇生，一年生枝上的叶互生；叶片宽椭圆形至倒卵形，长 2~6 cm，宽 1.5~4 cm，先端短渐尖，常 3 裂，基部宽楔形，上面具疏柔毛或无毛，下面被短柔毛，叶边具粗锯齿或重锯齿。【花】花 1~2 枚，先于叶开放，直径 2~3 cm；萼筒宽钟形，萼片卵形或卵状披针形，近先端疏生小锯齿；花瓣近圆形或宽倒卵形，先端圆钝，有时微凹，粉红色；雄蕊 25~30 枚，短于花瓣；花柱稍长于雄蕊。【果实】果实近球形，顶端具短小尖头，红色；果肉薄，成熟时开裂。

【花期】	4—5 月
【果期】	6—7 月
【生境】	杂木林中或阴山坡的林间，或山坡开阔处以及河岸旁
【分布】	辽宁西部

榆叶梅花

榆叶梅花（白色）

榆叶梅花（淡粉色）

榆叶梅枝条（花期）

榆叶梅果实

榆叶梅枝条（果期）

榆叶梅花（重瓣）

榆叶梅植株

榆叶梅群落

东北杏果实

东北杏花

杏属 *Armeniaca*

东北杏 *Armeniaca mandshurica*

　　【别名】辽杏。【外观】落叶乔木；高5~15 m。【根茎】树皮木栓质发达，深裂，暗灰色；嫩枝淡红褐色或微绿色。【叶】叶片宽卵形至宽椭圆形，长5~15 cm，宽3~8 cm，先端渐尖至尾尖，基部宽楔形至圆形，有时心形，叶边具不整齐的细长尖锐重锯齿；叶柄常有2腺体。【花】花单生，直径2~3 cm，先于叶开放；花梗长7~10 mm；花萼带红褐色，萼筒钟形，萼片长圆形或椭圆状长圆形，先端圆钝或急尖，边常具不明显细小锯齿；花瓣宽倒卵形或近圆形，粉红色或白色。【果实】果实近球形，黄色，有时向阳处具红晕或红点，被短柔毛。

【花期】	4—5 月
【果期】	6—7 月
【生境】	开阔的向阳山坡灌木林或杂木林下
【分布】	黑龙江南部及东部、吉林南部及东部、辽宁东部及南部

东北杏植株

东北杏枝条（果期）

东北杏枝条（花期）

东北杏群落

东北杏枝条（果期）

东北杏枝条（花期）

东北杏群落

WILD FLOWERS OF
THE NORTHEASTERN CHINA / 345

山杏 *Armeniaca sibirica*

　　【别名】西伯利亚杏。【外观】落叶灌木或小乔木；高 2~5 m。【根茎】树皮暗灰色；小枝无毛，灰褐色或淡红褐色。【叶】叶片卵形或近圆形，长 3~10 cm，宽 2.5~7 cm，先端长渐尖至尾尖，基部圆形至近心形，叶边有细钝锯齿，两面无毛，稀下面脉腋间具短柔毛；叶柄无毛。【花】花单生，直径 1.5~2 cm，先于叶开放；花梗长 1~2 mm；花萼紫红色；萼筒钟形，基部微被短柔毛或无毛；萼片长圆状椭圆形，先端尖，花后反折；花瓣近圆形或倒卵形，白色或粉红色。【果实】果实扁球形，黄色或橘红色，被短柔毛；果肉较薄而干燥，成熟时沿腹缝线开裂。

【花期】	4—5 月
【果期】	6—7 月
【生境】	干燥向阳山坡上、丘陵草原或固定沙丘上
【分布】	黑龙江西部、吉林西部、辽宁西部及北部、内蒙古东部

山杏群落

山杏枝条（果期）　　　　　山杏枝条（花期）

稠李属 *Padus*

稠李 *Padus avium*

【外观】落叶乔木，高可达 15 m。【根茎】树皮粗糙而多斑纹，老枝紫褐色或灰褐色；小枝红褐色或带黄褐色。【叶】叶片椭圆形、长圆形或长圆倒卵形，长 4~10 cm，宽 2~4.5 cm，先端尾尖，基部圆形或宽楔形，边缘有不规则锐锯齿；叶柄顶端两侧各具 1 腺体；托叶膜质，早落。【花】总状花序具有多花，基部通常有 2~3 叶，叶片与枝生叶同形，通常较小；花直径 1~1.6 cm；萼筒钟状；萼片三角状卵形，先端急尖或圆钝；花瓣白色，长圆形，先端波状，基部楔形，有短爪。【果实】核果卵球形，红褐色至黑色。

【花期】	5—6 月
【果期】	8—9 月
【生境】	山地杂木林中、河边、沟谷及路旁低湿处
【分布】	黑龙江（南部、北部及东部）、吉林南部和东部、辽宁（东部、南部及西部）、内蒙古东部

稠李花序

稠李果实

稠李枝条

稠李花

稠李花（侧）

稠李植株（花期）

稠李植株（果期）

斑叶稠李花

斑叶稠李枝条

斑叶稠李 *Padus maackii*

【别名】山桃稠李。【外观】落叶小乔木,高 4~10 m。【根茎】树皮光滑成片状剥落;老枝黑褐色或黄褐色;小枝带红色。【叶】叶片椭圆形、菱状卵形,稀长圆状倒卵形,长 4~8 cm,宽 2.8~5 cm,先端尾状渐尖或短渐尖,基部圆形或宽楔形,叶边有不规则带腺锐锯齿;叶柄长 1~1.5 cm;托叶膜质,线形。【花】总状花序多花密集,基部无叶;花直径 8~10 mm;萼筒钟状,萼片三角状披针形或卵状披针形,先端长渐尖,边有不规则带腺细齿;花瓣白色,长圆状倒卵形,先端 1/3 部分啮蚀状,基部楔形,有短爪,着生在萼筒边缘。【果实】核果近球形,紫褐色;果梗无毛;萼片脱落。

【花期】	5—6 月
【果期】	8—9 月
【生境】	阳坡疏林中、林缘、溪边及路旁
【分布】	黑龙江(南部、东部及北部)、吉林南部及东部、辽宁东部

李属 *Prunus*

东北李 *Prunus ussuriensis*

【别名】乌苏里李。【外观】落叶乔木,高 2.5~6 m。【根茎】多分枝呈灌木状;老枝灰黑色,粗壮,树皮起伏不平;小枝节间短,红褐色;冬芽卵圆形。【叶】叶片长圆形、倒卵长圆形,稀椭圆形,长 4~9 cm,宽 2~4 cm,先端尾尖、渐尖或急尖,基部楔形,稀宽楔形,边缘有单锯齿或重锯齿,中脉和侧脉明显突起;叶柄短,无腺;托叶披针形。【花】花 2~3 枚簇生,有时单朵;花直径 1~1.2 cm;萼筒钟状,萼片长圆形,先端圆钝,边缘有细齿,齿尖常带腺;花瓣白色,长圆形,先端波状,基部楔形,有短爪。【果实】核果较小,卵球形、近球形或长圆形,紫红色;果梗粗短。

东北李花

东北李枝条

【花期】	4—5 月
【果期】	8—9 月
【生境】	向阳山坡、沟谷、山野路旁及河边灌丛
【分布】	黑龙江南部、吉林南部及东部

东北李植株

东北李群落

牛奶子果实

牛奶子枝条

胡颓子属 *Elaeagnus*

牛奶子 *Elaeagnus umbellata*

【别名】秋胡颓子。【外观】落叶灌木；高 1~4 m。【根茎】小枝甚开展，多分枝，幼枝和芽密被银白色和少数黄褐色鳞片，具刺；老枝鳞片脱落，灰黑色。【叶】叶纸质或膜质，椭圆形至卵状椭圆形或倒卵状披针形，长 3~8 cm，宽 1~3.2 cm，顶端钝形或渐尖，基部圆形至楔形，边缘全缘或皱卷至波状，侧脉 5~7 对；叶柄白色。【花】花黄白色，芳香，1~7 花簇生新枝基部，单生或成对生于幼叶腋；花梗白色，萼筒圆筒状漏斗形，在裂片下面扩展，向基部渐窄狭，裂片卵状三角形；雄蕊的花丝极短，花药矩圆形，花柱直立，柱头侧生。【果实】果实几球形或卵圆形，幼时绿色，成熟时红色；果梗直立。

【花期】	5—6 月
【果期】	9—10 月
【生境】	向阳的林缘、灌丛、荒坡及沟边
【分布】	辽宁南部及西部

牛奶子植株

30 秋海棠科 Begoniaceae

秋海棠属 *Begonia*

中华秋海棠 *Begonia grandis* subsp. *sinensis*

【别名】珠芽秋海棠。【外观】多年生草本，中型草本。【根茎】茎高 20~40 cm，几无分枝，外形似金字塔形。【叶】叶较小，椭圆状卵形至三角状卵形，长 5~20 cm，宽 3.5~13 cm，先端渐尖，下面色淡，偶带红色，基部心形，宽侧下延呈圆形，长 0.5~4 cm，宽 1.8~7 cm。【花】花序较短，呈伞房状至圆锥状二歧聚伞花序；花小，雄蕊多数，短于 2 mm，整体呈球状；花柱基部合生或微合生，有分枝，柱头呈螺旋状扭曲，稀呈"U"字形。【果实】蒴果具 3 枚不等大之翅。

【花期】	7—8 月
【果期】	8—9 月
【生境】	山谷阴湿岩石上、滴水的石灰岩边、疏林阴处、荒坡阴湿处以及山坡林下
【分布】	辽宁西部

中华秋海棠花

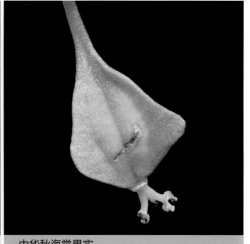

中华秋海棠果实

中华秋海棠花（侧）

中华秋海棠植株

赤瓟植株

赤瓟属 *Thladiantha*

赤瓟 *Thladiantha dubia*

【别名】赤雹。【外观】攀缘草质藤本；全株被黄白色的长柔毛状硬毛。【根茎】根块状；茎稍粗壮，有棱沟。【叶】叶柄稍粗，叶片宽卵状心形，长5~8 cm，宽4~9 cm，边缘浅波状，有大小不等的细齿，先端急尖或短渐尖，基部心形，弯缺深，两面粗糙，脉上有长硬毛。卷须纤细，单一。【花】雌雄异株：雄花单生或聚生于短枝的上端呈假总状花序，有时 2~3 花生于总梗上，花梗细长，花萼筒极短；花冠黄色，裂片长圆形；雄蕊 5 枚，着生在花萼筒檐部，其中 1 枚分离，其余 4 枚两两稍靠合，花丝极短，花药卵形。雌花单生，花梗细，花萼裂片披针形；雄蕊退化，子房长圆形，花柱分 3 叉，柱头膨大。【果实】果实卵状长圆形，表面橙黄色或红棕色。

【花期】	6—8 月
【果期】	8—10 月
【生境】	林缘、田边、村屯住宅旁及菜地边
【分布】	黑龙江南部及东部、吉林南部及东部、辽宁东部及南部、内蒙古东部

赤瓟花序

赤瓟果实

32 卫矛科 Celastraceae

梅花草属 *Parnassia*

梅花草 *Parnassia palustris*

【别名】苍耳七。【外观】多年生草本；高 12~30 cm。
【根茎】根状茎短粗。【叶】基生叶 3 至多数，具柄，叶片
卵形至长卵形，长 1.5~3 cm，宽 1~2.5 cm，先端圆钝或渐
尖，常带短头，基部近心形，边全缘，脉呈弧形；叶柄两侧
有窄翼，具长条形紫色斑点；托叶膜质；茎生叶与基生叶同
形。【花】花单生于茎顶，直径 2.2~3.5 cm；萼片椭圆形或
长圆形，先端钝，全缘；花瓣白色，宽卵形或倒卵形，先
端圆钝或短渐尖，基部有宽而短爪，全缘，有显著自基部
发出 7~13 条脉，常有紫色斑点；雄蕊 5 枚，花丝扁平，花
药椭圆形，退化雄蕊 5 枚，呈分枝状，子房上位，卵球形。
【果实】蒴果卵球形，呈 4 瓣开裂。

【花期】	8—9 月
【果期】	10 月
【生境】	低湿草甸、林下湿地及高山苔原带上
【分布】	黑龙江（北部、南部及东部）、吉林东部及南部、辽宁大部、内蒙古东北部

梅花草植株

梅花草花 (4瓣)

梅花草花 (子房红色)

梅花草花 (侧)

梅花草花 (纯白色)

梅花草花 (6瓣)

山酢浆草花

山酢浆草果实

酢浆草属 *Oxalis*

山酢浆草 *Oxalis griffithii*

【别名】大山酢浆草、截叶酢浆草、三角酢浆草。【外观】多年生草本；高 8~10 cm。【根茎】根纤细；根茎横生，节间具小鳞片和细弱的不定根；茎短缩不明显。【叶】叶基生；托叶阔卵形，与叶柄茎部合生；叶柄近基部具关节；小叶 3 枚，小叶宽倒三角形，长 3~4 cm，宽 3~6 cm，先端凹陷，两侧角钝圆，基部楔形。【花】总花梗基生，单花，与叶柄近等长或更长，花梗被柔毛；苞片 2 枚，对生，萼片 5 枚，卵状披针形，先端具短尖，宿存；花瓣 5 枚，白色或稀粉红色，倒心形，先端凹陷，基部狭楔形，具白色或带紫红色脉纹；雄蕊 10 枚，花丝纤细，基部合生，花柱 5 枚，细长，柱头头状。【果实】蒴果长圆柱形。

【花期】	4—5 月
【果期】	6—7 月
【生境】	腐殖质土较深处及杂木林下
【分布】	吉林南部及东部、辽宁东部

山酢浆草植株(果期)

山酢浆草植株（花期）

34 堇菜科 Violaceae

堇菜属 *Viola*

大黄花堇菜 *Viola muehldorfii*

　　【外观】多年生草本。【根茎】根状茎细长而横走；地上茎直立，不分枝，高 6~20 cm。【叶】基生叶 1~3 枚，叶片心形或肾形，先端具短尖，基部心形，具长叶柄；茎生叶通常 3 枚，稀 4 枚，下方的一枚叶片圆心形，长约 4 cm，宽约 4.5 cm，先端渐尖，基部宽心形，上方 2 枚叶片生于茎顶，近对生，托叶，2 枚，对生，卵形。【花】花金黄色，生于茎顶第二叶的叶腋内；花梗在上部弯曲处有 2 枚宽卵形的小苞片；萼片长卵形或披针形，全缘，具 3 脉，基部的附属物短；花瓣倒卵形，有紫色脉纹，下方花瓣近匙形，连距长 1.5~2 cm。【果实】蒴果椭圆形。

大黄花堇菜植株

大黄花堇菜花

【花期】	5—6 月
【果期】	6—7 月
【生境】	林下、溪边及林缘腐殖质较丰富的湿润土壤上
【分布】	黑龙江南部及东部、吉林南部及东部

斑叶堇菜 *Viola variegata*

　　【外观】多年生草本；高 3~12 cm。【根茎】无地上茎，根状茎通常较短而细。【叶】叶呈莲座状，叶片圆形或圆卵形，长 1.2~5 cm，宽 1~4.5 cm，先端圆形或钝，基部明显呈心形，边缘具平而圆的钝齿，上面暗绿色或绿色，沿叶脉有明显的白色斑纹，下面通常稍带紫红色；托叶淡绿色或苍白色，近膜质。【花】花红紫色或暗紫色，下部通常色较淡，长 1.2~2.2 cm；花梗长短不等，在中部有 2 枚线形的小苞片；萼片通常带紫色，长圆状披针形或卵状披针形；花瓣倒卵形，下方花瓣基部白色并有堇色条纹；距筒状。【果实】蒴果椭圆形，幼果球形通常被短粗毛。

斑叶堇菜花

斑叶堇菜植株

【花期】	5—6 月
【果期】	6—7 月
【生境】	草地、撂荒地、山坡石质地、路旁多石地、灌丛间及林下或阴坡岩石上
【分布】	黑龙江（北部、南部及东部）、吉林南部及东部、辽宁（东部、西部及北部）、内蒙古东北部

东方堇菜 *Viola orientalis*

【别名】黄花堇菜、朝鲜堇菜、小堇菜。【外观】多年生草本。
【根茎】根状茎粗壮，根多数；地上茎直立，高 6~10 cm。【叶】基
生叶叶片卵形、宽卵形或椭圆形，长 2~4 cm，宽 1.5~3 cm，先端尖，
基部心形，叶柄长；茎生叶 3~4 枚，上方 2 枚具短柄，成对生状，下
方 1 枚叶柄较长，托叶小，仅基部与叶柄合生。【花】花黄色，直径
约 2 mm，通常 1~3 朵，生于茎生叶叶腋；小苞片 2 枚，小形，对生；
萼片披针形或长圆状披针形，先端尖；花瓣倒卵形，上方花瓣与侧方
花瓣向外翻转，上方花瓣里面有暗紫色纹，下方花瓣较短，具囊状短距。
【果实】蒴果椭圆形或长圆形。

【花期】	4—5 月
【果期】	5—6 月
【生境】	山地疏林下、林缘、灌丛及山坡草地
【分布】	黑龙江南部、吉林南部及东部、辽宁东部及南部

东方堇菜果实

东方堇菜花

东方堇菜花（侧）

东方堇菜植株（侧）

东方堇菜群落

东方堇菜植株

紫花地丁花(背)

紫花地丁花

紫花地丁 *Viola philippica*

【别名】地丁、箭头草、辽堇菜、光瓣堇菜。【外观】多年生草本；高 4~14 cm，果期高可达 20 cm。【根茎】无地上茎，根状茎短，淡褐色。【叶】叶多数，基生，莲座状；叶片下部者通常较小，呈三角状卵形或狭卵形，上部者较长，呈长圆形、狭卵状披针形或长圆状卵形，长 1.5~4 cm，宽 0.5~1 cm，先端圆钝，基部截形或楔形；叶柄在果期长可达 10 cm，上部具极狭的翅，托叶膜质。【花】花中等大，紫堇色或淡紫色，喉部色较淡并带有紫色条纹，萼片卵状披针形或披针形；花瓣倒卵形或长圆状倒卵形，侧方花瓣长 1~1.2 cm，下方花瓣连距长 1.3~2 cm，里面有紫色脉纹；距细管状，末端圆。【果实】蒴果长圆形，无毛。

【花期】	5—6 月
【果期】	8—9 月
【生境】	山坡草地、灌丛、林缘、路旁及砂质地
【分布】	黑龙江东部、吉林（南部、东部及西部）、辽宁大部、内蒙古东部

紫花地丁植株

东北堇菜 *Viola mandshurica*

【别名】紫花地丁。【外观】多年生草本；高 6~18 cm。【根茎】无地上茎，根状茎缩短，节密生，呈暗褐色。【叶】叶 3 枚或 5 枚以至多数，皆基生；叶片长圆形、舌形、卵状披针形，下部者通常较小呈狭卵形，花期后叶片渐增大，呈长三角形、椭圆状披针形，稍呈戟形，最宽处位于叶的最下部；叶柄较长，上部具狭翅。【花】花紫堇色或淡紫色，较大，直径约 2 cm；花梗细长，通常在中部以下或近中部处具 2 枚线形苞片，萼片卵状披针形或披针形；上方花瓣倒卵形，侧方花瓣长圆状倒卵形，下方花瓣连距长 15~23 mm；距圆筒形。【果实】蒴果长圆形，先端尖。

【花期】	5—6 月
【果期】	8—9 月
【生境】	向阳山坡草地、林缘、灌丛、路旁、荒地及疏林地
【分布】	东北地区广泛分布

东北堇菜花

东北堇菜花(侧)

东北堇菜果实

东北堇菜植株

早开堇菜植株

早开堇菜花（白色）

早开堇菜 *Viola prionantha*

　　【别名】尖瓣堇菜、早花地丁。【外观】多年生草本；花期高 3~10 cm，果期高可达 20 cm。【根茎】无地上茎。【叶】叶多数，均基生；叶片在花期呈长圆状卵形、卵状披针形或狭卵形，先端稍尖或钝，基部微心形、截形或宽楔形，稍下延；果期叶片显著增大，叶柄花期长 1~5 cm，果期长达 13 cm；托叶苍白色或淡绿色。【花】花大，紫堇色或淡紫色，喉部色淡并有紫色条纹，直径 1.2~1.6 cm；花梗较粗壮，在近中部处有 2 枚线形小苞片，萼片披针形或卵状披针形；上方花瓣倒卵形，侧方花瓣长圆状倒卵形，下方花瓣连距长 14~21 mm。【果实】蒴果长椭圆形。

【花期】	4—5 月
【果期】	6—7 月
【生境】	山坡草地、荒地、路旁、沟边及宅旁等向阳处
【分布】	黑龙江（南部、东部及北部）、吉林（南部、东部及西部）、辽宁大部、内蒙古东部

早开堇菜居群

裂叶堇菜 *Viola dissecta*

【别名】深裂叶堇菜。【外观】多年生草本；植株高度变化大。【根茎】无地上茎，根状茎垂直，缩短。【叶】基生叶片轮廓呈圆形、肾形或宽卵形，长 1.2~9 cm，宽 1.5~10 cm，两侧裂片具短柄，常 2 深裂，中裂片 3 深裂，裂片线形、长圆形或狭卵状披针形；托叶近膜质，苍白色至淡绿色。【花】花较大，淡紫色至紫堇色；花梗通常与叶等长或稍超出于叶，果期通常比叶短；萼片卵形，长圆状卵形或披针形；上方花瓣长倒卵形，侧方花瓣长圆状倒卵形，下方花瓣连距长 1.4~2.2 cm；距明显，圆筒形。【果实】蒴果长圆形或椭圆形，先端尖，果皮坚硬。

【花期】	5—6 月
【果期】	8—9 月
【生境】	草地、林缘草甸及山坡
【分布】	黑龙江（北部、西部及东部）、吉林（东部、南部及西部）、辽宁（东部、南部及西部）、内蒙古东北部

裂叶堇菜果实

裂叶堇菜花（侧）

裂叶堇菜花

裂叶堇菜植株

裂叶堇菜植株

掌叶堇菜花

掌叶堇菜 *Viola dactyloides*

【外观】多年生草本，无地上茎，高 7~20 cm。【根茎】根状茎短，稍斜生。【叶】叶基生，具长柄；叶片掌状 5 全裂，裂片长圆形、先端稍尖，基部渐狭并具短柄，边缘具稀疏钝锯齿；托叶干膜质，卵状披针形。【花】花大，淡紫色，具长梗；花梗深绿色，中部以下有 2 枚小苞片；小苞片小，线形；萼片长圆形或披针形；上方花瓣宽倒卵形，侧方花瓣长圆状倒卵形，下方花瓣倒卵形；雄蕊的距细长；子房卵球形，花柱基部细并向前方膝曲。【果实】蒴果椭圆形，未成熟前带紫色。

【花期】	5—6 月
【果期】	7—8 月
【生境】	向阳山坡、草甸、林缘及阳坡灌丛中
【分布】	黑龙江东北部、吉林东南部、内蒙古东北部

掌叶堇菜植株

掌叶堇菜花（侧）

掌叶堇菜花（背）

35 金丝桃科 Hypericaceae

金丝桃属 *Hypericum*

黄海棠 *Hypericum ascyron*

　　【别名】长柱金丝桃、红旱莲、黄花刘寄奴、小连翘。【外观】多年生草本；高 0.5~1.3 m。【根茎】茎直立或在基部上升。【叶】叶无柄，叶片披针形、长圆状披针形，长 2~10 cm，先端渐尖、锐尖或钝形，基部楔形或心形而抱茎，全缘，坚纸质。【花】花序具 1~5 花，顶生，近伞房状至狭圆锥状。花直径 2.5~8 cm，平展或外反；花蕾卵珠形，先端圆形或钝形。萼片卵形或披针形至椭圆形或长圆形；花瓣金黄色，倒披针形，十分弯曲；雄蕊极多数，5 束，每束有雄蕊约 30 枚，花药金黄色，子房宽卵珠形至狭卵珠状三角形，花柱 5 枚，长为子房的 50%~200%。【果实】蒴果为或宽或狭的卵珠形或卵珠状三角形，棕褐色。

黄海棠花序

黄海棠花

【花期】	7—8 月
【果期】	8—9 月
【生境】	山坡、林缘、草丛、向阳山坡溪流及河岸湿草地
【分布】	黑龙江大部、吉林（南部、东部及西部）、辽宁（东部、南部及西部）、内蒙古东部

黄海棠植株

黄海棠群落

赶山鞭植株（侧）

赶山鞭植株

赶山鞭 *Hypericum attenuatum*

　　【别名】乌腺金丝桃。【外观】多年生草本；高 15~74 cm。【根茎】茎数个丛生，直立，圆柱形，常有 2 条纵线棱，且全面散生黑色腺点。【叶】叶无柄；叶片卵状长圆形或卵状披针形至长圆状倒卵形，长 0.8~3.8 cm，宽 0.3~1.2 cm，先端圆钝或渐尖，基部渐狭，略抱茎，全缘。【花】花序顶生，为近伞房状或圆锥花序；苞片长圆形；花直径 1.3~1.5 cm，平展；萼片卵状披针形，表面及边缘散生黑腺点。花瓣淡黄色，长圆状倒卵形，表面及边缘有稀疏的黑腺点，宿存；雄蕊 3 束，每束有雄蕊约 30 枚，花药具黑腺点，子房卵珠形，花柱 3 枚。【果实】蒴果卵珠形或长圆状卵珠形。

【花期】	7—8 月
【果期】	8—9 月
【生境】	石质山坡、灌丛、林缘及半湿草地
【分布】	黑龙江（南部、东部及北部）、吉林（南部、东部及中部）、辽宁大部、内蒙古东北部

红花金丝桃植株

三腺金丝桃属 *Triadenum*

红花金丝桃 *Triadenum japonicum*

　　【别名】地耳草。【外观】多年生草本，高 15~90 cm。【根茎】茎直立，圆柱形，通常红色。【叶】叶无柄，叶片长圆状披针形、卵状长圆形至长圆形，长 1~8 cm，宽 0.5~3 cm，先端钝圆或微缺，基部略呈心形，稍抱茎，边缘全缘而内卷。【花】聚伞花序小，具 1~3 花，具梗，苞片小，线状披针形，花开放时直径约 1 cm；萼片卵状披针形，先端钝形，直立；花瓣粉红色，狭倒卵形，先端圆形，基部渐狭；雄蕊 3 束，花丝连合至 1/2，花药顶端有 1 个囊状透明腺体。【果实】蒴果长圆锥形，先端急尖，3 片裂。

【花期】	7—8 月
【果期】	8—9 月
【生境】	草甸湿地及沼泽地中
【分布】	黑龙江南部及东部、吉林东部及南部、内蒙古东北部

红花金丝桃花

牻牛儿苗属 *Erodium*

芹叶牻牛儿苗 *Erodium cicutarium*

【外观】一年生或二年生草本；高 10~20 cm。【根茎】根为直根系，主根深长，侧根少；茎多数，直立、斜升或蔓生。【叶】叶对生或互生；托叶三角状披针形或卵形，干膜质；基生叶具长柄，茎生叶矩圆形或披针形，长 5~12 cm，宽 2~5 cm，二回羽状深裂，裂片 7~11 对，具短柄或几无柄，小裂片短小，全缘或具 1~2 齿，两面被灰白色伏毛。【花】伞形花序腋生，明显长于叶，每梗通常具 2~10 花，花期直立，果期下折；苞片多数，合生至中部；萼片卵形，被腺毛或具粘胶质糙长毛；花瓣紫红色，倒卵形，先端钝圆或凹，基部楔形，被糙毛。【果实】蒴果长 2~4 cm，被短伏毛。

芹叶牻牛儿苗植株

芹叶牻牛儿苗花

【花期】	6—7 月
【果期】	7—9 月
【生境】	山地砂砾质山坡、砂质平原草地及干河谷
【分布】	黑龙江北部、内蒙古东部

芹叶牻牛儿苗果实

芹叶牻牛儿苗花（背）

毛蕊老鹳草植株

老鹳草属 *Geranium*

毛蕊老鹳草 *Geranium platyanthum*

【外观】多年生草本；高 30~80 cm。【根茎】根茎短粗，直生或斜生；茎直立，单一。【叶】叶基生和茎上互生，托叶三角状披针形，基生叶和茎下部叶具长柄；叶片五角状肾圆形，长 5~8 cm，宽 8~15 cm，掌状 5 裂达叶片中部或稍过之，裂片菱状卵形或楔状倒卵形。【花】花序通常为伞形聚伞花序，长于叶，总花梗具 2~4 花；苞片钻状，萼片长卵形或椭圆状卵形；花瓣淡紫红色，宽倒卵形或近圆形，经常向上反折，长 10~14 mm，宽 8~10 mm，具深紫色脉纹，先端呈浅波状；雄蕊长，花丝淡紫色，花药紫红色；雌蕊稍短于雄蕊，花柱上部紫红色，花柱分枝。【果实】蒴果长约 3 cm，被开展的短糙毛和腺毛。

【花期】	6—7 月
【果期】	8—9 月
【生境】	林间草甸、林缘及灌丛
【分布】	黑龙江南部及东部、吉林南部及东部、辽宁东部、内蒙古东北部

毛蕊老鹳草花（浅蓝色）

毛蕊老鹳草花（纯紫色）

毛蕊老鹳草果实

毛蕊老鹳草花（亮紫色和蓝紫色）

线裂老鹳草 *Geranium soboliferum*

【外观】多年生草本；高 30~60 cm。【根茎】根茎短粗，木质化，斜生或横生，具簇生细纺锤形块根；茎多数，直立，具棱角，假二叉状分枝。【叶】叶基生和茎上对生，托叶长卵形，基生叶具长柄，上部叶近无柄；叶片圆肾形，长 5~6 cm，宽 7~8 cm，掌状 5~7 深裂几达基部，裂片狭菱形，小裂片狭披针状条形，急尖。【花】花序腋生和顶生，长于叶，总花梗具 2 花；苞片披针状钻形；萼片长卵形，先端细尖头；花瓣紫红色，宽倒卵形，长为萼片的 2 倍，先端圆形；花丝棕色，基部扩展，边缘被缘毛，花药棕色；雌蕊被微柔毛，花柱分枝棕色。【果实】蒴果长约 2.5 cm，被短柔毛。

线裂老鹳草植株

线裂老鹳草花

【花期】	7—8 月
【果期】	8—9 月
【生境】	生于沼泽地塔头、森林地区河谷沼泽化草地上
【分布】	黑龙江（南部、东部及北部）、吉林南部及东部、内蒙古东北部

东北老鹳草 *Geranium erianthum*

【别名】大花老鹳草、北方老鹳草。【外观】多年生草本；高 30~60 cm。【根茎】根茎短粗，直生或斜生。【叶】叶基生和茎上互生，有时上部对生，托叶三角状披针形；基生叶具长柄，茎生叶柄向上渐短；叶片五角状肾圆形，基部心形，长 5~8 cm，宽 8~14 cm，掌状 5~7 深裂至叶片的 2/3 处，裂片菱形或倒卵状楔形。【花】聚伞花序顶生，长于叶，每梗具 2~5 花；苞片钻状，花梗与总花梗相似，果期劲直；萼片卵状椭圆形或长卵形，先端具短尖头；花瓣紫红色，先端圆形、微凹，基部宽楔形，边缘具长糙毛；雄蕊稍长于萼片，花丝棕色；雌蕊被短糙毛，花柱分枝棕色。【果实】蒴果长约 2.5 mm。

【花期】	7—8 月
【果期】	8—9 月
【生境】	林缘草甸、灌丛及林下
【分布】	黑龙江南部、吉林南部及东部、辽宁东部

东北老鹳草花（蓝色）

东北老鹳草植株

东北老鹳草花（粉紫色）

草地老鹳草 *Geranium pratense*

【别名】草原老鹳草、草甸老观草、草甸老鹳草。【外观】多年生草本；高 30~50 cm。【根茎】根茎粗壮，斜生，具多数纺锤形块根；茎直立，假二叉状分枝，被倒向弯曲的柔毛和开展的腺毛。【叶】叶基生和茎上对生；托叶披针形或宽披针形；叶片肾圆形，基部宽心形，长 3~4 cm，宽 5~9 cm，掌状 7~9 深裂近茎部，小裂片条状卵形，常具 1~2 齿。【花】聚伞花序长于叶，具 2 花；苞片狭披针形，花梗与总花梗相似，萼片卵状椭圆形或椭圆形，先端具尖头；花瓣紫红色，宽倒卵形，长为萼片的 1.5 倍，先端钝圆，茎部楔形；花丝上部紫红色，下部具缘毛，花药紫红色；雌蕊被短柔毛，花柱分枝紫红色。【果实】蒴果被短柔毛和腺毛。

【花期】	6—7 月
【果期】	7—9 月
【生境】	草甸草原、湿草甸子、河边湿地、林缘及山坡草甸
【分布】	内蒙古东北部

草地老鹳草群落

草地老鹳草果实　　草地老鹳草花　　草地老鹳草植株

千屈菜属 *Lythrum*

千屈菜 *Lythrum salicaria*

【别名】水柳、对叶莲。【外观】多年生草本。
【根茎】根茎横卧于地下，粗壮；茎直立，多分枝，高
30~100 cm。【叶】叶对生或三叶轮生，披针形或阔披
针形，长 4~10 cm，宽 8~15 mm，顶端钝形或短尖，
基部圆形或心形，有时略抱茎，全缘，无柄。【花】花
组成小聚伞花序，簇生，因花梗及总梗极短，因此花枝
全形似一大型穗状花序；苞片阔披针形至三角状卵形，
萼筒有纵棱 12 条，稍被粗毛，裂片 6 枚，三角形；花
瓣 6 枚，红紫色或淡紫色，倒披针状长椭圆形，基部楔
形，长 7~8 mm，着生于萼筒上部，有短爪，稍皱缩。
【果实】蒴果扁圆形。

【花期】	7—8 月
【果期】	8—9 月
【生境】	湿草甸、沼泽地及水边湿地
【分布】	东北地区广泛分布
【附注】	本区尚有 1 变种：无毛千屈菜，植株无毛，仅叶状苞片边缘具纤毛，有时茎生叶边缘也具纤毛，萼完全无毛或有时粗糙，其他与原种同

千屈菜群落

千屈菜花

千屈菜果实

千屈菜花序

千屈菜花（侧）

千屈菜植株

无毛千屈菜 var. *glabrum*

无毛千屈菜植株

月见草果实

月见草花

月见草属 *Oenothera*

月见草 *Oenothera biennis*

　　【别名】山芝麻。【外观】直立二年生草本。【根茎】茎高 50~200 cm，不分枝或分枝。【叶】基生莲座叶丛紧贴地面；基生叶倒披针形，先端锐尖，基部楔形，边缘疏生不整齐的浅钝齿。茎生叶椭圆形至倒披针形，先端锐尖至短渐尖，基部楔形，边缘每边有 5~19 枚稀疏钝齿，侧脉每侧 6~12 条。【花】花序穗状，不分枝，或在主序下面具次级侧生花序；苞片叶状，花蕾锥状长圆形；花管长 2.5~3.5 cm；萼片绿色，有时带红色，长圆状披针形；花瓣黄色，稀淡黄色，宽倒卵形，长 2.5~3 cm，宽 2~2.8 cm；花丝近等长，子房绿色，圆柱状，花柱伸出花管。【果实】蒴果锥状圆柱形，向上变狭。

【花期】	6—8 月
【果期】	8—10 月
【生境】	向阳山坡、砂质地、荒地及河岸砂砾地
【分布】	原产北美，我国东北地区广泛分布

月见草群落

月见草植株

柳叶菜属 *Epilobium*

柳兰 *Epilobium angustifolium*

【外观】多年生粗壮草本。【根茎】茎直立，丛生，高 60~150 cm，不分枝或上部分枝。【叶】叶螺旋状互生，稀近基部对生，茎下部的叶近膜质，披针状长圆形至倒卵形，中上部的叶近革质，线状披针形或狭披针形，长 3~19 cm，先端渐狭，基部钝圆或有时宽楔形。【花】花序总状，直立；苞片下部的叶状，萼片紫红色，长圆状披针形；花两性，直径 1.5~2 cm，裂片 4 枚，粉红至紫红色，上面二枚较长大，倒卵形或狭倒卵形；花药长圆形，初期红色，开裂时变紫红色，花柱开放时强烈反折，柱头白色，深 4 裂。【果实】蒴果长 4~8 cm，密被贴生的白灰色柔毛。

【花期】	7—8 月
【果期】	9—10 月
【生境】	山谷的沼泽地、河岸、林区火烧迹地、开阔地、林缘及山坡
【分布】	黑龙江（北部、南部及东部）、吉林南部及东部、辽宁东部及西部、内蒙古东部

柳兰群落

柳兰花

柳兰植株

柳兰花序

柳兰果实

柳叶菜 *Epilobium hirsutum*

【别名】水朝阳花。【外观】多年生草本。【根茎】茎高60~200 cm，中上部多分枝，周围密被伸展长柔毛，常混生较短而直的腺毛。【叶】叶草质，对生，茎上部的互生，无柄，并多少抱茎；茎生叶披针状椭圆形至狭倒卵形或椭圆形，长4~20 cm，宽 0.3~5 cm，先端锐尖至渐尖，基部近楔形，边缘每侧具 20~50 枚细锯齿。【花】总状花序直立，苞片叶状，花直立；花梗长 0.3~1.5 cm；花管长 1.3~2 mm，在喉部有一圈长白毛，萼片长圆状线形；花瓣常玫瑰红色，或粉红、紫红色，宽倒心形，长 9~20 mm，宽 7~15 mm；花药乳黄色，长圆形，花柱直立，柱头白色。【果实】蒴果长 2.5~9 cm；果梗长 0.5~2 cm。

【花期】	7—8 月
【果期】	8—9 月
【生境】	沟边、河岸及山谷的沼泽地
【分布】	黑龙江南部及东部、吉林南部及东部、辽宁东部及西北部

柳叶菜植株

柳叶菜花

柳叶菜花（背）

柳叶菜花（侧）

柳叶菜果实

省沽油属 *Staphylea*

省沽油 *Staphylea bumalda*

【别名】水条。【外观】落叶灌木；高约 2 m。【根茎】树皮紫红色或灰褐色，有纵棱；枝条开展。【叶】绿白色复叶对生，有长柄，具 3 小叶；小叶椭圆形、卵圆形或卵状披针形，长 3.5~8 cm，宽 2~5 cm，先端锐尖，具尖尾，基部楔形或圆形，边缘有细锯齿，齿尖具尖头，上面无毛，背面青白色，主脉及侧脉有短毛。【花】圆锥花序顶生，直立，苞叶线状披针形，花白色；花萼 5 枚，萼片长椭圆形，浅黄白色，花瓣 5 枚，白色，倒卵状长圆形，较萼片稍大，长 5~7 mm；雄蕊 5 枚，与花瓣略等长，心皮 2 枚，子房被粗毛，花柱 2 枚。【果实】蒴果膀胱状，扁平，2 室，先端 2 裂；果皮膜质，有横纹。

【花期】	5—6 月
【果期】	8—9 月
【生境】	向阳的山坡及山沟杂木林中
【分布】	吉林东南部、辽宁东部

省沽油果实

省沽油花

省沽油花序

省沽油枝条

省沽油植株

白鲜花序(紫色)

白鲜属 *Dictamnus*

白鲜 *Dictamnus dasycarpus*

　　【别名】白藓、白鲜皮。【外观】多年生草本；茎高40~100 cm。【根茎】根斜生，肉质粗长；茎直立，幼嫩部分密被长毛及水泡状凸起的油点。【叶】叶有小叶 9~13 枚，小叶对生，无柄，位于顶端的一片则具长柄，椭圆至长圆形，长 3~12 cm，宽 1~5 cm，生于叶轴上部的较大，叶缘有细锯齿，叶轴有甚狭窄的翼。【花】总状花序长可达 30 cm，苞片狭披针形，萼片长6~8 mm，宽 2~3 mm；花瓣白带淡紫红色或粉红带深紫红色脉纹，倒披针形，长 2~2.5 cm，宽 5~8 mm；雄蕊伸出于花瓣外；萼片及花瓣均密生透明油点。【果实】成熟的蓇葖果沿腹缝线开裂为5 个分果瓣，每分果瓣又深裂为 2 小瓣，瓣的顶角短尖。

【花 期】	6 月
【果 期】	8—9 月
【生 境】	草原、山坡、林下、林缘或草甸
【分 布】	东北地区广泛分布

白鲜群落

白鲜植株

拟芸香属 *Haplophyllum*

北芸香 *Haplophyllum dauricum*

【别名】假芸香、单叶芸香、草芸香。【外观】多年生宿根草本。【根茎】茎的地下部分颇粗壮，木质；地上部分的茎枝甚多。【叶】叶狭披针形至线形，长 5~20 mm，宽 1~5 mm，两端尖，位于枝下部的叶片较小，通常倒披针形或倒卵形，灰绿色，厚纸质，油点甚多，中脉不明显，几无叶柄。【花】伞房状聚伞花序，顶生，通常多花；苞片细小，线形；萼片 5 枚，基部合生；花瓣 5 枚，黄色，边缘薄膜质，淡黄或白色，长圆形，长 6~8 mm，散生半透明颇大的油点；雄蕊 10 枚，药隔顶端有大油点 1 颗；子房球形而略伸长，柱头略增大。【果实】成熟果自顶部开裂，在果柄处分离而脱落，每分果瓣有 2 种子。

【花期】	6—7 月
【果期】	8—9 月
【生境】	干燥草原、草甸、山坡及岩石旁
【分布】	黑龙江西部、吉林西部、内蒙古东部

北芸香植株

北芸香花（侧）

北芸香花序

北芸香花

北芸香果实

北芸香群落

狼毒花序

狼毒花

狼毒属 *Stellera*

狼毒 *Stellera chamaejasme*

【别名】瑞香狼毒、棉大戟。【外观】多年生草本；高 20~50 cm。【根茎】根茎木质，粗壮；茎直立，丛生，不分枝。【叶】叶散生，薄纸质，披针形或长圆状披针形，长 12~28 mm，宽 3~10 mm，先端渐尖或急尖，基部圆形至钝形或楔形，边缘全缘，中脉在上面扁平，侧脉 4~6 对；叶柄短，基部具关节。【花】花白色、黄色至带紫色，芳香，多花的头状花序，顶生，圆球形；具绿色叶状总苞片；无花梗；花萼筒细瘦，具明显纵脉，裂片 5 枚，卵状长圆形，长 2~4 mm，宽约 2 mm，顶端圆形，常具紫红色的网状脉纹；雄蕊 10 枚，2 轮，花丝极短，花药黄色；花柱短，柱头头状。【果实】果实圆锥形，为宿存的花萼筒所包围。

【花期】	6—7 月
【果期】	8—9 月
【生境】	干燥而向阳的高山草坡、退化草原、草坪及河滩台地
【分布】	黑龙江西北部、吉林西部、辽宁北部、内蒙古东部

狼毒植株

狼毒花序（黄色）

狼毒群落

狼毒植株（侧）

北方庭荠植株

北方庭荠花序

庭荠属 *Alyssum*

北方庭荠 *Alyssum lenense*

【别名】条叶庭荠、线叶庭荠。【外观】多年生草本，高5~20 cm，密被星状毛，呈灰绿色。【根茎】分枝多，先铺散，后上升。【叶】能育枝与不育枝上的叶相似；叶无柄，叶片长圆状条形或长圆状披针形，长 1~2 cm，宽 1~2.5 mm，顶端急尖，基部渐窄。【花】花序伞房状，果期极伸长，花梗长 2~4 mm；萼片长圆状椭圆形，长 2.4~4 mm，有白色边缘；花瓣黄色，宽倒卵状楔形，长 5~6 mm，宽 2~3 mm，顶端钝或截形，爪部楔形。【果实】短角果椭圆形，花柱宿存；果梗斜向上或水平展开。

【花期】	5—6 月
【果期】	7—8 月
【生境】	沙地、石质坡地及干燥山坡
【分布】	黑龙江西部、内蒙古东北部

北方庭荠群落

碎米荠属 *Cardamine*

浮水碎米荠 *Cardamine prorepens*

浮水碎米荠花

【外观】多年生草本；植株高 20~55 cm。【根茎】根状茎匍匐状延伸，着生有多数须根；茎较粗壮，单一，上部直立，表面有浅沟棱。【叶】基生叶有叶柄，长 3~9.5 cm，有小叶 3~4 对，茎上部小叶较短，有小叶 2~4 对，叶形多变化，顶生小叶椭圆形或略呈菱形，顶端钝，基部楔形；侧生小叶成对着生，歪卵形。【花】花序总状或复总状，顶生及腋生，花多数，萼片长卵形，边缘膜质；花瓣白色，倒卵形，长 7~8 mm，顶端圆或近于截平，基部楔形；雄蕊长短不等，花柱很短，柱头比花柱稍宽。【果实】长角果线形，果瓣扁平；果梗直立开展。

浮水碎米荠花 (背)

【花期】	6—7 月
【果期】	7—8 月
【生境】	林内河水中、河边、溪边、山沟边及山顶草原湿地
【分布】	黑龙江北部和南部、吉林东南部、内蒙古东北部

浮水碎米荠群落

白花碎米荠 *Cardamine leucantha*

【别名】山芥菜、菜子七。【外观】多年生草本；高 30~75 cm。【根茎】根状茎短而匍匐；茎单一，不分枝，有时上部有少数分枝，表面有沟棱。【叶】基生叶有长叶柄，小叶 2~3 对，顶生小叶卵形至长卵状披针形，长 3.5~5 cm，宽 1~2 cm，顶端渐尖，边缘有不整齐的钝齿或锯齿，基部楔形或阔楔形，侧生小叶和顶生相似，但基部不等；茎中部叶有较长的叶柄，茎上部叶有小叶 1~2 对，较小。【花】总状花序顶生，花梗细弱，萼片长椭圆形，边缘膜质，外面有毛；花瓣白色，长圆状楔形，长 5~8 mm；花丝稍扩大，雌蕊细长，柱头扁球形。【果实】长角果线形，花柱长，果梗直立开展。

【花期】	5—6 月
【果期】	6—7 月
【生境】	路边、山坡湿草地、杂木林下及山谷沟边阴湿处
【分布】	黑龙江南部及东部、吉林南部及东部、辽宁（东部、南部及北部）、内蒙古东北部

白花碎米荠花序

白花碎米荠果实

白花碎米荠植株

白花碎米荠居群

香芥属 *Clausia*

毛萼香芥 *Clausia trichosepala*

【别名】香花芥、香花草。【外观】二年生草本；高 10~60 cm。【根茎】茎直立，不分枝或上部分枝，具疏生单硬毛。【叶】基生叶在花期枯萎，茎生叶长圆状椭圆形或窄卵形，长 2~4 cm，宽 3~18 mm，顶端急尖，基部楔形，边缘有不等尖锯齿，两面及叶柄有极少毛；叶柄长 5~10 mm。【花】总状花序顶生，花直径约 1 cm；萼片直立，外轮 2 片条形，内轮 2 片窄椭圆形，二者顶端皆有少数白色长硬毛；花瓣倒卵形，基部具线形长爪；花柱极短，柱头显著 2 裂。【果实】长角果窄线形，无毛；果瓣具 1 显著中脉；果梗水平开展，增粗。

【花期】	6—7 月
【果期】	7—8 月
【生境】	高山草甸、山坡、林缘及灌丛
【分布】	吉林东部、内蒙古东部

毛萼香芥植株

毛萼香芥花（亮粉色）

毛萼香芥花序

毛萼香芥花序（背）

毛萼香芥群落

花旗杆属 *Dontostemon*

花旗杆 *Dontostemon dentatus*

【别名】齿叶花旗杆。【外观】二年生草本；高
15~50 cm，植株散生白色弯曲柔毛。【根茎】茎单一或分枝，
基部常带紫色。【叶】叶椭圆状披针形，长 3~6 cm，宽
3~12 mm，两面稍具毛。【花】总状花序生枝顶，结果时
长 10~20 cm；萼片椭圆形，长 3~4.5 mm，宽 1~1.5 mm，
具白色膜质边缘背面稍被毛；花瓣淡紫色，倒卵形，长
6~10 mm，宽约 3 mm，顶端钝，基部具爪。【果实】长角
果长圆柱形，光滑无毛，长 2.5~6 cm，宿存花柱短，顶端微凹。

【花期】	5—6 月
【果期】	7—8 月
【生境】	石砬质山地、岩石缝隙间及林缘草地
【分布】	黑龙江北部及南部、吉林南部及东部、辽宁大部、内蒙古东部

花旗杆花序（白色）

花旗杆果实

花旗杆花序

花旗杆花（侧）

花旗杆植株

诸葛菜属 *Orychophragmus*

诸葛菜 *Orychophragmus violaceus*

【别名】二月兰。【外观】一年或二年生草本；高 10~50 cm，无毛。【根茎】茎单一，直立，基部或上部稍有分枝，浅绿色或带紫色。【叶】基生叶及下部茎生叶大头羽状全裂，顶裂片近圆形或短卵形，长 3~7 cm，宽 2~3.5 cm，顶端钝，基部心形，侧裂片 2~6 对，卵形或三角状卵形，越向下越小，偶在叶轴上杂有极小裂片，叶柄疏生细柔毛；上部叶长圆形或窄卵形，顶端急尖，基部耳状，抱茎，边缘有不整齐牙齿。【花】花紫色、浅红色或褪成白色，直径 2~4 cm；花萼筒状，紫色；花瓣宽倒卵形，密生细脉纹，具爪。【果实】长角果线形，具 4 棱，裂瓣有 1 凸出中脊，喙长，有果梗。

【花期】	4—5 月
【果期】	5—6 月
【生境】	山坡杂木林缘及路旁
【分布】	辽宁南部及西部

诸葛菜花序

诸葛菜植株（花粉色）

诸葛菜植株（花紫色）

诸葛菜花（淡粉色）

诸葛菜花

糖芥属 *Erysimum*

糖芥 *Erysimum amurense*

【别名】大花糖芥。【外观】一年或二年生草本；高30~60 cm，密生伏贴2叉毛。【根茎】茎直立，不分枝或上部分枝，具棱角。【叶】叶披针形或长圆状线形，基生叶长5~15 cm，宽5~20 mm，顶端急尖，基部渐狭，全缘，两面有2叉毛；叶柄长1.5~2 cm；上部叶有短柄或无柄，基部近抱茎，边缘有波状齿或近全缘。【花】总状花序顶生，有多数花；萼片长圆形，密生2叉毛，边缘白色膜质；花瓣橘黄色，倒披针形，长10~14 mm，有细脉纹，顶端圆形，基部具长爪；雄蕊6枚，近等长。【果实】长角果线形，稍呈四棱形，柱头2裂，果梗斜上开展。

【花期】	6—7 月
【果期】	8—9 月
【生境】	田边、荒地、灌丛、干燥石质山坡、岩石缝隙中及海岛
【分布】	黑龙江北部及南部、吉林东南部、辽宁南部及西部、内蒙古东部

糖芥花序

糖芥花序（橙色）

糖芥群落

糖芥花序（背）

糖芥植株

蒙古糖芥植株

蒙古糖芥 *Erysimum flavum*

【别名】阿勒泰糖芥。【外观】多年生草本；高 15~30 cm，全株密生伏贴 2 叉 "丁" 字毛。【根茎】茎数个，直立，从基部分枝，稍有棱角。【叶】基生叶莲座状，叶片线状长圆形、倒披针形或宽线形，长 3~5 cm，宽 1.5~2 mm，顶端急尖，基部渐狭，全缘；叶柄长 5~20 mm；茎生叶线形，叶片较短，无柄。【花】总状花序果期延长达 20 cm；萼片长圆形，顶端圆形，边缘白色膜质；花瓣黄色，宽倒卵形或近圆形，长 10~12 mm，爪长 6~7 mm。【果实】长角果线状长圆形，侧扁，柱头 2 裂；果梗较粗。

【花期】	5—6 月
【果期】	7—8 月
【生境】	草原、山坡、林缘及路旁
【分布】	黑龙江北部、内蒙古东北部
【附注】	本区尚有 1 变种：兴安糖芥，花较大，花瓣长 20~26 mm，叶全缘或有时有小牙齿，其他与原种同

蒙古糖芥群落

蒙古糖芥花序

兴安糖芥 var. *shinganicum*

兴安糖芥花序（背）

兴安糖芥植株

兴安糖芥花序

黄花补血草植株

黄花补血草花序

补血草属 *Limonium*

黄花补血草 *Limonium aureum*

【别名】黄花矶松、金色补血草、金匙叶草。【外观】多年生草本；高 4~35 cm。【根茎】茎基往往被有残存的叶柄和红褐色芽鳞。【叶】叶基生，常早凋，通常长圆状匙形至倒披针形，长 1.5~5 cm，宽 2~15 mm，先端圆或钝。有时急尖，下部渐狭成平扁的柄。【花】花序圆锥状，花序轴 2 至多数，绿色，密被疣状突起，由下部作数回叉状分枝，往往呈"之"字形曲折，下部的多数分枝成为不育枝；穗状花序位于上部分枝顶端，由 3~7 个小穗组成；小穗含 2~3 花；外苞宽卵形，萼漏斗状，萼筒基部偏斜，全部沿脉和脉间密被长毛，萼檐金黄色，裂片正三角形，脉伸出裂片先端成一芒尖或短尖，沿脉常疏被微柔毛；花冠橙黄色。

【花期】	6—8 月
【果期】	7—8 月
【生境】	荒漠草原带和草原带盐化的低地
【分布】	黑龙江西部、吉林西部、内蒙古东部

二色补血草花序

二色补血草花

二色补血草 *Limonium bicolor*

【别名】矶松、二色匙叶草、补血草。【外观】多年生草本。【根茎】高 20~50 cm。【叶】叶基生，匙形至长圆状匙形，长 3~15 cm，宽 0.5~3 cm，先端通常圆或钝，基部渐狭成平扁的柄。【花】花序圆锥状；花序轴单生，或 2~5 枚各由不同的叶丛中生出，通常有 3~4 棱角；穗状花序有柄至无柄，排列在花序分枝的上部至顶端，由 3~9 个小穗组成；小穗含 2~5 花；外苞长圆状宽卵形，内苞长 6~6.5 mm；萼漏斗状，萼筒径约 1 mm，萼檐初时淡紫红或粉红色，后来变白，裂片宽短而先端通常圆，脉不达裂片顶缘，沿脉被微柔毛或变无毛；花冠黄色。

【花期】	5—7 月
【果期】	6—8 月
【生境】	含盐的钙质土上或沙地、湖畔、山坡、草甸及沙丘
【分布】	黑龙江西部、吉林西部、辽宁西北部、内蒙古东北部

二色补血草植株

二色补血草群落

老牛筋花

老牛筋花（侧）

无心菜属 *Arenaria*

老牛筋 *Arenaria juncea*

【别名】毛轴鹅不食、毛轴蚤缀、灯心草蚤缀。【外观】多年生草本。【根茎】根圆锥状，肉质，灰褐色或灰白色，上部具环纹，下部分枝；茎高 30~60 cm，硬而直立，下部无毛。【叶】叶片细线形，长 10~25 cm，宽约 1 mm，基部较宽，呈鞘状抱茎，边缘具疏齿状短缘毛，常内卷或扁平，顶端渐尖，具 1 脉。【花】聚伞花序，具数花至多花；苞片卵形，顶端尖，边缘宽膜质；花梗长 1~2 cm；萼片 5 枚，卵形，顶端渐尖或急尖，边缘宽膜质，具 1~3 脉；花瓣 5 枚，白色，稀椭圆状矩圆形或倒卵形，长 8~10 mm，顶端钝圆，基部具短爪；雄蕊 10 枚，花丝线形，长约 4 mm，与萼片对生者基部具腺体，花药黄色，椭圆形。【果实】蒴果卵圆形，黄色，顶端 3 瓣裂，裂片 2 裂。

【花期】	7—8 月
【果期】	8—9 月
【生境】	山地阳坡草丛、山顶砾石地
【分布】	黑龙江（北部、东部及南部）、吉林西部及东部、辽宁北部、内蒙古东部

老牛筋花序

老牛筋植株

老牛筋植株（侧）

老牛筋群落

卷耳属 Cerastium

六齿卷耳 *Cerastium cerastoides*

【外观】多年生草本，高 10~20 cm。【根茎】茎丛生，基部稍匍生，节上生根，上部分枝，密生柔毛，往往节间一侧较多。【叶】叶片线状披针形，长 0.8~2 cm，宽 1.5~3 mm，无毛或上部叶被腺毛，顶端渐尖，叶腋具不育短枝。【花】聚伞花序，具 3~7 花，稀单生；苞片草质，披针形；花梗长 1.5~2 cm，密被短腺柔毛，果时下折；萼片宽披针形，长 4~7 mm，边缘膜质，具单脉，近无毛；花瓣倒卵形，长 8~12 mm，顶端 2 浅裂至 1/4；雄蕊 10 枚；花柱 3 枚。【果实】蒴果圆柱状，长 10~12 mm，6 齿裂；种子圆肾形，略扁，具疣状凸起，直径约 0.5 mm。

【花期】	6—8 月
【果期】	8—9 月
【生境】	山谷水边草地上
【分布】	内蒙古东北部

六齿卷耳群落

六齿卷耳植株　　　　　　　六齿卷耳花

卷耳 *Cerastium arvense*

【外观】多年生疏丛草本，高 10~35 cm。【根茎】茎基部匍匐，上部直立，绿色并带淡紫红色。【叶】叶片线状披针形或长圆状披针形，长 1~2.5 cm，宽 1.5~4 mm，顶端急尖，基部楔形。【花】聚伞花序顶生，具 3~7 花；苞片披针形，草质，被柔毛，边缘膜质；花梗细，长 1~1.5 cm；萼片 5 枚，披针形，长约 6 mm，宽 1.5~2 mm，顶端钝尖，边缘膜质；花瓣 5 枚，白色，倒卵形，比萼片长 1 倍或更长，顶端 2 裂深达 1/4~1/3；雄蕊 10 枚，短于花瓣；花柱 5 枚，线形。【果实】蒴果长圆形，长于宿存萼 1/3，顶端倾斜，10 齿裂；种子肾形，褐色，略扁，具瘤状凸起。

【花期】	6—8 月
【果期】	8—9 月
【生境】	高山草地、林缘或丘陵区
【分布】	内蒙古东部

卷耳花

卷耳花（侧）

卷耳植株

卷耳居群

卷耳群落

缝瓣繁缕花（双花）

缝瓣繁缕植株

繁缕属 Stellaria

缝瓣繁缕 Stellaria radians

【别名】垂梗繁缕。【外观】多年生草本；高 40~60 cm，伏生绢毛。【根茎】根茎细，匍匐，分枝；茎直立或上升，四棱形，上部分枝，密被绢柔毛。【叶】叶片长圆状披针形至卵状披针形，长 3~12 cm，宽 1.5~2.5 cm，顶端渐尖，基部急狭成极短柄，两面均伏生绢毛，下面中脉凸起。【花】二歧聚伞花序顶生，大型；苞片披针形，被密柔毛；花梗密被柔毛，花后下垂；萼片长圆状卵形或长卵形，外面密被绢柔毛；花瓣 5 枚，白色，轮廓宽倒卵状楔形，长 8~10 mm，5~7 裂深达花瓣中部或更深，裂片近线形；雄蕊 10 枚，短于花瓣，子房宽椭圆状卵形，花柱 3 枚。【果实】蒴果卵形，微长于宿存萼，6 齿裂，含 2~5 枚种子。

【花期】	6—9 月
【果期】	7—9 月
【生境】	河岸、草甸、林缘、林下及灌丛
【分布】	黑龙江（北部、东部及南部）、吉林（南部、东部及西部）、辽宁东部、内蒙古东部

叉歧繁缕 Stellaria dichotoma

【别名】歧枝繁缕、双歧繁缕、叉繁缕。【外观】多年生草本；高 15~30 cm，全株呈扁球形，被腺毛。【根茎】主根粗壮，圆柱形；茎丛生，圆柱形，多次二歧分枝。【叶】叶片卵形或卵状披针形，长 0.5~2 cm，宽 3~10 mm，顶端急尖或渐尖，基部圆形或近心形，微抱茎，全缘。【花】聚伞花序顶生，具多数花；花梗细，被柔毛；萼片 5 枚，披针形，顶端渐尖，边缘膜质，外面多少被腺毛或短柔毛，稀近无毛，中脉明显；花瓣 5 枚，白色，轮廓倒披针形，长 4 mm，2 深裂，裂片近线形；雄蕊 10 枚，长仅为花瓣的 1/3~1/2；子房卵形或宽椭圆状倒卵形；花柱 3 枚，线形。【果实】蒴果宽卵形，比宿存萼短，6 齿裂，含 1~5 枚种子。

【花期】	5—6 月
【果期】	7—8 月
【生境】	向阳石质山坡、石缝间及固定沙丘
【分布】	辽宁西部、内蒙古东部

叉歧繁缕花

叉歧繁缕花（侧）

叉歧繁缕植株（侧）

叉歧繁缕植株

狗筋蔓花序

狗筋蔓花

狗筋蔓属 *Cucubalus*

狗筋蔓 *Cucubalus baccifera*

【别名】大种鹅儿肠、小被单草。【外观】多年生草本；全株被逆向短绵毛。【根茎】根簇生，长纺锤形，稍肉质；根颈粗壮，多头；茎铺散，俯仰，长 50~150 cm，多分枝。【叶】叶片卵形、卵状披针形或长椭圆形，长 1.5~5 cm，宽 0.8~2 cm，基部渐狭成柄状，顶端急尖，边缘具短缘毛。【花】圆锥花序疏松，花梗细，具 1 对叶状苞片；花萼宽钟形，后期膨大呈半圆球形，萼齿卵状三角形，边缘膜质，果期反折；花瓣白色，轮廓倒披针形，长约 15 mm，宽约 2.5 mm，爪狭长，瓣片叉状浅 2 裂；副花冠片不明显微呈乳头状；雄蕊不外露，花丝无毛；花柱细长，不外露。【果实】蒴果圆球形，呈浆果状。

【花期】	7—8 月
【果期】	8—9 月
【生境】	山坡、路旁、湿草甸、灌丛及林缘
【分布】	黑龙江南部及东部、吉林南部及东部、辽宁（东部、南部及西部）、内蒙古东部

狗筋蔓植株

石竹属 *Dianthus*

头石竹 *Dianthus barbatus* var. *asiaticus*

【外观】二年生草本；高 30~60 cm。【根茎】茎直立，单一或有时顶端稍分枝，节部膨大。【叶】基生叶呈莲座状，倒卵状披针形，花期渐枯萎；茎生叶对生，线状披针形至狭披针形，长 4~8 cm，宽 3~8 mm，基部渐狭成宽柄状，合生成短鞘围抱节上，叶脉 3 或 5 条，中脉明显。【花】聚伞花序顶生，花梗极短，密集成头状，近平顶；苞片条形或锥状条形；萼下苞 2 对；萼圆筒形，5 齿裂；花瓣 5 枚，红紫色，菱状倒卵形至倒卵形，长 7~8 mm，上部宽 6~7 mm，上缘具不整齐齿牙，下部表面带暗紫红色彩圈，爪细长，白色。【果实】蒴果长圆状圆筒形，长约 13 mm。

头石竹花

头石竹花序

【花期】	6—7 月
【果期】	7—8 月
【生境】	林缘、路旁及荒地
【分布】	吉林东部及南部

头石竹植株

石竹 *Dianthus chinensis*

【别名】洛阳花。【外观】多年生草本；高 30~50 cm，全株无毛，带粉绿色。【根茎】茎由根颈生出，疏丛生，直立，上部分枝。【叶】叶片线状披针形，长 3~5 cm，宽 2~4 mm，顶端渐尖，基部稍狭，全缘或有细小齿，中脉较显。【花】花单生枝端或数花集成聚伞花序；花梗长 1~3 cm；苞片 4 枚，卵形，顶端长渐尖，边缘膜质，有缘毛；花萼圆筒形，有纵条纹，萼齿披针形，直伸，顶端尖，有缘毛；瓣片倒卵状三角形，长 13~15 mm，紫红色、粉红色、鲜红色或白色，顶缘不整齐齿裂，喉部有斑纹，疏生髯毛；雄蕊露出喉部外，花药蓝色。【果实】蒴果圆筒形，包于宿存萼内，顶端 4 裂。

【花期】	6—8 月
【果期】	7—9 月
【生境】	山坡、荒地、疏林下、草甸及高山苔原带
【分布】	东北地区广泛分布
【附注】	本区尚有 2 个变种：高山石竹，植株高逾 10 cm，密丛生，叶片较小，有时带紫色，花单一，苞片、花萼常带紫色，生境在高山苔原带及亚高山草地，分布于吉林东南部；兴安石竹，植株密丛生，茎被毛或无毛而粗糙，叶通常粗糙，生境在草原、丘陵、固定沙丘及石砾质山坡地带，分布于黑龙江（北部、东部及南部）、吉林东部、内蒙古东部

石竹植株（侧）

石竹花(中央有花纹)

石竹花(4瓣)

石竹植株

石竹花

石竹花(白色)

石竹花(红色)

高山石竹 var. *morii* **兴安石竹 var. *versicolor***

高山石竹植株

兴安石竹花

瞿麦花

瞿麦植株（侧）

瞿麦 *Dianthus superbus*

【别名】洛阳花。【外观】多年生草本；高 50~60 cm，有时更高。【根茎】茎丛生，直立，绿色，无毛，上部分枝。【叶】叶片线状披针形，长 5~10 cm，宽 3~5 mm，顶端锐尖，中脉特显，基部合生成鞘状，绿色，有时带粉绿色。【花】花 1 朵或 2 朵生枝端，有时顶下腋生；苞片 2~3 对，倒卵形，顶端长尖；花萼圆筒形，常染紫红色晕，萼齿披针形；花瓣长 4~5 cm，爪长 1.5~3 cm，包于萼筒内，瓣片宽倒卵形，边缘繸裂至中部或中部以上，通常淡红色或带紫色、稀白色，喉部具丝毛状鳞片；雄蕊和花柱微外露。【果实】蒴果圆筒形，与宿存萼等长或微长，顶端 4 裂。

【花期】	7—8 月
【果期】	8—9 月
【生境】	山野、草地、灌丛、荒地、沟边、草甸及高山冻原带
【分布】	黑龙江北部、吉林东部及南部、内蒙古东部
【附注】	本区尚有 1 变种：高山瞿麦，植株较矮，稀疏分枝，花较大，直径 4.5~5 cm，苞片椭圆形至宽卵形，顶端具钻形尖，花萼较短而粗，带紫色，花瓣较原变种宽，生境在高山苔原带及亚高山草地，分布于吉林东南部

瞿麦居群

瞿麦植株

高山瞿麦 var. *speciosus*

高山瞿麦花（侧）

高山瞿麦花（浅粉色）

丝瓣剪秋罗植株

剪秋罗属 *Lychnis*

丝瓣剪秋罗 *Lychnis wilfordii*

【别名】燕尾仙翁、丝瓣剪秋萝。【外观】多年生草本；高45~100 cm。【根茎】主根细长，茎直立。【叶】叶无柄，叶片长圆状披针形或长披针形，长 3~12 cm，宽 1~2.5 cm，基部楔形，微抱茎，顶端渐尖，边缘具粗缘毛。【花】二歧聚伞花序稍紧密，具多数花；花梗被卷柔毛；苞片线状披针形；花萼筒状棒形，无毛，纵脉明显，萼齿三角形，顶端急尖或渐尖，边缘膜质，具短缘毛；花瓣鲜红色，长达 30 mm，爪不露或微露出花萼，狭楔形，无缘毛，瓣片轮廓近卵形，深 4 裂，几呈流苏状，裂片狭条形，近等大，顶端尖；副花冠片长圆形，暗红色；雄蕊微外露，花丝无毛，花柱明显外露。【果实】蒴果长圆状卵形。

【花期】	7—8 月
【果期】	8—9 月
【生境】	湿草甸子、河边水湿地、林缘及林下
【分布】	黑龙江南部及东部、吉林南部及东部

丝瓣剪秋罗花蕾

丝瓣剪秋罗花

丝瓣剪秋罗花（侧）

丝瓣剪秋罗花序

浅裂剪秋罗 *Lychnis cognata*

【别名】剪秋罗、毛缘剪秋萝。【外观】多年生草本；高
35~90 cm。【根茎】根簇生，纺锤形，茎直立。【叶】叶片
长圆状披针形或长圆形，长 5~11 cm，宽 1~4 cm，基部宽楔形，
不呈柄状，顶端渐尖。【花】二歧聚伞花序具数花，有时紧缩
呈头状；花直径 3.5~5 cm；苞片叶状；花萼筒状棒形，后期
微膨大，萼齿三角形，顶端渐尖；花瓣橙红色或淡红色，爪微
露出花萼，狭楔形，瓣片轮廓宽倒卵形，叉状浅 2 裂或深凹缺，
裂片倒卵形，全缘或具不明显的细齿，瓣片两侧中下部具 1 线
形小裂片；副花冠片长圆状披针形，暗红色，顶端具齿；雄蕊
微外露，花柱微外露。【果实】蒴果长椭圆状卵形。

浅裂剪秋罗花序

浅裂剪秋罗花

【花期】	7—8 月
【果期】	8—9 月
【生境】	林下、林缘灌丛间、山沟路边及草甸子
【分布】	黑龙江南部及东北部、吉林南部及东部、辽宁（东部、南部及北部）、内蒙古东部

浅裂剪秋罗果实

浅裂剪秋罗花 (橙红色)

浅裂剪秋罗植株

剪秋罗 *Lychnis fulgens*

剪秋罗花

剪秋罗花序

【别名】大花剪秋罗。【外观】多年生草本；高 50~80 cm。【根茎】根簇生，纺锤形，茎直立。【叶】叶片卵状长圆形或卵状披针形，长 4~10 cm，宽 2~4 cm，基部圆形，顶端渐尖。【花】二歧聚伞花序具数花，稀多数花，紧缩呈伞房状；花直径 3.5~5 cm，苞片卵状披针形，草质；花萼筒状棒形，后期上部微膨大，被稀疏白色长柔毛，沿脉较密，萼齿三角状，顶端急尖；花瓣深红色，爪不露出花萼，狭披针形，具缘毛，瓣片轮廓倒卵形，深 2 裂达瓣片的 1/2，裂片椭圆状条形，瓣片两侧中下部各具 1 线形小裂片；副花冠片长椭圆形，暗红色，呈流苏状；雄蕊微外露。【果实】蒴果长椭圆状卵形。

【花期】	6—7 月
【果期】	8—9 月
【生境】	湿草甸子、林下、林缘灌丛间及山坡湿草地
【分布】	黑龙江（北部、东部及南部）、吉林南部及东部、辽宁（东部、南部及北部）、内蒙古东北部

剪秋罗群落

剪秋罗植株

蝇子草属 *Silens*

白玉草 *Silene vulgaris*

【别名】狗筋麦瓶草、膨萼蝇子草。【外观】多年生草本；高40~100 cm，呈灰绿色。【根茎】根微粗壮，木质；茎疏丛生，直立，上部分枝，常灰白色。【叶】叶片卵状披针形、披针形或卵形，长4~10 cm，宽1~4.5 cm，下部茎生叶基部渐狭成柄状；上部茎生叶片基部楔形、截形或圆形，微抱茎。【花】二歧聚伞花序大型，花微俯垂，苞片卵状披针形；花萼宽卵形，呈囊状，近膜质，常显紫堇色，萼齿短，宽三角形，顶端急尖；花瓣白色，长15~18 mm，爪楔状倒披针形，耳卵形，瓣片露出花萼，轮廓倒卵形，2深裂，裂片狭倒卵形；副花冠缺；雄蕊明显外露，花药蓝紫色，花柱明显外露。【果实】蒴果近圆球形，比宿存萼短。

白玉草植株

白玉草花

【花期】	7—8 月
【果期】	8—9 月
【生境】	草甸、荒地、林缘及山坡
【分布】	黑龙江北部、吉林南部及东部、内蒙古东部

麦蓝菜属 *Vaccaria*

麦蓝菜 *Vaccaria hispanica*

【别名】王不留行。【外观】一年生或二年生草本；高30~70 cm，全株无毛，微被白粉，呈灰绿色。【根茎】根为主根系；茎单生，直立，上部分枝。【叶】叶片卵状披针形或披针形，长3~9 cm，宽1.5~4 cm，基部圆形或近心形，微抱茎，顶端急尖，具3基出脉。【花】伞房花序稀疏，花梗细，苞片披针形，着生花梗中上部；花萼卵状圆锥形，后期微膨大呈球形，棱绿色，棱间绿白色，近膜质，萼齿小，三角形，顶端急尖，边缘膜质；花瓣淡红色，长14~17 mm，宽2~3 mm，爪狭楔形，淡绿色，瓣片狭倒卵形，斜展或平展，微凹缺；花柱线形，微外露。【果实】蒴果宽卵形或近圆球形。

麦蓝菜植株

【花期】	6—7 月
【果期】	7—8 月
【生境】	草地、山地、荒地、丘陵及路旁
【分布】	原产欧洲，东北地区广泛分布

麦蓝菜花

麦蓝菜花（白色）

麦蓝菜花（侧）

麦蓝菜居群

蓼属 *Polygonum*

红蓼 *Polygonum orientale*

【别名】东方蓼、荭蓼、荭草。【外观】一年生草本。【根茎】茎直立，粗壮，高 1~2 m，上部多分枝，密被开展的长柔毛。【叶】叶宽卵形、宽椭圆形或卵状披针形，长 10~20 cm，宽 5~12 cm，顶端渐尖，基部圆形或近心形，微下延，边缘全缘；托叶鞘筒状，膜质，通常沿顶端具草质、绿色的翅。【花】总状花序呈穗状，顶生或腋生，花紧密，微下垂，通常数个再组成圆锥状；苞片宽漏斗状，草质，绿色，每苞内具 3~5 花；花梗比苞片长；花被 5 深裂，淡红色或白色，花被片椭圆形，长 3~4 mm。【果实】瘦果近圆形，包于宿存花被内。

【花期】	8—9 月
【果期】	9—10 月
【生境】	荒地、沟边、湖畔、路旁及住宅附近
【分布】	东北地区广泛分布

红蓼群落

红蓼花

红蓼花序（粉白色）

红蓼植株

三裂瓜木花（侧）

八角枫属 *Alangium*

三裂瓜木 *Alangium platanifolium*

【别名】篠悬叶瓜木、八角枫、瓜木。【外观】落叶灌木或小乔木；高 1~3 m。【根茎】树皮平滑，灰色或深灰色；小枝常稍弯曲，略呈"之"字形，当年生枝淡黄褐色或灰色。【叶】叶纸质，近圆形，顶端钝尖，长 11~18 cm，宽 8~18 m，主脉 3~5 条，侧脉 5~7 对；叶柄长 3.5~10 cm。【花】聚伞花序生叶腋，通常有 3~5 花，花梗上有线形小苞片 1 枚，花萼近钟形，裂片 5 枚，花瓣 6~7 枚，线形，白色，长 2.5~3.5 cm，宽 1~2 mm，上部开花时反卷；雄蕊 6~7 枚，花丝略扁，花盘肥厚，近球形。【果实】核果，长卵圆形或长椭圆形，顶端有宿存的花萼裂片，有种子 1 颗。

【花期】	6—7 月
【果期】	9—10 月
【生境】	土质比较疏松而肥沃的向阳山坡或疏林中
【分布】	吉林南部、辽宁东部及南部

三裂瓜木花

三裂瓜木果实

三裂瓜木枝条

山茱萸属 *Cornus*

灯台树 *Cornus controversa*

【别名】灯台山茱萸、瑞木。【外观】落叶乔木；高 6~15 m。【根茎】树皮光滑，暗灰色或带黄灰色；枝开展，当年生枝紫红绿色，二年生枝淡绿色，有半月形的叶痕和圆形皮孔。【叶】叶互生，阔卵形、阔椭圆状卵形或披针状椭圆形，长 6~13 cm，宽 3.5~9 cm，先端突尖，基部圆形，全缘，上面黄绿色，下面灰绿色。【花】伞房状聚伞花序，顶生，总花梗淡黄绿色；花小，白色，直径 8 mm，花萼裂片 4 枚，三角形；花瓣 4 枚，长圆披针形，长 4~4.5 mm；雄蕊 4 枚，着生于花盘外侧，与花瓣互生，花丝线形，花药椭圆形，淡黄色。【果实】核果球形，成熟时紫红色至蓝黑色。

灯台树花

灯台树花序

【花期】	6—7 月
【果期】	9—10 月
【生境】	阴坡、半阴坡土壤肥沃湿润的杂木林中
【分布】	吉林南部、辽宁东部及南部

灯台树枝条（花期）

灯台树植株

灯台树果实

灯台树枝条（果期）

红瑞木 *Cornus alba*

【别名】凉子木、红瑞山茱萸。【外观】落叶灌木；高达 3 m。【根茎】树皮紫红色；老枝红白色，散生灰白色圆形皮孔。【叶】叶对生，纸质，椭圆形，稀卵圆形，长 5~8.5 cm，宽 1.8~5.5 cm，先端突尖，基部楔形或阔楔形，边缘全缘或波状反卷，侧脉 4~6 对。【花】伞房状聚伞花序顶生，较密，总花梗圆柱形；花小，白色或淡黄白色，直径 6~8.2 mm，花萼裂片 4 枚，尖三角形；花瓣 4 枚，卵状椭圆形；雄蕊 4 枚，花丝线形，花药淡黄色，2 室，卵状椭圆形；花柱圆柱形，花托倒卵形；花梗纤细。【果实】核果长圆形，微扁，成熟时乳白色或蓝白色。

【花期】	6—7 月
【果期】	8—10 月
【生境】	杂木林、针阔叶混交林中及溪流边
【分布】	黑龙江（北部、南部及东部）、吉林东部及南部、辽宁东部、内蒙古东北部

红瑞木枝条

红瑞木花序

红瑞木花

红瑞木植株

红瑞木花（侧）

红瑞木果实

溲疏属 *Deutzia*

大花溲疏 *Deutzia grandiflora*

【别名】华北溲疏。【外观】落叶灌木；高约 2 m。【根茎】老枝紫褐色或灰褐色，表皮片状脱落；花枝开始极短，以后延长，具 2~4 叶，黄褐色。【叶】叶纸质，卵状菱形或椭圆状卵形，长 2~5.5 cm，宽 1~3.5 cm，先端急尖，基部楔形或阔楔形，边缘具大小相间或不整齐锯齿，侧脉每边 5~6 条；叶柄长 1~4 mm。【花】聚伞花序，具花 1~3 枚；花蕾长圆形；花冠直径 2~2.5 cm；萼筒浅杯状，裂片线状披针形；花瓣白色，长圆形或倒卵状长圆形，先端圆形，中部以下收狭；花丝先端 2 齿，花药卵状长圆形，花柱 3~4 枚。【果实】蒴果半球形，宿存萼裂片外弯。

大花溲疏枝条

大花溲疏花

【花期】	4—5 月
【果期】	9—10 月
【生境】	山坡、灌丛及岩缝中
【分布】	吉林东南部、辽宁西部

无毛溲疏 *Deutzia glabrata*

【别名】崂山溲疏、光萼溲疏、光叶溲疏。【外观】落叶灌木；高约 3 m。【根茎】老枝灰褐色，表皮常脱落；花枝常具 4~6 叶，红褐色，无毛。【叶】叶薄纸质，卵形或卵状披针形，长 5~10 cm，宽 2~4 cm，先端渐尖基部阔楔形或近圆形，边缘具细锯齿，上面无毛或疏被 3~5 辐线星状毛，下面无毛；侧脉每边 3~4 条。【花】伞房花序，有花 5~30 朵，花序轴无毛，花蕾球形或倒卵形，花冠直径 1~1.2 cm，花梗长 10~15 mm；萼筒杯状，无毛；裂片卵状三角形，先端稍钝；花瓣白色，圆形或阔倒卵形，先端圆，基部收狭，两面被细毛，花蕾时覆瓦状排列。【果实】蒴果球形，无毛。

无毛溲疏枝条

无毛溲疏花序

【花期】	6—7 月
【果期】	8—9 月
【生境】	山地岩石间或陡山坡林下
【分布】	黑龙江（南部、西部及北部）、吉林南部及东部、辽宁（东部、南部及西部）

钩齿溲疏花

钩齿溲疏枝条

钩齿溲疏 *Deutzia baroniana*

【别名】李叶溲疏。【外观】落叶灌木；高 0.3~1 m。【根茎】老枝灰褐色；花枝长 1~4 cm，具 2~4 叶，具棱，浅褐色。【叶】叶纸质，卵状菱形或卵状椭圆形，长 2~7 cm，宽 1.5~4 cm，先端急尖，基部楔形或阔楔形，边缘具不整齐或大小相间锯齿，叶脉上具中央长辐线，侧脉每边 4~5 条；叶柄长 3~5 mm。【花】聚伞花序，具 2~3 花或花单生；花冠直径 1.5~2.5 cm，花梗长 3~12 mm，萼筒杯状；花瓣白色，倒卵状长圆形或倒卵状披针形，先端圆形，下部收狭，外面被星状毛，花蕾时内向镊合状排列。【果实】蒴果半球形，密被星状毛，宿存的萼裂片外弯。

【花期】	5—6 月
【果期】	9—10 月
【生境】	山坡灌丛中
【分布】	吉林东南部、辽宁（东部、南部及西部）

钩齿溲疏居群

小花溲疏 *Deutzia parviflora*

【外观】落叶灌木；高约 2 m。【根茎】老枝灰褐色或灰色，表皮片状脱落；花枝具 4~6 叶，褐色。【叶】叶纸质，卵形、椭圆状卵形或卵状披针形，长 3~10 cm，宽 2~4.5 cm，先端急尖或短渐尖，基部阔楔形或圆形，边缘具细锯齿，上面疏被 5~6 辐线星状毛；叶柄疏被星状毛。【花】伞房花序多花，花序梗被长柔毛和星状毛，花蕾球形或倒卵形，花冠直径 8~15 cm，花梗长 2~12 mm；萼筒杯状，密被星状毛，裂片三角形，较萼筒短，先端钝；花瓣白色，阔倒卵形或近圆形，先端圆，基部急收狭，两面均被毛，花蕾时覆瓦状排列。【果实】蒴果球形，直径 2~3 mm。

【花期】	5—6 月
【果期】	8—10 月
【生境】	山坡、灌丛及林缘
【分布】	吉林南部及东部、辽宁西部

小花溲疏枝条

小花溲疏植株

小花溲疏花

小花溲疏花序

绣球属 *Hydrangea*

东陵绣球 *Hydrangea bretschneideri*

【别名】东陵八仙花、柏氏八仙花、光叶东陵绣球。【外观】落叶灌木；高 1~5 m。【根茎】当年生小枝栗红色至栗褐色或淡褐色；二年生小枝色稍淡，通常无皮孔，树皮较薄，常呈薄片状剥落。【叶】叶卵形至长卵形、倒长卵形或长椭圆形，长 7~16 cm，宽 2.5~7 cm，先端具短尖头，基部阔楔形或近圆形，边缘具小齿或粗齿；叶柄 1~3.5 cm。【花】伞房状聚伞花序较短小，顶端截平或微拱，分枝 3 个；不育花萼片 4 枚，广椭圆形、卵形、倒卵形或近圆形，近等大，钝头，全缘；孕性花萼筒杯状，萼齿三角形；花瓣白色，卵状披针形或长圆形，长 2.5~3 mm；雄蕊 10 枚，花柱 3 枚，柱头近头状。【果实】蒴果卵球形，连花柱长 4.5~5 mm。

【花期】	6—7 月
【果期】	9—10 月
【生境】	山谷溪边、山坡密林及疏林中
【分布】	辽宁西部、内蒙古东南部

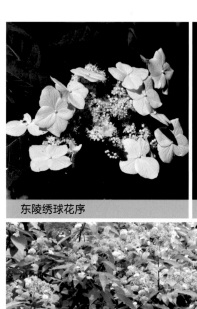
东陵绣球花序

东陵绣球花 (侧)

东陵绣球花

东陵绣球植株

山梅花属 *Philadelphus*

太平花 *Philadelphus pekinensis*

【别名】京山梅花。【外观】落叶灌木；高 1~2 m，分枝较多。【根茎】二年生小枝表皮栗褐色；当年生小枝表皮黄褐色，不开裂。【叶】叶卵形或阔椭圆形，长 6~9 cm，宽 2.5~4.5 cm，先端长渐尖，基部阔楔形或楔形，边缘具锯齿，稀近全缘；叶脉离基出 3~5 条；花枝上叶较小，椭圆形或卵状披针形；叶柄无毛。【花】总状花序有花 5~9 枚；花序轴黄绿色；花萼黄绿色，外面无毛，裂片卵形，先端急尖，干后脉纹明显；花冠盘状，直径 2~3 mm；花瓣白色，倒卵形；雄蕊 25~28 枚，花盘和花柱无毛；花柱纤细，先端稍分裂，柱头棒形或槌形。【果实】蒴果近球形或倒圆锥形，宿存萼裂片近顶生。

太平花花

太平花枝条

【花期】	6—7 月
【果期】	8—10 月
【生境】	山坡杂木林里或灌丛中
【分布】	辽宁西部及南部

太平花植株

东北山梅花花序

东北山梅花 *Philadelphus schrenkii*

【别名】辽东山梅花、石氏山梅花。【外观】落叶灌木；高2~4 m。【根茎】二年生小枝灰棕色或灰色，表皮开裂后脱落；当年生小枝暗褐色。【叶】叶卵形或椭圆状卵形，生于无花枝上叶较大，长 7~13 cm，宽 4~7 cm，花枝上叶较小，先端渐尖，基部楔形或阔楔形，边全缘或具锯齿；叶脉离基出 3~5 条；叶柄疏被长柔毛。
【花】总状花序有花 5~7 枚；花序轴黄绿色，疏被微柔毛；花梗疏被毛；花萼黄绿色，萼筒外面疏被短柔毛，裂片卵形，顶端急尖，外面无毛，干后脉纹明显；花冠直径 2.5~4 cm，花瓣白色，倒卵或长圆状倒卵形，无毛；雄蕊 25~30 枚，花盘无毛，柱头槌形，常较花药小。【果实】蒴果椭圆形。

【花期】	6—7 月
【果期】	8—9 月
【生境】	山坡、林缘及杂木林中
【分布】	黑龙江（南部、东部及北部）、吉林南部及东部、辽宁东部及南部

东北山梅花果实

东北山梅花花

东北山梅花植株

薄叶山梅花 *Philadelphus tenuifolius*

　　【别名】堇叶山梅花。【外观】落叶灌木；高 1~3 m。
【根茎】二年生小枝灰棕色；当年生小枝浅褐色。【叶】叶卵
形，长 8~11 cm，宽 5~6 cm，先端急尖，基部近圆形或阔楔形，
边缘具疏离锯齿，花枝上叶卵形或卵状椭圆形，较小，先端急
尖或渐尖，基部圆形或钝，边近全缘或具疏离锯齿；叶脉离基
出 3~5 条。【花】总状花序有花 3~9 枚；花序轴黄绿色；花梗
果期较长；花萼黄绿色，外面疏被微柔毛；裂片卵形，先端急尖，
干后脉纹明显，无白粉；花冠盘状，直径 2.5~3.5 cm；花瓣白色，
卵状长圆形，顶端圆，稍 2 裂；雄蕊 25~30 枚，花盘无毛，花
柱纤细，先端稍分裂，柱头槌形。【果实】蒴果倒圆锥形。

【花期】	6—7 月
【果期】	8—9 月
【生境】	林内及林缘
【分布】	黑龙江南部、吉林东南部、辽宁东部、内蒙古东南部

薄叶山梅花花

薄叶山梅花植株

水金凤花

水金凤果实

凤仙花属 *Impatiens*

水金凤 *Impatiens noli-tangere*

　　【别名】灰菜花。【外观】一年生草本；高 40~70 cm。【根茎】茎肉质，直立；有多数纤维状根。【叶】叶互生；叶片卵形或卵状椭圆形，长 3~8 cm，宽 1.5~4 cm，先端钝，基部圆钝或宽楔形，边缘有粗圆齿状齿，齿端具小尖。【花】总花梗具 2~4 花，排列成总状花序；花梗中上部有 1 枚苞片；花黄色；侧生 2 萼片卵形或宽卵形，先端急尖；旗瓣圆形或近圆形，直径约 10 mm，先端微凹；翼瓣无柄，长 20~25 mm，2 裂，下部裂片小，长圆形，上部裂片宽斧形，近基部散生橙红色斑点；唇瓣宽漏斗状，喉部散生橙红色斑点，基部渐狭成内弯的距。【果实】蒴果线状圆柱形。

【花期】	7—8 月
【果期】	8—9 月
【生境】	山沟溪流旁、林缘湿地、林中及路旁
【分布】	黑龙江（南部、东部及北部）、吉林南部及东部、辽宁（东部、南部及西部）、内蒙古东北部

水金凤居群

东北凤仙花 *Impatiens furcillata*

【别名】长距凤仙花。【外观】一年生草本；高 30~70 cm。【根茎】茎细弱，直立。【叶】叶互生，菱状卵形或菱状披针形，长 5~13 cm，宽 2.5~5 cm，先端渐尖，基部楔形，边缘有锐锯齿，侧脉 7~9 对；叶柄长 1~2.5 cm。【花】总花梗腋生，疏生深褐色腺毛；花 3~9 枚，排成总状花序；花梗细，基部有 1 条形苞片；花小，黄色或淡紫色；侧生萼片 2 枚，卵形，先端突尖；旗瓣圆形，背面中肋有龙骨突，先端有短喙；翼瓣有柄，2 裂，基部裂片近卵形，先端尖，上部裂片较大，斜卵形，尖；唇瓣漏斗状，基部突然延长成螺旋状卷曲的长距。【果实】蒴果近圆柱形，先端具短喙。

东北凤仙花花（白色）

东北凤仙花果实

【花期】	7—8 月
【果期】	8—9 月
【生境】	山谷溪流旁、林下及林缘湿地
【分布】	黑龙江南部、吉林南部及东部、辽宁东部及南部

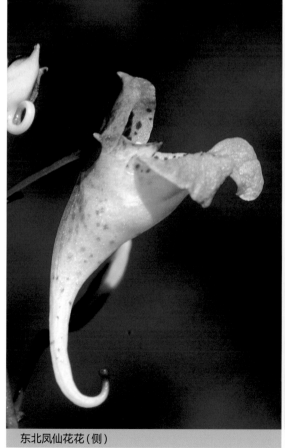

东北凤仙花花（侧）

东北凤仙花植株

东北凤仙花花

花荵花

花荵花序

花荵属 *Polemonium*

花荵 *Polemonium caeruleum*

【别名】丝花花荵。【外观】多年生草本；高 30~75 cm。【根茎】根状茎横走；茎单一，不分枝，直立或基部稍斜升，上部有柔毛或短腺毛。【叶】奇数羽状复叶，长可达 30 cm，上部者渐小，小叶 19~27 枚，狭披针形、披针形至卵状披针形，基部楔形至圆形，先端渐尖，全缘，两面无毛。【花】圆锥状聚伞花序，顶生或上部叶腋生，稀疏；花序轴、花梗和花萼密被短腺毛或短柔毛；花萼钟状，5 裂，裂片三角形至狭三角形；花冠蓝色或淡蓝色。辐状或广钟状，长 12~17 mm，喉部有毛，裂片 5 枚，先端圆形或稍狭，稀先端微凹，有稀疏缘毛；雄蕊 5 枚，花药卵球形，花柱伸于花冠之外，柱头 3 裂。【果实】蒴果广卵球形。

【花期】	6—7 月
【果期】	8—9 月
【生境】	林缘、湿草甸子、河谷及林下
【分布】	黑龙江大部、吉林东部及南部、辽宁东部及北部、内蒙古东北部

花荵群落

花蕊植株

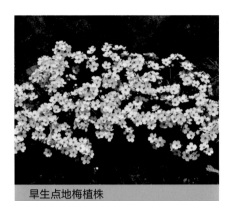

旱生点地梅植株

旱生点地梅花

点地梅属 *Androsace*

旱生点地梅 *Androsace lehmanniana*

【别名】长毛点地梅、曼点点地梅。【外观】多年生草本。【根茎】植株由着生于根出条上的莲座状叶丛形成疏丛。【叶】叶呈不明显的2型，外层叶舌状长圆形，先端钝或稍锐尖，近于无毛；内层叶椭圆状倒卵形至椭圆状倒披针形，先端钝圆，基部楔状渐狭，无柄，腹面无毛，背面被稀疏粗毛或有时近于无毛，边缘具开展的长髯毛。【花】花葶单一，被长柔毛；伞形花序3~6花，苞片狭椭圆形或披针状长圆形，被白色长柔毛，花梗被长柔毛；花萼钟状，分裂达中部，裂片卵圆形，先端稍钝，被柔毛；花冠白色或粉红色，直径6~9 mm，裂片阔倒卵形，近全缘。【果实】蒴果近球形，约与宿存花萼等长。

【花期】	6—7 月
【果期】	7—8 月
【生境】	高山苔原带、干旱草原、山坡、石缝及亚高山草甸上
【分布】	吉林东南部、内蒙古东南部

长叶点地梅植株

长叶点地梅花

长叶点地梅 *Androsace longifolia*

【别名】矮葶点地梅。【外观】多年生草本。【根茎】主根直长，具少数支根，根出条短，通常2至数条簇生。【叶】当年生莲座状叶丛叠生于老叶丛上，无节间；叶同型，线形或线状披针形，长1~5 cm，宽1~2 mm，灰绿色，下部带黄褐色，先端锐尖并延伸成小尖头，边缘软骨质，两面无毛，仅边缘微具睫毛。【花】花葶极短，藏于叶丛中，被柔毛；伞形花序4~10花，苞片线形，短于花梗；花梗，密被长柔毛和腺体，花萼狭钟形，分裂达中部；花冠白色或带粉红色，直径7~8 mm，筒部短于花萼，裂片倒卵状椭圆形，近全缘或先端微凹。【果实】蒴果近球形，约与宿存花萼近等长。

【花期】	5—6 月
【果期】	6—7 月
【生境】	草甸草原、砾石质草原及山地草原
【分布】	黑龙江西部、吉林西部、内蒙古东部

白花点地梅 *Androsace incana*

【外观】多年生草本。【根茎】根出条暗褐色，节间不明显。【叶】莲座状叶丛，基部有黄褐色枯叶；叶披针形、狭舌形或狭倒披针形，长3~9 mm，宽 0.8~2 mm，先端锐尖或稍钝，质地稍厚，两面上半部均被白色长柔毛，在背面有时极密。【花】花葶单一，有花 1~4 枚，高1~5 cm，被长柔毛；苞片披针形至阔线形，基部稍突起，与花梗、花萼均被白色长柔毛；花萼钟状，分裂近达中部，花冠白色或淡黄色，直径5~8 mm，喉部紧缩，紫红色或黄色，有环状凸起，裂片阔倒卵形，具波状圆齿。【果实】蒴果长圆形。

白花点地梅花

白花点地梅花（侧）

【花期】	5—6 月
【果期】	6—7 月
【生境】	砾石质草原、石质山坡上及石质丘陵顶部
【分布】	内蒙古东部

白花点地梅植株

假报春属 *Cortusa*

假报春 *Cortusa matthioli*

【外观】多年生草本。【根茎】株高 20~25 cm。【叶】叶基生，轮廓近圆形，长 3.5~8 cm，宽 4~9 cm，基部深心形，边缘掌状浅裂，裂深不超过叶片的 1/4，裂片三角状半圆形，边缘具不整齐的钝圆或稍锐尖牙齿；叶柄长为叶片的 2~3 倍，被柔毛。【花】花葶直立，通常高出叶丛 1 倍，被稀疏柔毛或近于无毛；伞形花序 5~10 花；苞片狭楔形，顶端有缺刻状深齿；花梗纤细，不等长；花萼分裂略超过中部，裂片披针形，锐尖；花冠漏斗状钟形，紫红色，长 8~10 cm，分裂略超过中部，裂片长圆形，先端钝；雄蕊着生于花冠基部，花药纵裂，先端具小尖头；花柱伸出花冠外。【果实】蒴果圆筒形。

【花期】	7—8 月
【果期】	8—9 月
【生境】	山地林下及含腐殖质较多的阴湿生境
【分布】	黑龙江东北部、吉林东南部、内蒙古东北部

假报春花

假报春花（侧）

假报春果实

假报春花序

假报春植株

海乳草属 *Glaux*

海乳草 *Glaux maritima*

【外观】多年生草本。【根茎】茎高 3~25 cm，直立或下部匍匐，节间短，通常有分枝。【叶】叶近于无柄，交互对生或有时互生，间距极短，近茎基部的 3~4 对鳞片状，膜质，上部叶肉质，线形、线状长圆形或近匙形，长 4~15 mm，宽 1.5~5 mm，先端钝或稍锐尖，基部楔形，全缘。【花】花单生于茎中上部叶腋，花梗短，不明显，花萼钟形，白色或粉红色，花冠状，长约 4 mm，分裂达中部，裂片倒卵状长圆形，宽 1.5~2 mm，先端圆形；雄蕊 5 枚，稍短于花萼；子房卵珠形，上半部密被小腺点，花柱与雄蕊等长或稍短。【果实】蒴果卵状球形，先端稍尖，略呈喙状。

海乳草花（侧）

海乳草花

【花期】	6 月
【果期】	7—8 月
【生境】	湿草甸子、河漫滩盐碱地及盐化草甸
【分布】	黑龙江西部、吉林西部、辽宁西北部、内蒙古东部

海乳草植株

黄连花花序

珍珠菜属 *Lysimachia*

黄连花 *Lysimachia davurica*

　　【别名】黄花珍珠菜。【外观】多年生草本。【根茎】具横走的根茎；茎直立，粗壮，株高 40~80 cm。【叶】叶对生或 3~4 枚轮生，椭圆状披针形至线状披针形，长 4~12 cm，宽 5~40 mm，先端锐尖至渐尖，基部钝至近圆形，上面绿色，下面常带粉绿色，两面均散生黑色腺点，侧脉通常超过 10 对，网脉明显。【花】总状花序顶生，通常复出而成圆锥花序；苞片线形，密被小腺毛；花萼分裂近达基部，裂片狭卵状三角形，沿边缘有一圈黑色线条；花冠深黄色，长约 8 mm，分裂近达基部，裂片长圆形，先端圆钝，有明显脉纹，内面密布淡黄色小腺体。【果实】蒴果褐色，直径 2~4 mm。

【花期】	7—8 月
【果期】	8—9 月
【生境】	湿草甸子、河岸、林缘及灌丛
【分布】	黑龙江大部、吉林（东部、南部及西部）、辽宁（东部、南部及北部）、内蒙古东部

黄连花花（7瓣）

黄连花花

黄连花植株

球尾花 *Lysimachia thyrsiflora*

【别名】腋花珍珠菜、球尾珍珠菜。【外观】多年生草本。【根茎】具横走的根茎；茎直立，高 30~80 cm，通常不分枝。【叶】叶对生，上部叶披针形至长圆状披针形，长 5~16 cm，宽 6~20 mm，先端锐尖或渐尖，基部耳状半抱茎或钝。【花】总状花序生于茎中部和上部叶腋，密花，成圆球状或短穗状；苞片线状钻形，有黑色腺点；花萼分裂近达基部，裂片通常 6~7 枚，有黑色腺点；花冠酪黄色，长 5~6 mm，通常 6 深裂，裂片近分离，线形，宽 0.5~1 mm，先端钝，有黑色腺点和短腺条；雄蕊伸出花冠外，花丝基部连合成极浅的环，贴生于花冠基部，花药长圆形，子房被柔毛，有黑色腺点。【果实】蒴果近球形。

球尾花花序

球尾花花

【花期】	5—6 月
【果期】	7—8 月
【生境】	沼泽、沼泽化草甸及湿草地
【分布】	黑龙江（东部、南部及北部）、吉林南部及东部、辽宁北部、内蒙古东北部

球尾花群落

狼尾花 *Lysimachia barystachys*

【别名】狼尾草、狼尾巴花、狼尾珍珠菜、重穗排草、重穗珍珠菜、血经草。【外观】多年生草本。【根茎】具横走的根茎，全株密被卷曲柔毛；茎直立，高 30~100 cm。【叶】叶互生或近对生，长圆状披针形、倒披针形以至线形，长 4~10 cm，宽 6~22 mm，先端钝或锐尖，基部楔形，近于无柄。【花】总状花序顶生，花密集，常转向一侧；花序轴逐渐伸长，苞片线状钻形，花梗通常稍短于苞片，花萼分裂近达基部，裂片周边膜质，略呈啮蚀状；花冠白色，长 7~10 mm，基部合生部分短，裂片舌状狭长圆形，常有暗紫色短腺条；雄蕊内藏，花丝基部连合并贴生于花冠基部，分离部分具腺毛；花药椭圆形，子房无毛，花柱短。【果实】蒴果球形，直径 2.5~4 mm。

【花期】	7—8 月
【果期】	8—9 月
【生境】	草甸、沙地、路旁及灌丛
【分布】	黑龙江大部、吉林（南部、东北及西部）、辽宁大部、内蒙古东部

狼尾花植株

狼尾花果实

狼尾花花（侧）

狼尾花花序

狼尾花花

狼尾花居群

矮桃植株

矮桃 *Lysimachia clethroides*

【别名】珍珠菜、山柳珍珠叶、山柳珍珠菜、虎尾珍珠菜、狼尾珍珠菜。【外观】多年生草本。【根茎】根茎横走，淡红色；茎直立，高 40~100 cm，基部带红色，不分枝。【叶】叶互生，长椭圆形或阔披针形，长 6~16 cm，宽 2~5 cm，先端渐尖，基部渐狭，两面散生黑色粒状腺点。【花】总状花序顶生，花密集，常转向一侧，后渐伸长；苞片线状钻形，比花梗稍长，花萼分裂近达基部，裂片卵状椭圆形，先端圆钝，周边膜质，有腺状缘毛；花冠白色，长 5~6 mm，基部合生部分长约 1.5 mm，裂片狭长圆形，先端圆钝，雄蕊内藏，花丝基部连合并贴生于花冠基部，分离部分被腺毛，花药长圆形，子房卵珠形，花柱稍粗。【果实】蒴果近球形。

【花期】	6—7 月
【果期】	8—9 月
【生境】	林缘、山坡及杂木林下
【分布】	吉林南部及东部、辽宁东部及南部

矮桃果实

矮桃花（侧）

矮桃花

矮桃花序

狭叶珍珠菜 *Lysimachia pentapetala*

【外观】一年生草本；全体无毛。【根茎】茎直立，高
30~60 cm，多分枝，密被褐色无柄腺体。【叶】叶互生，狭披针形
至线形，长 2~7 cm，宽 2~8 mm，先端锐尖，基部楔形，上面绿色，
下面粉绿色，有褐色腺点；叶柄短。【花】总状花序顶生，初时因
花密集而成圆头状，后渐伸长，苞片钻形；花萼下部合生达全长的
1/3 或近 1/2，裂片狭三角形，边缘膜质；花冠白色，长约 5 mm，
近于分离，裂片匙形或倒披针形，先端圆钝；雄蕊比花冠短，花丝
贴生于花冠裂片的近中部，花药卵圆形，子房无毛。【果实】蒴果
球形，直径 2~3 mm。

【花期】	7—8 月
【果期】	8—9 月
【生境】	山坡荒地、路旁、田边及疏林下
【分布】	辽宁南部及西部、内蒙古东南部

狭叶珍珠菜果实

狭叶珍珠菜花

狭叶珍珠菜植株

狭叶珍珠菜花序

樱草花序

樱草果实

报春花属 *Primula*

樱草 *Primula sieboldii*

　　【别名】翠南报春、樱草报春、翠蓝报春。【外观】多年生草本。【根茎】根状茎倾斜或平卧。【叶】叶 3~8 枚丛生，叶片卵状矩圆形至矩圆形，长 4~10 cm，宽 2~7 cm，先端钝圆，基部心形，边缘圆齿状浅裂，侧脉 6~8 对，在下面显著；叶柄长 4~18 cm。【花】花葶高 12~30 cm，被毛；伞形花序顶生，5~15 花；苞片线状披针形，花梗被毛同苞片；花萼钟状，果时增大，分裂达全长的 1/2~2/3，裂片披针形至卵状披针形，稍开展，边缘具小睫毛；花冠紫红色至淡红色、稀白色，冠筒长 9~13 mm，冠檐直径 1~3 cm，裂片倒卵形，先端 2 深裂。【果实】蒴果近球形，长约为花萼的一半。

【花期】	5 月
【果期】	6 月
【生境】	湿地、沼泽化草甸及湿草地
【分布】	黑龙江（南部、东部及北部）、吉林南部及东部、辽宁东部、内蒙古东北部

樱草植株

粉报春 *Primula farinosa*

【外观】多年生草本。【根茎】具极短的根状茎和多数须根。【叶】叶多数，形成较密的莲座丛，叶片矩圆状倒卵形、窄椭圆形或矩圆状披针形，先端近圆形或钝，下面被青白色或黄色粉。【花】花葶稍纤细，高 3~15 cm，近顶端通常被青白色粉；伞形花序顶生，通常多花；苞片多数，狭披针形或先端渐尖成钻形；花梗长短不等，花后伸长；花萼钟状，具 5 棱，内面通常被粉，有时带紫黑色，边缘具短腺毛；花冠淡紫红色，冠筒口周围黄色，冠筒长 5~6 mm，冠檐直径 8~10 mm，裂片楔状倒卵形，先端 2 深裂。【果实】蒴果筒状，长于花萼。

【花期】	6—7 月
【果期】	7—8 月
【生境】	低湿地草甸、沼泽化草甸、亚高山草甸、亚高山岳桦林下岩石缝中、沟谷灌丛中及高山苔原带
【分布】	黑龙江北部、吉林东北部、内蒙古东北部
【附注】	本区尚有 1 变种：裸报春，叶背面无粉状物，分布于黑龙江西部、吉林西南部，其他与原种同

粉报春花序

粉报春植株

裸报春 var. *denudata*

裸报春植株

裸报春花序

裸报春花序（白色）

胭脂花花

胭脂花花序

胭脂花 *Primula maximowiczii*

【别名】段报春、胭脂报春。【外观】多年生草本；全株无粉。【根茎】根状茎短；具多数长根。【叶】叶丛基部无鳞片；叶倒卵状椭圆形、狭椭圆形至倒披针形，连柄长 3~27 cm，宽 1.5~4 cm，先端钝圆或稍锐尖，基部渐狭窄，边缘具三角形小牙齿；叶柄具膜质宽翅，通常甚短。【花】花葶稍粗壮，高 20~60 cm；伞形花序 1~3 轮，几每轮 6~20 花；苞片披针形，花梗长 1~4 cm；花萼狭钟状，裂片三角形，边缘具腺状小缘毛；花冠暗朱红色，冠筒管状，裂片狭矩圆形，全缘，通常反折贴于冠筒上；长花柱花：冠筒长 11~13 mm，花柱长近达冠筒口；短花柱花：冠筒长 4~19 mm，花药顶端距筒口约 2 mm。【果实】蒴果稍长于花萼。

【花期】	6—7 月
【果期】	8 月
【生境】	林缘湿润处、林下及高山草甸
【分布】	黑龙江南部及东北部、吉林西部、内蒙古东北部

胭脂花群落

胭脂花植株

天山报春 *Primula nutans*

【别名】西伯利亚报春、伞报春。【外观】多年生草本。【根茎】根状茎短小；具多数须根。【叶】叶片卵形、矩圆形或近圆形，长 0.5~3 cm，宽 0.4~1.5 cm，先端钝圆，基部圆形至楔形，全缘或微具浅齿，鲜时稍带肉质，中肋稍宽，侧脉通常不明显；叶柄稍纤细。【花】花葶高 2~25 cm，伞形花序 2~10 花，苞片矩圆形；花萼狭钟状，具 5 棱，外面通常有褐色小腺点，基部稍收缩，下延成囊状，分裂深达全长的 1/3，裂片矩圆形至三角形，先端锐尖或钝，边缘密被小腺毛；花冠淡紫红色，冠筒口周围黄色，冠筒长 6~10 mm，喉部具环状附属物，冠檐直径 1~2 cm，裂片倒卵形，先端 2 深裂。【果实】蒴果筒状，顶端 5 浅裂。

【花期】	5—6 月
【果期】	7—8 月
【生境】	湿草地及草甸中
【分布】	黑龙江北部、内蒙古东北部

天山报春群落

天山报春植株

天山报春花（白色）

箭报春花序

箭报春花

箭报春 *Primula fistulosa*

【外观】多年生草本。【根茎】根状茎极短，具多数须根。
【叶】叶丛稍紧密，叶片矩圆形至矩圆状倒披针形，长 2~13 cm，
宽 5~15 mm，先端渐尖或稍钝，基部渐狭窄，边缘具不整齐的浅
齿。【花】花葶粗壮，中空，呈管状，高 5~20 cm，果期可伸长
至 28~49 cm；伞形花序通常多花，密集呈球状；苞片多数，花梗
等长，花萼钟状或杯状，先端锐尖；花冠玫瑰红色或红紫色，冠
筒长 6~7 mm，冠檐直径 8~14 mm，裂片倒卵形，先端 2 深裂；
长花柱花：雄蕊着生于冠筒中部，花柱长达冠筒口；短花柱花：
雄蕊着生于冠筒中上部，花柱长约 1.5 mm。【果实】蒴果球形，
与花萼近等长。

【花期】	5—6 月
【果期】	6—7 月
【生境】	低湿地、草甸地、林下、灌丛及富含腐殖质的砂质草地
【分布】	黑龙江北部、吉林东部及南部、辽宁东部、内蒙古东北部

箭报春居群

箭报春植株

岩生报春植株

岩生报春 *Primula saxatilis*

【别名】岩报春。【外观】多年生草本。【根茎】具短而纤细的根状茎。【叶】叶 3~8 枚丛生，叶片阔卵形至矩圆状卵形，长 2.5~8 cm，宽 2.5~6 cm，先端钝，基部心形，边缘具缺刻状或羽状浅裂，裂片边缘有三角形牙齿，上面深绿色，下面淡绿色；叶柄长 5~9 cm。【花】花葶高 10~25 cm；伞形花序 1~2 轮，每轮 3~15 花；苞片线形至矩圆状披针形，有时先端具齿；花梗稍纤细，直立或稍下弯，被柔毛或短柔毛；花萼近筒状，分裂达中部，裂片披针形至矩圆状披针形，直立，不展开，具明显的中肋；花冠淡紫红色，冠筒长 12~13 mm，外面近于无毛，冠檐直径 1.3~2.5 cm，裂片倒卵形，先端具深凹缺。【果实】蒴果狭椭圆形。

【花期】	5—6 月
【果期】	7—8 月
【生境】	林下和岩石缝中
【分布】	黑龙江南部、吉林南部、辽宁东部及西部

岩生报春花序（粉红色）

岩生报春果实

七瓣莲属 *Trientalis*

七瓣莲 *Trientalis europaea*

【别名】七瓣花。【外观】多年生草本。【根茎】根茎纤细，横走，末端常膨大成块状，具多数纤维状须根；茎直立，高 5~25 cm。【叶】叶 5~10 枚聚生茎端呈轮生状，叶片披针形至倒卵状椭圆形，长 2~7 cm，宽 1~2.5 cm；茎下部叶极稀疏，通常仅 1~3 枚，甚小，或呈鳞片状。【花】花 1~3 枚，单生于茎端叶腋，花梗纤细，花萼分裂近达基部；花冠白色，比花萼约长 1 倍，裂片椭圆状披针形，先端锐尖或具骤尖头；雄蕊比花冠稍短，子房球形，花柱约与雄蕊等长。【果实】蒴果直径 2.5~3 mm，比宿存花萼短。

【花期】	5—6 月
【果期】	7 月
【生境】	阴湿针叶林或针阔混交林及次生阔叶林下较密的灌丛中
【分布】	黑龙江北部及南部、吉林东部及南部、辽宁东部、内蒙古东北部

七瓣莲果实

七瓣莲植株

七瓣莲花（侧）

七瓣莲花

白檀花

白檀果实

山矾属 *Symplocos*

白檀 *Symplocos tanakana*

【别名】白檀山矾。【外观】落叶灌木或小乔木。【根茎】嫩枝有灰白色柔毛，老枝无毛。【叶】叶膜质或薄纸质，阔倒卵形、椭圆状倒卵形或卵形，长3~11 cm，宽2~4 cm，先端急尖或渐尖，基部阔楔形或近圆形，边缘有细尖锯齿；叶柄长3~5 mm。【花】圆锥花序，通常有柔毛；苞片早落，通常条形，有褐色腺点；花萼筒褐色，裂片半圆形或卵形，稍长于萼筒，淡黄色，有纵脉纹，边缘有毛；花冠白色，长4~5 mm，5深裂几达基部；雄蕊40~60枚，子房2室，花盘具5凸起的腺点。【果实】核果熟时蓝色，卵状球形。

【花期】	5—6 月
【果期】	8—9 月
【生境】	山坡、路边、疏林或灌丛间
【分布】	吉林东南部、辽宁东部及南部

白檀植株

安息香属 *Styrax*

玉铃花 *Styrax obassia*

【别名】玉铃野茉莉。【外观】落叶乔木或灌木；高 10~14 m。【根茎】树皮灰褐色。【叶】叶纸质，生于小枝最上部的互生，宽椭圆形或近圆形，长 5~15 cm，宽 4~10 cm，顶端急尖或渐尖，基部近圆形或宽楔形，侧脉每边 5~8 条；叶柄长 1~1.5 cm；生于小枝最下部的两叶近对生，叶较小。【花】花白色或粉红色，芳香；总状花序顶生或腋生，有花 10~20 枚，花梗常稍向下弯；小苞片线形，早落；花萼杯状，萼齿三角形或披针形；花冠裂片膜质，椭圆形，长 1.3~1.6 cm，花冠管长约 4 mm；雄蕊较花冠裂片短，花丝扁平；花柱与花冠裂片近等长。【果实】果实卵形或近卵形，顶端具短尖头。

【花期】	6—7 月
【果期】	8—9 月
【生境】	湿润肥沃的杂木林中
【分布】	吉林东南部、辽宁东部及南部

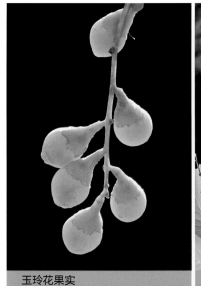

玉玲花果实

玉玲花枝条

玉玲花花

玉玲花花序

软枣猕猴桃花

软枣猕猴桃花 (雄花)

猕猴桃属 *Actinidia*

软枣猕猴桃 *Actinidia arguta*

【外观】大型落叶藤本。【根茎】小枝基本无毛；隔年枝灰褐色，皮孔长圆形至短条形；髓白色至淡褐色，片层状。【叶】叶膜质或纸质，卵形、长圆形、阔卵形至近圆形，长 6~12 cm，宽 5~10 cm，顶端急短尖，基部圆形至浅心形，边缘具繁密的锐锯齿。【花】花序腋生或腋外生，为 1~2 回分枝，1~7 花；苞片线形，长 1~4 mm；花绿白色或黄绿色，芳香，直径 1.2~2 cm；萼片 4~6 枚；卵圆形至长圆形；花瓣 4~6 枚，楔状倒卵形或瓢状倒阔卵形；花丝丝状，花药黑色或暗紫色，长圆形箭头状，子房瓶状。【果实】果圆球形至柱状长圆形，成熟时绿黄色或紫红色。

【花期】	6—7 月
【果期】	9—10 月
【生境】	阔叶林或针阔叶混交林
【分布】	黑龙江东南部、吉林南部及东部、辽宁东部及西部

软枣猕猴桃植株

软枣猕猴桃花（雄花,侧）

软枣猕猴桃果实

软枣猕猴桃花序

软枣猕猴桃枝条

狗枣猕猴桃果实

狗枣猕猴桃 *Actinidia kolomikta*

【别名】深山木天蓼。【外观】大型落叶藤本。【根茎】小枝紫褐色，有较显著的带黄色的皮孔。【叶】叶膜质或薄纸质，阔卵形、长方卵形至长方倒卵形，长 6~15 cm，宽 5~10 cm，顶端急尖至短渐尖，基部心形，两侧不对称，边缘有单锯齿或重锯齿，两面近同色，上部往往变为白色，后渐变为紫红色。【花】聚伞花序，雄性的有花 3 枚，雌性的通常 1 花单生，花序柄和花柄纤弱，苞片小，钻形；花白色或粉红色，芳香，直径 15~20 mm；萼片 5 枚，长方卵形；花瓣 5 枚，长方倒卵形；花丝丝状，花药黄色，子房圆柱状。【果实】果柱状长圆形，成熟时淡橘红色，并有纵纹。

【花期】	6—7 月
【果期】	9—10 月
【生境】	阔叶林或红松针阔叶混交林
【分布】	黑龙江东南部、吉林南部及东部、辽宁东部

狗枣猕猴桃花序

狗枣猕猴桃花

狗枣猕猴桃植株

葛枣猕猴桃 *Actinidia polygama*

【别名】木天蓼。【外观】大型落叶藤本。【根茎】着花小枝细长，皮孔不很显著；髓白色，实心。【叶】叶膜质至薄纸质，卵形或椭圆卵形，长 7~14 cm，宽 4.5~8 cm，顶端急渐尖至渐尖，基部圆形或阔楔形，边缘有细锯齿，叶脉比较发达。【花】花序 1~3 花；苞片小；花白色，芳香，直径 2~2.5 cm；萼片 5 枚，卵形至长方卵形；花瓣 5 枚，倒卵形至长方倒卵形，最外 2~3 枚的背面有时略被微茸毛；花丝线形，花药黄色，卵形箭头状，子房瓶状。【果实】果成熟时淡橘色，卵球形或柱状卵球形，无斑点，顶端有喙，基部有宿存萼片。

【花期】	6—7 月
【果期】	9—10 月
【生境】	阔叶林、杂木林、林缘及灌丛
【分布】	黑龙江南部、吉林南部及东部、辽宁东部及南部、内蒙古东南部

葛枣猕猴桃果实

葛枣猕猴桃枝条

葛枣猕猴桃花

葛枣猕猴桃花序

地桂属 *Chamaedaphne*

地桂 *Chamaedaphne calyculata*

【别名】湿原踯躅、匍杜。【外观】常绿直立灌木，高 0.3~1.5 m。【根茎】小枝黄褐色，密生小鳞片和短柔毛。【叶】叶近革质，长椭圆形或长圆状倒披针形，长 3~4 cm，宽 1~1.5 cm，顶端钝，有微尖头，基部楔形或钝圆，两面均有鳞片；叶柄短。【花】总状花序顶生，总轴上的叶状苞片长圆形；花生于叶状苞片的腋内，稍下垂，偏向一侧，有 2 个小苞片紧贴于花萼；花梗短，密生短柔毛；萼片披针形，背面有淡褐色柔毛和鳞片，花冠坛状，白色，长 5~6 mm，裂片微反卷。【果实】蒴果扁球形，直径约 4 mm。

【花期】	5—6 月
【果期】	8—9 月
【生境】	满覆苔藓的沼泽地或沼泽地黄花落叶松和落叶松的林下
【分布】	黑龙江北部、吉林东部及南部、内蒙古东北部

地桂花（纯白色）

地桂果实

地桂枝条

地桂花（淡黄色）

喜冬草属 *Chimaphila*

伞形喜冬草 *Chimaphila umbellata*

　　【别名】伞形梅笠草。【外观】常绿矮小灌木；高 10~20 cm。【根茎】根茎长而粗，斜升。【叶】叶近对生或多数轮生，厚革质，倒卵状长楔形或匙状倒披针形，先端圆钝，基部狭楔形，下延至叶柄，中部以上边缘有疏粗锯齿，下部边缘全缘，上面暗绿色，有皱纹，中脉及侧脉凹入，下面苍白色；叶柄短。【花】花葶有细小疣，花 2~10 聚成伞形花序；花倾斜，白色，偶带红色，直径 8~12 mm；花梗直立，有细小疣；苞片宽线形，早落；萼片圆卵形；花瓣倒卵形，先端圆钝；雄蕊 10 枚，花丝下半部膨大并有缘毛，花药有小角，顶孔开裂，黄色；近无花柱，柱头圆盾状，5 圆浅裂。【果实】蒴果扁球形。

【花期】	6—7 月
【果期】	8—9 月
【生境】	阔叶林或针阔混交林下
【分布】	吉林东南部

伞形喜冬草花

伞形喜冬草果实

伞形喜冬草植株

杜香属 *Ledum*

杜香 *Ledum palustre*

　　【别名】细叶杜香、狭叶杜香。【外观】半常绿小灌木；直立或茎下部俯卧，高达 50 cm 以上。【根茎】幼枝黄褐色，密生锈褐色或白色毛；芽卵形，鳞片密被毛。【叶】叶质稍厚，密而互生，有强烈香味，狭条形；壮枝叶披针状条形，长 3.5~4.5 cm，宽约 8 mm 以上，先端钝头，基部狭成短柄，上面深绿色，中脉凹入，有皱纹，下面密生锈褐色和白色绒毛及腺鳞，中脉凸起，全缘。【花】伞房花序，生于前一年生枝的顶端，花梗细，密生锈褐色绒毛；花多数，小形，白色；萼片 5 枚，圆形，尖头，宿存；花冠 5 深裂，裂片长卵形；雄蕊 10 枚，花丝基部有细毛，花柱宿存。【果实】蒴果卵形，生有褐色细毛。

【花期】	6—7 月
【果期】	7—8 月
【生境】	泥炭藓类沼泽中或落叶松林缘、林下、湿润山坡
【分布】	黑龙江北部、吉林东部及南部、辽宁东部、内蒙古东北部
【附注】	本区尚有 1 变种：宽叶杜香，叶长圆状披针形或长圆形，长 2.5~8 cm，宽 4~18 mm，背面除锈褐色长毛外，成叶长毛脱落呈现白色，其他与原种同

杜香群落

杜香果实

杜香植株

杜香花

宽叶杜香 var. *dilatatum*

杜香花序

宽叶杜香花序

松毛翠花

松毛翠果实

松毛翠属 *Phyllodoce*

松毛翠 *Phyllodoce caerulea*

　　【外观】常绿小灌木。【根茎】茎平卧或斜升，多分枝；地面上直立，枝条高 10~40 cm。【叶】叶互生，密集，近无柄，革质，条形，长 5~14 mm，宽 1~2 mm，顶端钝，基部近截形或宽楔形，边缘有尖而小的细锯齿，常外卷。【花】伞形花序顶生，花 1~6 朵；苞片 2 枚，宿存；花梗细长，果时伸长，稍下弯，常红色，密被长腺毛；萼卵状长圆状，5 深裂至近基部，紫红色，萼片披针形，被腺毛；花冠卵状壶形，长 7~11 mm，红色或紫堇色，口部稍缩小，檐部 5 裂，裂片小，齿状三角形，边缘疏生短腺毛。【果实】蒴果近球形，长 3~4 mm。

【花期】	7 月
【果期】	8—9 月
【生境】	高山石砾地、高山灌丛、冻原带上及岳桦林下
【分布】	黑龙江北部、吉林东南部、内蒙古东北部

松毛翠植株

独丽花属 *Moneses*

独丽花 *Moneses uniflora*

【外观】多年生常绿草本；高 5~13 cm。【根茎】根状茎细长；地上茎高约 2 cm。【叶】叶 2~6 枚，聚生于茎基部或排列成 1~2 轮，卵圆形或近于圆形，长宽各约 1.5 cm，顶端钝圆，基部稍下延，边缘有细锯齿，叶柄长 5~10 mm。【花】花大，白色，俯垂，单生于花葶顶部；花葶中上部有 1~2 枚鳞片状叶，生有很小的乳头状突起；花萼 5 裂，边缘有微睫毛；花瓣 5 枚，广展开，倒卵形，花冠直径 1.5 cm；雄蕊 10 枚，在花蕾中反折，花药 2 室，有 2 管状的顶孔；子房球形，花柱较粗而长，直立，柱头头状，5 深裂。【果实】蒴果圆球形，室背自上而下开裂。

独丽花花

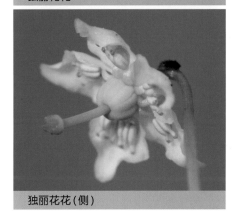

独丽花花（侧）

【花期】	7 月
【果期】	8—9 月
【生境】	林下沟边、河岸等土壤阴湿处及苔藓上
【分布】	黑龙江北部、吉林东南部

独丽花植株

独丽花果实

日本鹿蹄草植株

鹿蹄草属 *Pyrola*

日本鹿蹄草 *Pyrola japonica*

【外观】常绿草本状小半灌木。【根茎】茎高 15~30 cm。【叶】叶 3~8，基生，近革质，椭圆形或卵状椭圆形，长 2.5~6 cm，宽 2.5~4.5 cm，先端圆钝，基部近圆形或圆楔形，上面深绿色，叶脉处色较淡；叶柄有狭翼。【花】花葶有 1~2 枚膜状鳞片状叶或缺如，披针形；总状花序，有 3~12 花，花倾斜，半下垂，花冠碗形，直径 10~12 mm，白色；花梗腋间有苞片，线状披针形，萼片披针状三角形；花瓣倒卵状椭圆形或卵状椭圆形，先端圆钝；雄蕊 10 枚，花药上端有小角，末端有短尾尖；花柱倾斜，上部向上弯曲，顶端增粗，无环状突起，伸出花冠。【果实】蒴果扁球形。

【花期】	6—7 月
【果期】	8—9 月
【生境】	针阔叶混交林或阔叶林内
【分布】	黑龙江东部、吉林南部及东部、辽宁东部、内蒙古东北部

日本鹿蹄草花

日本鹿蹄草花(侧)

日本鹿蹄草花序

红花鹿蹄草 *Pyrola asarifolia* subsp. *incarnata*

【外观】常绿草本状小半灌木；高 15~30 cm。【根茎】根茎细长。【叶】叶 3~7，基生，薄革质，近圆形或圆卵形或卵状椭圆形，长 3.5~6 cm，宽 2.5~5.5 cm，先端圆钝，基部近圆形或圆楔形，边缘近全缘。【花】花葶常带紫色，有 2~3 枚褐色的鳞片状叶，较大，狭长圆形或长圆状卵形，长 12~15 mm，宽 3~5 mm，先端急尖或短尖头；总状花序，有 7~15 花，花倾斜，稍下垂，花冠广开，碗形，直径 13~20 mm，紫红色；花梗果期伸长，腋间有膜质苞片，萼片三角状宽披针形；花瓣倒圆卵形；雄蕊 10 枚，花柱倾斜，上部向上弯曲，伸出花冠。【果实】蒴果扁球形，带紫红色。

红花鹿蹄草花序

【花期】	6—7 月
【果期】	8—9 月
【生境】	阴湿地针叶林、针阔叶混交林或阔叶林下
【分布】	黑龙江北部、吉林东部及南部、辽宁东部及南部、内蒙古东北部

红花鹿蹄草花

红花鹿蹄草果实

红花鹿蹄草居群

红花鹿蹄草植株

兴安鹿蹄草 *Pyrola dahurica*

【别名】圆叶鹿蹄草、鹿蹄草。【外观】常绿草本状小半灌木，高 15~23 cm。【根茎】茎直立。【叶】叶 2~7 枚，基生，革质，近圆形或广卵形，长 2.5~4.7 cm，宽 2.3~4.3 cm，先端圆形或钝圆形，基部圆形或圆楔形，边缘近全缘或有不明显的疏圆齿。【花】花葶有 1~2 枚鳞片状叶，相距甚远，卵状披针形或卵状长圆形，先端急尖，基部稍抱花葶；总状花序，有 5~10 花，花倾斜，稍下垂，花冠展开，碗状，直径约 1 cm，白色；花梗较短，腋间有长舌形或卵状披针形苞片，萼片舌形；花瓣广倒卵形，质地较厚，先端圆钝；雄蕊 10 枚，花丝较短；花柱果期伸长，上部向上弯曲，稍伸出花冠。【果实】蒴果扁球形。

【花期】	6—7 月
【果期】	8—9 月
【生境】	林下湿草甸、针叶林、针阔叶混交林或阔叶林下
【分布】	黑龙江北部及东部、吉林东部及南部、辽宁东部、内蒙古东北部

兴安鹿蹄草花序

兴安鹿蹄草花

兴安鹿蹄草果实

兴安鹿蹄草植株

肾叶鹿蹄草 *Pyrola renifolia*

【外观】常绿草本状小半灌木。【根茎】高 10~21 cm。【叶】叶 2~6，基生，薄革质，肾形或圆肾形，长 1~3 cm，宽 1.5~4 cm，先端圆钝，基部深心形；叶柄长 2~6 cm。【花】花萼细长，具棱，近膜质，披针形。总状花序有 2~5 花，疏生，花倾斜，稍下垂，花冠宽碗状，直径 1~1.5 cm，白色微带淡绿色；花梗果期伸长，腋间有膜质苞片，狭披针形；萼片较小，半圆形或三角状半圆形；花瓣倒卵圆形，先端圆钝；雄蕊 10 枚，花药黄色；花柱倾斜，上部稍向上弯曲，伸出花冠。【果实】蒴果扁球形，直径 4~6.5 mm。

【花期】	6—7 月
【果期】	7—8 月
【生境】	云杉、冷杉及落叶松林下湿润的苔藓层中
【分布】	黑龙江东北部、吉林东南部、辽宁东部

肾叶鹿蹄草花

肾叶鹿蹄草花（侧）

肾叶鹿蹄草果实

肾叶鹿蹄草植株

杜鹃花属 *Rhododendron*

牛皮杜鹃 *Rhododendron aureum*

【外观】常绿矮小灌木；高 10~50 cm。【根茎】茎横生，侧枝斜升，具宿存的芽鳞。【叶】叶革质，常 4~5 枚集生于小枝顶端，倒披针形或倒卵状长圆形，长 2.5~8 cm，宽 1~3.5 cm，先端钝或圆形，具短小凸尖头，基部楔形，边缘略反卷。【花】顶生伞房花序，有花 5~8 朵，花梗直立，花萼小，具 5 个小齿裂；花冠钟形，长 2.5~3 cm，淡黄色，5 裂，裂片近于圆形，稍不等大，上方一片具红色斑点，顶端微缺；雄蕊 10 枚，不等长，花丝基部被白色微柔毛，花药椭圆形，淡褐色；子房卵球形，柱头小，5 浅裂。【果实】果序直立，果梗疏被柔毛，蒴果长圆柱形。

【花期】	6—7 月
【果期】	8—9 月
【生境】	高山苔原带、高山草甸、高山湿地及林下、林缘
【分布】	黑龙江南部、吉林东部、辽宁东部

牛皮杜鹃果实

牛皮杜鹃花（白色）

牛皮杜鹃花（花瓣边缘粉红色）

牛皮杜鹃花（淡黄色）

牛皮杜鹃群落

牛皮杜鹃植株

大字杜鹃花 (纯粉色)

大字杜鹃花 (纯白色)

大字杜鹃 *Rhododendron schlippenbachii*

【别名】辛伯楷杜鹃。【外观】落叶灌木；高 1~4.5 m。【根茎】枝近于轮生；幼枝黄褐色或淡棕色，老枝灰褐色。【叶】叶纸质，常 5 枚集生枝顶，倒卵形或阔倒卵形，长 4.5~7.5 cm，宽 2.5~4.5 cm，先端圆形或微有缺刻，具短尖头，基部楔形，边缘微波状，中脉和侧脉在上面凹陷，下面凸出。【花】伞形花序顶生，有花 3~6 枚，花梗密被腺毛；花萼 5 裂，裂片卵状椭圆形，外面及边缘具腺毛；花冠蔷薇色或白色至粉红色，辐状漏斗形，长 2.7~3.2 cm，裂片 5 枚，阔倒卵形，上方 3 枚具红棕色斑点，外面被微柔毛；雄蕊 10 枚，部分伸出于花冠外，子房卵球形，花柱比雄蕊长。【果实】蒴果长圆球形，黑褐色，密被腺毛。

【花期】	5—6 月
【果期】	8—9 月
【生境】	阴山坡阔叶林下、灌丛中及干燥多石山坡上
【分布】	吉林东部及南部、辽宁东部及南部

大字杜鹃果实

大字杜鹃枝条

大字杜鹃花 (粉红色)

大字杜鹃群落

大字杜鹃植株

刺枝杜鹃 *Rhododendron beanianum*

【别名】短果杜鹃。【外观】常绿灌木或小乔木。【根茎】幼枝密被刚毛状分枝腺毛。【叶】叶革质，倒卵形或椭圆形，长 6.3~10.5 cm，宽 2~4 cm，先端圆有小突尖头，基部宽楔形或圆，上面深绿色，有皱纹，无毛，下面密被红棕色分枝毡毛，侧脉 13 对；叶柄被淡棕色柔毛。【花】总状伞形花序有花 6~10 枚，花序轴无毛，花梗密被淡棕色刚毛状柔毛，花萼杯状，5 裂；花冠筒状钟形，长 3~4 cm，深红或淡白色，肉质，内面基部有 5 个黑红色蜜腺囊，5 裂；雄蕊 10 枚，花丝基部红色、无毛；子房柱状卵圆形，被棕色柔毛，柱头小。【果实】蒴果较短，圆柱状。

【花期】	6—7 月
【果期】	9—10 月
【生境】	亚高山针叶林下有阳光处
【分布】	吉林东南部

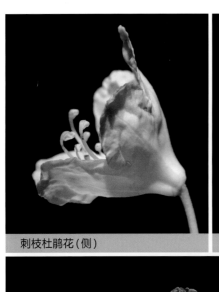

刺枝杜鹃花（侧）

刺枝杜鹃花

刺枝杜鹃果实

刺枝杜鹃花序

刺枝杜鹃幼株

叶状苞杜鹃 *Rhododendron redowskianum*

【别名】云间杜鹃、苞叶杜鹃。【外观】低矮落叶小灌木；高约 10 cm。【根茎】从基部分枝，幼枝被腺毛；老枝亮灰色，无毛。【叶】叶簇生，纸质，匙状倒披针形，长 0.5~1.5 cm，宽 3~6 mm，先端钝，具腺尖头，基部渐狭，下延至短叶柄，边缘具腺头睫毛，下面叶脉明显。【花】总状伞形花序顶生，有花 1~3 枚；花梗，被腺毛，具几个被毛的叶状苞片；花萼大，5 深裂至基部，裂片线状长圆形，先端钝，外面被微柔毛，边缘具腺状睫毛；花冠辐状，外面无毛，长约 1.5 cm，紫红色，花冠管裂片 5 枚，有一边分裂较深，几达基部，宽长圆形，具细齿。【果实】蒴果卵球形，长 6 mm。

【花期】	7—8 月
【果期】	8—9 月
【生境】	亚高山针叶林下有阳光处
【分布】	吉林东南部、辽宁东部

叶状苞杜鹃果实

叶状苞杜鹃花

叶状苞杜鹃群落

叶状苞杜鹃植株（花浅粉色）

叶状苞杜鹃植株

照山白花

照山白花（侧）

照山白 *Rhododendron micranthum*

【别名】照白杜鹃、小花杜鹃。【外观】常绿灌木；高可达 2.5 m。【根茎】茎灰棕褐色；枝条细瘦，幼枝被鳞片及细柔毛。【叶】叶近革质，倒披针形、长圆状椭圆形至披针形，顶端钝，急尖或圆，具小突尖，基部狭楔形，上面深绿色，有光泽，常被疏鳞片，下面黄绿色，被淡或深棕色有宽边的鳞片，鳞片相互重叠、邻接或相距为其直径的角状披针形或披针状线形，外面被鳞片，被缘毛。【花】伞形花序顶生，具花 4~10 枚；花萼极小；花冠漏斗形或狭漏斗形，白色，花冠管圆筒形，裂片 5 枚，长卵形，开展，具紫色斑点；雄蕊 5 枚，不等长，伸出花冠外，花柱比雄蕊长。【果实】蒴果长卵球形。

【花期】	6—7 月
【果期】	8—9 月
【生境】	山坡灌丛、山谷、峭壁及石岩上
【分布】	吉林南部、辽宁（东部、南部及西部）、内蒙古东南部

照山白群落

照山白果实

照山白枝条

照山白植株

高山杜鹃枝条

高山杜鹃花

高山杜鹃 *Rhododendron lapponicum*

【别名】小叶杜鹃。【外观】常绿小灌木；高 20~100 cm。【根茎】分枝繁密，短或细长，伏地或挺直。【叶】叶常散生于枝条顶部，革质，长圆状椭圆形至卵状椭圆形，或长圆状倒卵形，长 4~25 mm，宽 2~9 mm，顶端圆钝，有短突尖头，基部宽楔形，边缘稍反卷；叶柄被鳞片。【花】花序顶生，伞形，有花 2~6 枚，花梗果期伸长，花萼小，带红色或紫色，裂片 5 枚，卵状三角形或近圆形，被疏或密的鳞片，边缘被长缘毛或偶有鳞片；花冠宽漏斗状，长 6.5~16 mm，淡紫蔷薇色至紫色，罕为白色，花管内面喉部被柔毛，裂片 5 枚，开展，长于花管。【果实】蒴果长圆状卵形，密被鳞片。

【花期】	6 月
【果期】	9—10 月
【生境】	湿草甸及林间沼泽地带
【分布】	黑龙江北部、吉林东部及南部、内蒙古东北部

高山杜鹃群落

高山杜鹃植株

兴安杜鹃 *Rhododendron dauricum*

【别名】达乌里杜鹃。【外观】半常绿灌木；高 0.5~2 m。【根茎】分枝多，幼枝细而弯曲，被柔毛和鳞片。【叶】叶片近革质，椭圆形或长圆形，长 1~5 cm，宽 1~1.5 cm，两端钝，有时基部宽楔形，全缘或有细钝齿，上面深绿，散生鳞片，下面淡绿，密被鳞片；叶柄被微柔毛。【花】花序腋生枝顶或假顶生，1~4 花，先叶开放，伞形着生；花芽鳞早落或宿存，花萼 5 裂，密被鳞片；花冠宽漏斗状，长 1.3~2.3 cm，粉红色或紫红色，外面无鳞片，通常有柔毛；雄蕊 10 枚，短于花冠，花药紫红色；花柱紫红色，光滑，长于花冠。【果实】蒴果长圆形，先端 5 瓣开裂。

【花期】	5—6 月
【果期】	7 月
【生境】	山顶砬子、干燥石质山坡、火山迹地、林间湿地
【分布】	黑龙江（北部、南部及东部）、吉林东部及南部、辽宁东部及北部、内蒙古东北部
【附注】	本区尚有 1 变种：白花兴安杜鹃，花白色，径较小，其他与原种同

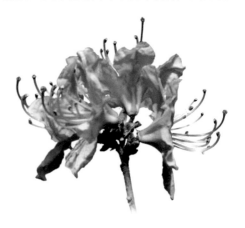

兴安杜鹃群落

兴安杜鹃植株

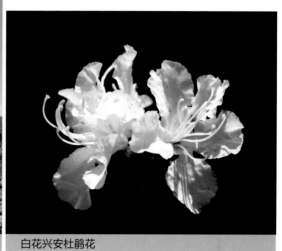
白花兴安杜鹃花

迎红杜鹃花（淡粉色）

迎红杜鹃花（红色）

迎红杜鹃 *Rhododendron mucronulatum*

【别名】尖叶杜鹃。【外观】落叶灌木；高 1~2 m。【根茎】分枝多，幼枝细长，疏生鳞片。【叶】叶片质薄，椭圆形或椭圆状披针形，长 3~7 cm，宽 1~3.5 cm，顶端锐尖、渐尖或钝，边缘全缘或有细圆齿，基部楔形或钝，上面疏生鳞片，下面鳞片大小不等；叶柄长 3~5 mm。【花】花序腋生枝顶或假顶生，1~3 花，先叶开放，伞形着生；花梗疏生鳞片；花萼长 0.5~1 mm，5 裂，被鳞片，无毛或疏生刚毛；花冠宽漏斗状，长 2.3~2.8 cm，径 3~4 cm，淡红紫色，外面被短柔毛，无鳞片；雄蕊 10 枚，不等长，稍短于花冠，花丝下部被短柔毛；子房 5 室，密被鳞片，花柱光滑，长于花冠。【果实】蒴果长圆形，先端 5 瓣开裂。

【花期】	4—5 月
【果期】	6—7 月
【生境】	山地灌丛中、干燥石质山坡、石砬子上
【分布】	吉林南部及东部、辽宁（东部、南部及西部）、内蒙古东北部
【附注】	本区尚有 1 变型。白花迎红杜鹃：花白色，其他与原种同

迎红杜鹃群落

迎红杜鹃枝条（花期）　　迎红杜鹃植株

白花迎红杜鹃 f. *album*

白花迎红杜鹃花

越橘属 *Vaccinium*

越橘 *Vaccinium vitis-idaea*

【别名】越桔。【外观】常绿矮小灌木。【根茎】地下部分有细长匍匐的根状茎,地上部分植株高 10~30 cm;茎纤细,直立或下部平卧。【叶】叶密生,叶片革质,椭圆形或倒卵形,顶端圆,有凸尖或微凹缺,基部宽楔形,边缘反卷,有浅波状小钝齿,中脉、侧脉在表面微下陷,在背面稍微突起;叶柄短。【花】花序短总状,生于去年生枝顶,稍下垂,有花 2~8 枚,序轴纤细;苞片红色,宽卵形,小苞片 2 枚,卵形;花梗被微毛,萼筒无毛,萼片 4 枚,宽三角形;花冠白色或淡红色,钟状,长约 5 mm,4 裂,裂片三角状卵形,直立;雄蕊 8 枚,比花冠短,花柱稍超出花冠。【果实】浆果球形,紫红色。

越橘花序

越橘花序(侧)

【花期】	6—7 月
【果期】	8—9 月
【生境】	落叶松林下、白桦林下、高山苔原或水湿台地
【分布】	黑龙江北部及南部、吉林东部及南部、内蒙古东北部

越橘群落

越橘果实

越橘植株(果期)

野丁香属 *Leptodermis*

薄皮木 *Leptodermis oblonga*

【外观】落叶灌木；高 0.2~1.2 m。【根茎】小枝纤细，灰色至淡褐色；表皮薄，常片状剥落。【叶】叶纸质，披针形或长圆形，有时椭圆形或近卵形，长 0.7~3 cm，宽 0.3~1 cm，顶端渐尖或短渐尖，稍钝头，基部渐狭或有时短尖；叶柄短，托叶基部阔三角形，顶端骤尖，尖头硬。【花】花无梗，常 3~7 朵簇生枝顶；小苞片透明，卵形，外面被柔毛，萼裂片阔卵形，顶端钝，边缘密生缘毛；花冠淡紫红色，漏斗状，长 11~ 20 mm，外面被微柔毛，冠管狭长，下部常弯曲，裂片狭三角形或披针形，顶端内弯。【果实】蒴果长 5~6 mm。

【花期】	6—8 月
【果期】	10 月
【生境】	山坡、路边及灌丛
【分布】	辽宁西部

薄皮木枝条

薄皮木花

薄皮木花（侧）

薄皮木植株

拉拉藤属 *Galium*

蓬子菜 *Galium verum*

【别名】蓬子菜拉拉藤。【外观】多年生近直立草本，基部稍木质；高 25~45 cm。【根茎】茎有 4 角棱，被短柔毛或秕糠状毛。【叶】叶纸质，6~10 片轮生，线形，通常长 1.5~3 cm，宽 1~1.5 mm，顶端短尖，边缘极反卷，常卷成管状，上面无毛，稍有光泽，下面有短柔毛，稍苍白，1 脉，无柄。【花】聚伞花序顶生和腋生，较大，多花，通常在枝顶结成带叶的圆锥花序状；总花梗密被短柔毛；花小，稠密，花梗有疏短柔毛或无毛，萼管无毛；花冠黄色，辐状，无毛，直径约 3 mm，花冠裂片卵形或长圆形，顶端稍钝，长约 1.5 mm；花药黄色，花柱顶部 2 裂。【果实】果小，果片双生，近球状，无毛。

蓬子菜花

【花期】	7—8 月
【果期】	8—9 月
【生境】	草原、林缘、灌丛、路旁、山坡及砂质湿地
【分布】	东北地区广泛分布
【附注】	本区尚有 1 变种：白花蓬子菜，花白色，其他与原种同

蓬子菜群落

蓬子菜植株

蓬子菜花序

白花蓬子菜 var. *lacteum*

白花蓬子菜花序

达乌里秦艽花序

龙胆属 *Gentiana*

达乌里秦艽 *Gentiana dahurica*

【别名】达乌里龙胆、达弗里亚龙胆、小叶秦艽、小秦艽、兴安龙胆。【外观】多年生草本；高 10~25 cm。【根茎】茎基部被枯存的纤维状叶鞘包裹；须根多条，向左扭结成一个圆锥形的根；枝多数丛生，斜升，黄绿色或紫红色。【叶】莲座丛叶披针形或线状椭圆形，先端渐尖，基部渐狭，叶脉 3~5 条，叶柄宽，扁平，膜质；茎生叶少数，线状披针形至线形，先端渐尖。【花】聚伞花序顶生及腋生，排列成疏松的花序；花萼筒膜质，裂片 5 枚；花冠深蓝色，有时喉部具多数黄色斑点，筒形或漏斗形，长 3.5~4.5 cm，裂片卵形或卵状椭圆形，长 5~7 mm，先端钝，全缘，褶整齐，三角形或卵形。【果实】蒴果内藏，无柄，狭椭圆形。

【花期】	7—8 月
【果期】	9—10 月
【生境】	草甸、山坡草地、河滩、湖边沙地及干草原
【分布】	吉林西部、辽宁西北部、内蒙古东北部

达乌里秦艽植株

达乌里秦艽花

高山龙胆 *Gentiana algida*

【别名】苦龙胆、白花龙胆。【外观】多年生草本；高8~20 cm。【根茎】基部被黑褐色枯老膜质叶鞘包围；根茎短缩，直立或斜伸，具多数略肉质的须根；枝2~4个丛生，其中有1~3个营养枝和1个花枝；花枝直立，黄绿色，近圆形。【叶】叶大部分基生，常对折，线状椭圆形和线状披针形，叶脉1~3条；茎生叶1~3对，叶片狭椭圆形或椭圆状披针形，先端钝，叶脉1~3条。【花】花常1~3枚，顶生；花萼钟形或倒锥形，萼筒膜质，萼齿不整齐；花冠黄白色，具多数深蓝色斑点，裂片三角形或卵状三角形；雄蕊着生于冠筒中下部，整齐，花丝线状钻形。【果实】蒴果内藏或外露，椭圆状披针形。

高山龙胆植株

高山龙胆花

【花期】	7—8 月
【果期】	9 月
【生境】	高山苔原带及高山草甸
【分布】	吉林东南部、辽宁东部

高山龙胆植株（侧）

长白山龙胆 *Gentiana jamesii*

【别名】白山龙胆。【外观】多年生草本，高 10~18 cm。【根茎】茎直立，常带紫红色，具匍匐枝。【叶】叶略肉质，宽披针形或卵状矩圆形，先端钝，基部钝圆，半抱茎，边缘外卷，叶柄光滑，极短；下部叶较密集，长于节间，有时呈莲座状，中、上部叶开展，疏离，远短于节间。【花】花数朵，单生于小枝顶端；花梗紫红色，藏于最上部叶中；花萼倒锥形，萼筒膜质，裂片略肉质，叶状；花冠蓝色或蓝紫色，宽筒形，长 23~30 mm，裂片卵状椭圆形或矩圆形，长 6~7 mm，先端钝圆。【果实】蒴果内藏，宽矩圆形，先端钝圆，具宽翅。

【花期】	7—8 月
【果期】	8—9 月
【生境】	亚高山草地、草甸、林缘及高山苔原带
【分布】	黑龙江南部、吉林东部、辽宁东部

长白山龙胆花（花瓣有条纹）

长白山龙胆花（浅紫色）

长白山龙胆花

长白山龙胆植株

扁蕾属 *Gentianopsis*

扁蕾 *Gentianopsis barbata*

【别名】剪割龙胆、中国扁蕾。【外观】一年生或二年生草本；高 8~40 cm。【根茎】茎单生，直立，上部有分枝，条棱明显，有时带紫色。【叶】基生叶多对，常早落，匙形或线状倒披针形，先端圆形，边缘具乳突，基部渐狭成柄，中脉在下面明显；茎生叶3~10 对，无柄，狭披针形至线形。【花】花单生茎或分枝顶端；花梗直立，有明显的条棱，果时伸长；花萼筒状，裂片 2 对，不等长，异形，具白色膜质边缘；花冠筒状漏斗形，筒部黄白色，檐部蓝色或淡蓝色，长 2.5~5 cm，口部宽达 12 mm，裂片椭圆形，先端圆形，有小尖头，边缘有小齿。【果实】蒴果具短柄。

【花期】	7—8 月
【果期】	8—9 月
【生境】	湿草地、塔头甸子、河岸、山坡及林缘
【分布】	黑龙江北部、吉林东南部、辽宁西北部、内蒙古东部

扁蕾花

扁蕾花（侧）

扁蕾植株

肋柱花属 *Lomatogonium*

肋柱花 *Lomatogonium carinthiacum*

　　【别名】加地侧蕊、辐花侧蕊、卡林肋柱花。【外观】一年生草本；高 3~30 cm。【根茎】茎带紫色，自下部多分枝，枝细弱，斜升，几四棱形，节间较叶长。【叶】基生叶早落，具短柄，莲座状，叶片匙形，基部狭缩成柄；茎生叶无柄，披针形、椭圆形至卵状椭圆形，先端钝或急尖，基部钝，不合生，仅中脉在下面明显。【花】聚伞花序或花生分枝顶端；花梗斜上升，几四棱形，不等长；花 5 数，大小不相等，花萼长为花冠的 1/2，裂片卵状披针形或椭圆形；花冠蓝色，裂片椭圆形或卵状椭圆形，长 8~14 mm，先端急尖，基部两侧各具 1 个腺窝，腺窝管形，下部浅囊状，上部具裂片状流苏。【果实】蒴果无柄，圆柱形，与花冠等长或稍长。

【花期】	7—8 月
【果期】	8—9 月
【生境】	湿草甸子、河滩草地、山坡草地、灌丛草甸及高山草甸
【分布】	内蒙古东部

肋柱花植株

肋柱花花

肋柱花花（背）

花锚属 *Halenia*

花锚 *Halenia corniculata*

【别名】西伯利亚花锚。【外观】一年生草本；高 20~70 cm。【根茎】根具分枝、黄色或褐色；茎直立，近四棱形，具细条棱，从基部起分枝。【叶】基生叶倒卵形或椭圆形，先端圆或钝尖，基部楔形，通常早枯萎；茎生叶椭圆状披针形或卵形，长 3~8 cm，宽 1~1.5 cm，先端渐尖，基部宽楔形或近圆形。【花】聚伞花序顶生和腋生；花梗长 0.5~3 cm；花 4 数，直径 1.1~1.4 cm；花萼裂片狭三角状披针形；花冠黄色、钟形，冠筒长 4~5 mm，裂片卵形或椭圆形，长 5~7 mm，宽 3~5 mm，先端具小尖头，距长 4~6 mm。【果实】蒴果卵圆形、淡褐色，顶端 2 瓣开裂。

【花期】	7—8 月
【果期】	8—9 月
【生境】	山坡、草地、林缘及高山苔原带
【分布】	黑龙江北部及东南部、吉林东南部、辽宁东部、内蒙古东部

花锚果实

花锚花序

花锚植株

花锚群落

罗布麻属 *Apocynum*

罗布麻 *Apocynum venetum*

【外观】直立半灌木；高 1.5~3 m，具乳汁。【根茎】枝条对生或互生，圆筒形，紫红色或淡红色。【叶】叶对生，仅在分枝处为近对生，叶片椭圆状披针形至卵圆状长圆形，长 1~5 cm，宽 0.5~1.5 cm，叶缘具细牙齿；叶脉纤细，侧脉每边 10~15 条。【花】圆锥状聚伞花序一至多歧，苞片膜质，披针形；花萼 5 深裂，裂片披针形或卵圆状披针形；花冠圆筒状钟形，紫红色或粉红色，花冠筒长 6~8 mm，直径 2~3 mm，裂片卵圆状长圆形，每裂片内外均具 3 条明显紫红色的脉纹；雄蕊着生在花冠筒基部，花药箭头状，花丝短，子房由 2 枚离生心皮所组成。【果实】蓇葖果 2 枚，平行或叉生，下垂。

【花期】	6—7 月
【果期】	8—9 月
【生境】	盐碱荒地、砂质地、河流两岸、冲积平原、河泊周围及草甸子上
【分布】	黑龙江西部、吉林西部、辽宁（南部、北部及西部）、内蒙古东部

罗布麻植株

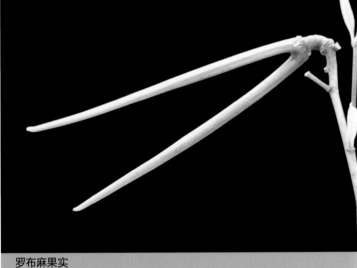

罗布麻果实

罗布麻花　罗布麻花（侧）

罗布麻居群

罗布麻花序

罗布麻群落

白薇花序

鹅绒藤属 *Cynanchum*

白薇 *Cynanchum atratum*

　　【别名】薇草。【外观】直立多年生草本；高达 50 cm。
【根茎】根须状，有香气。【叶】叶卵形或卵状长圆形，长
5~8 cm，宽 3~4 cm，顶端渐尖或急尖，基部圆形，两面均被有
白色绒毛，特别以叶背及脉上为密；侧脉 6~7 对。【花】伞形
状聚伞花序，无总花梗，生在茎的四周，着花 8~10 朵；花深紫
色，直径约 10 mm；花萼外面有绒毛，内面基部有小腺体 5 个；
花冠辐状，外面有短柔毛，并具缘毛；副花冠 5 裂，裂片盾状，
圆形，与合蕊柱等长，花药顶端具 1 圆形的膜片；花粉块每室 1 个，
下垂，长圆状膨胀；柱头扁平。【果实】蓇葖果单生，向端部
渐尖，基部钝形，中间膨大。

【花期】	5—6 月
【果期】	8—9 月
【生境】	山坡草地、林缘路旁、林下及灌丛间
【分布】	黑龙江（东部、南部及西部）、吉林（南部、东部及西部）、辽宁大部、内蒙古东部

白薇花

白薇花（背）

白薇果实

白薇植株

紫花杯冠藤 *Cynanchum purpureum*

【别名】紫花白前、紫花牛皮消。【外观】多年生直立草本植物。【根茎】茎被疏长柔毛，干后中空。【叶】叶对生，集生于分枝的顶端，线形或线状披针形，长 1~3 cm，宽约 2 mm，两面被疏长柔毛，尤以边缘为密。【花】聚伞花序伞状，半圆形，总花梗、花梗均被疏长柔毛；花直径 1.5 cm，花萼外面有毛，裂片披针形，基部内面有小腺体；花冠无毛，紫红色，裂片披针形，副花冠薄膜质，筒部成圆筒状，顶端有 5 浅齿，高过合蕊柱；花粉块长圆形，其柄生于着粉腺的下角；柱头圆筒状，顶端略 2 裂。【果实】蓇葖果长圆形，两端略狭。

【花期】	6—7 月
【果期】	8—9 月
【生境】	林缘草甸、草甸草原及石质山地向阳山坡
【分布】	黑龙江北部及西部、吉林西部、辽宁西部、内蒙古东部

紫花杯冠藤花序

紫花杯冠藤花序（背）

紫花杯冠藤花

紫花杯冠藤植株

杠柳花 (侧)

杠柳属 *Periploca*

杠柳 *Periploca sepium*

【外观】落叶蔓性灌木；长可达 1.5 m，具乳汁，除花外，全株无毛。【根茎】主根圆柱状；茎皮灰褐色，小枝通常对生，具皮孔。【叶】叶卵状长圆形，长 5~9 cm，宽 1.5~2.5 cm，顶端渐尖，基部楔形，叶面深绿色，叶背淡绿色；叶柄长约 3 mm。【花】聚伞花序腋生，着花数朵；花萼裂片卵圆形，顶端钝，花萼内面基部有 10 个小腺体；花冠紫红色，辐状，张开直径 1.5 cm，花冠筒短，裂片长圆状披针形，中间加厚呈纺锤形，反折；副花冠环状，10 裂。【果实】蓇葖果 2 枚，圆柱状。

【花期】	5—6 月
【果期】	8—9 月
【生境】	低山丘的林缘、沟坡、河边砂质地及地埂
【分布】	吉林西部及南部、辽宁大部、内蒙古东部

杠柳植株

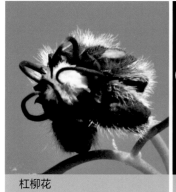
杠柳花

杠柳枝条

杠柳果实

杠柳花（淡黄色）

杠柳居群

钝背草属 *Amblynotus*

钝背草 *Amblynotus rupestris*

【外观】多年生小草本。【根茎】茎上部稍分枝，高 6~8 cm，有贴伏短糙毛。【叶】叶小，密生糙伏毛，基生叶和茎下部叶狭匙形，长 7~15 mm，宽 2~3 mm，基部渐狭成细柄，中部以上叶无柄，较小。【花】花序有数朵花；花有短花梗，苞片与上部茎生叶同形而较小；花萼裂片果期不增大；花冠蓝色，筒部长约 1.5 mm，檐部直径约 5 mm，裂片倒卵形或近圆形，全缘，开展，喉部附属物半圆形，肥厚；花柱长约 1 mm，柱头头状。【果实】小坚果歪卵形，淡黄白色，背面圆钝，腹面有纵隆脊。

【花期】	6—7 月
【果期】	8—9 月
【生境】	草原、砾石质草原及砂石质草原上
【分布】	内蒙古东北部

钝背草群落

钝背草植株

钝背草花

滨紫草属 Mertensia

长筒滨紫草 Mertensia davurica

　　【别名】滨紫草、兴安滨紫草。【外观】多年生草本。【根茎】根状茎块状，黑褐色；茎1条，直立，高20~30 cm，仅上部花序分枝。【叶】基生叶莲座状，密集，有长叶柄，往往早枯；茎生叶近直立，披针形至线状披针形，长1.5~3 cm，宽1.5~3.5 mm，无柄。【花】镰状聚伞花序，含少数花，通常2~3个集生于茎上部；花无苞片，花萼5裂至近基部，裂片线形或三角状线形；花冠蓝色，长1.2~2.2 cm，筒部直，直径2~3.5 mm，檐部比筒部稍宽，5浅裂，裂片近半圆形，稍开展，全缘，喉部附属物半圆形；雄蕊着生于喉部附属物之间，花药线状长圆形，柱头盘状。【果实】小坚果有皱纹，着生面狭三角形。

【花期】	6—7 月
【果期】	7—8 月
【生境】	山地草甸及林缘
【分布】	内蒙古东部

长筒滨紫草花序

长筒滨紫草花序(灰白色)

长筒滨紫草花(粉色)

长筒滨紫草群落

长筒滨紫草植株

砂引草属 *Messerschmidia*

砂引草 *Messerschmidia sibirica*

【别名】紫丹草。【外观】多年生草本；高 10~30 cm。
【根茎】有细长的根状茎；茎通常分枝，密生糙伏毛或
白色长柔毛。【叶】叶披针形、倒披针形或长圆形，长
1~5 cm，宽 6~10 mm，先端渐尖或钝，基部楔形或圆，
密生糙伏毛或长柔毛，中脉明显，上面凹陷，下面突起，
侧脉不明显。【花】花序顶生，萼片披针形，密生向上
的糙伏毛；花冠黄白色，钟状，长 1~1.3 cm，裂片卵形
或长圆形，外弯，花冠筒较裂片长，外面密生向上的糙
伏毛；花药长圆形，先端具短尖，花丝极短，着生花筒
中部；子房无毛，略现 4 裂，花柱细，柱头 2 浅裂，下
部环状膨大。【果实】核果椭圆形或卵球形，粗糙，密
生伏毛，先端凹陷。

【花期】	5—6 月
【果期】	7—8 月
【生境】	海滨沙地、沙地、沙漠边缘、盐生草甸及干河沟边
【分布】	黑龙江西部、吉林西部、辽宁（南部、西部及东部）、内蒙古东部
【附注】	本区尚有 1 变种：狭叶砂引草，叶披针状线形或线形，长 1.4~4 cm，宽 0.3~0.6 mm，先端通常锐尖，其他与原种同

砂引草花（纯白色）

砂引草果实

砂引草花（背）

砂引草花（乳白色）

砂引草群落

砂引草植株

狭叶砂引草 var. *angustior*

狭叶砂引草植株

勿忘草属 *Myosotis*

草原勿忘草 *Myosotis suaveolens*

【外观】多年生草本；高 15~40 cm。【根茎】根状茎短缩，须根较发达；全株紧密丛生，茎直立，稍有棱，被有糙硬毛，上部有分枝。【叶】茎下部叶倒披针形或椭圆形，两面密被硬毛，后变稀疏；茎上部叶为披针形，有时为披针状线形，通常向上贴茎生长，先端急尖，基部楔形，两面疏生短硬毛，无柄。【花】总状花序，无叶，被镰状糙伏毛；花梗在果期伸长，密被短伏硬毛；花萼果期不落，深裂，裂片披针形，被硬糙毛，萼筒被钩状开展毛；花淡蓝色，花冠檐部直径 5~6 mm，裂片 5 枚，先端圆，旋转状排列；喉部黄色，有 5 附属物。【果实】小坚果卵圆形，顶端钝，稍扁，光滑，深灰色，具光泽，周围有边。

【花期】	6—7 月
【果期】	8—9 月
【生境】	草原、山坡、草地、林缘及干山坡
【分布】	内蒙古东北部

草原勿忘草花

草原勿忘草花（背）

草原勿忘草群落

草原勿忘草植株

肾叶打碗花植株

肾叶打碗花花

打碗花属 *Calystegia*

肾叶打碗花 *Calystegia soldanella*

【别名】滨旋花。【外观】多年生草本；全体近于无毛。【根茎】具细长的根；茎细长，平卧，有细棱或有时具狭翅。【叶】叶肾形，长 0.9~4 cm，宽 1~5.5 cm，质厚，顶端圆或凹，具小短尖头，全缘或浅波状；叶柄长于叶片，或从沙土中伸出很长。【花】花腋生，1 朵，花梗长于叶柄，有细棱；苞片宽卵形，比萼片短，顶端圆或微凹，具小短尖；萼片近于等长，外萼片长圆形，内萼片卵形，具小尖头；花冠淡红色，钟状，长 4~5.5 cm，冠檐微裂；雄蕊花丝基部扩大，无毛；子房无毛，柱头 2 裂，扁平。【果实】蒴果卵球形。

【花期】	7—8 月
【果期】	9—10 月
【生境】	海滨沙地或海岸岩石缝中
【分布】	辽宁南部及西部

肾叶打碗花植株（花淡粉色）

鼓子花 *Calystegia sepium*

【别名】篱天剑、篱打碗花、旋花、宽叶打碗花。【外观】多年生草本。【根茎】茎缠绕，匍匐，多分枝。【叶】叶具柄，叶片三角形、卵形或广卵形，长 4~10 cm，宽 3~8 cm，基部截形或心形，先端渐尖或锐尖，全缘或基部伸展为 2~3 个大齿裂片。【花】花大，单生于叶腋；花梗长 5~8 cm，有细棱或狭翼；苞片 2 枚，广卵形，先端尖；萼片 5 枚，卵状披针形，先端尖；花冠漏斗状，粉红色或带紫色，长 5~7 cm，较萼长 3~4 倍，具不明显裂片 5 枚；雄蕊 5 枚，花丝基部膨大，被小鳞毛；雌蕊无毛，比雄蕊稍长，子房上位，2 室，柱头 2 裂，裂片卵形，扁平。【果实】蒴果球形。

【花期】	6—8 月
【果期】	8—9 月
【生境】	山地草地、耕地、撂荒地、路边及山地草甸
【分布】	黑龙江大部、吉林（南部、东部及西部）、辽宁（南部、东部及西部）、内蒙古东部

鼓子花植株

鼓子花果实

鼓子花花

藤长苗 *Calystegia pellita*

【别名】脱毛天剑、缠绕天剑、打碗花。【外观】多年生草本。【根茎】根细长；茎缠绕或下部直立，密被灰白色或黄褐色长柔毛。【叶】叶长圆形或长圆状线形，长 4~10 cm，宽 0.5~2.5 cm，顶端钝圆或锐尖，具小短尖头，基部圆形、截形或微呈戟形，全缘，叶脉在背面稍突起；叶柄毛被同茎。【花】花腋生，单一，花梗短于叶，密被柔毛；苞片卵形，顶端钝，具小短尖头，外面密被褐黄色短柔毛，有时被毛较少，具有如叶脉的中脉和侧脉；萼片近相等，长圆状卵形，上部具黄褐色缘毛；花冠淡红色，漏斗状，长 4~5 cm，冠檐于瓣中带顶端被黄褐色短柔毛；雄蕊花丝基部扩大，子房 2 室，柱头 2 裂，裂片长圆形。【果实】蒴果近球形。

【花期】	7—8 月
【果期】	9—10 月
【生境】	山坡草地、耕地、路旁及山间草甸
【分布】	黑龙江西部及东部、吉林西部、辽宁南部及西部、内蒙古东部

藤长苗植株

藤长苗花

藤长苗花(侧)

藤长苗果实

打碗花 *Calystegia hederacea*

【别名】常春藤打碗花、常春藤叶天剑、小旋花。【外观】一年生草本；全体不被毛，植株通常矮小，高 8~40 cm。【根茎】常自基部分枝，具细长白色的根；茎细，平卧，有细棱。【叶】基部叶片长圆形，长 2~5.5 cm，宽 1~2.5 cm，顶端圆，基部戟形，上部叶片 3 裂，中裂片长圆形或长圆状披针形，侧裂片近三角形，全缘或 2~3 裂，叶片基部心形或戟形。【花】花腋生，1 朵，花梗有细棱；苞片宽卵形，顶端钝或锐尖至渐尖；萼片长圆形，顶端钝，具小短尖头，内萼片稍短；花冠淡紫色或淡红色，钟状，长 2~4 cm，冠檐近截形或微裂；雄蕊近等长，花丝基部扩大，子房无毛，柱头 2 裂。【果实】蒴果卵球形，宿存萼片与之近等长或稍短。

【花期】	6—7 月
【果期】	8—9 月
【生境】	山坡、耕地、撂荒地及路边
【分布】	黑龙江（西部、东部及南部）、吉林（西部、东部及南部）、辽宁南部及西部、内蒙古东部

打碗花花（白色）

打碗花花

打碗花植株

田旋花植株

田旋花花（白色）

旋花属 *Convolvulus*

田旋花 *Convolvulus arvensis*

【别名】箭叶旋花、中国旋花。【外观】多年生草本。【根茎】根状茎横走；茎平卧或缠绕。【叶】叶卵状长圆形至披针形，长 1.5~5 cm，宽 1~3 cm，先端钝或具小短尖头，基部大多戟形，或箭形及心形，全缘或 3 裂，侧裂片展开，微尖，中裂片卵状椭圆形，狭三角形或披针状长圆形，微尖或近圆；叶脉羽状，基部掌状。【花】花序腋生，1 花或有时 2~3 至多花；苞片 2 枚，线形，外萼片长圆状椭圆形，内萼片近圆形；花冠宽漏斗形，长 15~26 mm，白色或粉红色，或白色具粉红或红色的瓣中带，或粉红色具红色或白色的瓣中带，5 浅裂；雄蕊 5 枚，花丝基部扩大，具小鳞毛；子房有毛，2 室，柱头 2 裂。【果实】蒴果卵状球形，或圆锥形，无毛。

【花期】	7—8 月
【果期】	8—9 月
【生境】	耕地、荒坡草地、村边及路旁
【分布】	黑龙江西部及东部、吉林西部、辽宁（南部、西部及北部）、内蒙古东部

田旋花群落

刺旋花 *Convolvulus tragacanthoides*

【别名】木旋花。【外观】匍匐有刺亚灌木；全体被银灰色绢毛，高 4~15 cm。【根茎】茎密集分枝，形成披散垫状；小枝坚硬，具刺。【叶】叶狭线形，或稀倒披针形，长 0.5~2 cm，宽 0.5~6 mm，先端圆形，基部渐狭，无柄。【花】花 2~6 枚密集于枝端，稀单花，花枝有时伸长，无刺，花柄密被半贴生绢毛；萼片椭圆形或长圆状倒卵形，先端短渐尖，或骤细成尖端，外面被棕黄色毛；花冠漏斗形，长 15~25 mm，粉红色，具 5 条密生毛的瓣中带，5 浅裂；雄蕊 5 枚，不等长，花丝无毛，基部扩大；雌蕊较雄蕊长；子房有毛，2 室；花柱丝状，柱头 2 裂，线形。【果实】蒴果球形。

【花期】	6—7 月
【果期】	8—9 月
【生境】	干沟、干河床上及砾石质丘陵坡地上
【分布】	辽宁西部、内蒙古东部

刺旋花果实

刺旋花植株（侧）

刺旋花植株

刺旋花花（淡粉色）

银灰旋花 *Convolvulus ammannii*

【别名】阿氏旋花。【外观】多年生草本。【根茎】根状茎短，木质化；茎少数或多数，高 2~15 cm，平卧或上升，枝和叶密被贴生稀半贴生银灰色绢毛。【叶】叶互生，线形或狭披针形，长 1~2 cm，宽 0.5~5 mm，先端锐尖，基部狭，无柄。【花】花单生枝端，具细花梗，萼片 5 枚，外萼片长圆形或长圆状椭圆形，近锐尖或稍渐尖，内萼片较宽，椭圆形，渐尖，密被贴生银色毛；花冠小，漏斗状，长 8~15 mm，淡玫瑰色或白色带紫色条纹，有毛，5 浅裂；雄蕊 5 枚，较花冠短一半，基部稍扩大；雌蕊无毛，较雄蕊稍长，子房 2 室，每室 2 胚珠；花柱 2 裂，柱头 2 裂，线形。【果实】蒴果球形，2 裂。

银灰旋花花

银灰旋花花（侧）

【花期】	7—8 月
【果期】	8—9 月
【生境】	干草甸、草地及砂质地上
【分布】	黑龙江西部、吉林西部、辽宁西北部、内蒙古东北部

银灰旋花居群

银灰旋花植株

银灰旋花花（花边缘分裂）

鱼黄草属 *Merremia*

北鱼黄草 *Merremia sibirica*

【别名】西伯利亚番薯、西伯利亚鱼黄草。【外观】缠绕草本；植株各部分近于无毛。【根茎】茎圆柱状，具细棱。【叶】叶卵状心形，长3~13 cm，宽 1.7~7.5 cm，顶端长渐尖或尾状渐尖，基部心形，全缘或稍波状，侧脉 7~9 对，纤细，近于平行射出，近边缘弧曲向上；叶柄基部具小耳状假托叶。【花】聚伞花序腋生，有 1~7 朵花，花序梗通常比叶柄短，有时超出叶柄，明显具棱或狭翅；苞片小，线形；花梗长 0.3~1.5 cm，向上增粗；萼片椭圆形，近于相等，顶端明显具钻状短尖头，无毛；花冠淡红色，钟状，长 1.2~1.9 cm，无毛，冠檐具三角形裂片；花药不扭曲，子房无毛，2 室。【果实】蒴果近球形，顶端圆，无毛，4 瓣裂。

北鱼黄草植株

北鱼黄草花

【花期】	7—8 月
【果期】	8—9 月
【生境】	路边、田边、山地草丛及山坡灌丛
【分布】	黑龙江西部、吉林西部、辽宁西部及南部、内蒙古东部

虎掌藤属 *Ipomoea*

牵牛 *Ipomoea nil*

【别名】裂叶牵牛、牵牛子、狗耳草。【外观】一年生缠绕草本。【根茎】茎上被倒向的短柔毛及杂有倒向或开展的长硬毛。【叶】叶宽卵形或近圆形，深或浅的 3 裂，偶 5 裂，长 4~15 cm，宽 4.5~14 cm，基部圆，心形，中裂片长圆形或卵圆形，渐尖或骤尖，侧裂片较短，三角形，裂口锐或圆。【花】花腋生，单一或通常 2 朵着生于花序梗顶，花序梗长短不一，毛被同茎；苞片线形或叶状，被开展的微硬毛；小苞片线形；萼片近等长，披针状线形，内面 2 片稍狭，外面被开展的刚毛，基部更密，有时也杂有短柔毛；花冠漏斗状，长 5~10 cm，蓝紫色或紫红色，花冠管色淡；雄蕊及花柱内藏。【果实】蒴果近球形，3 瓣裂。

牵牛花

牵牛植株

【花期】	7—8 月
【果期】	8—9 月
【生境】	田边、路边、宅旁及山谷林内
【分布】	原产热带美洲，我国东北温带地区广泛分布

圆叶牵牛 *Ipomoea purpurea*

【别名】毛牵牛。【外观】一年生缠绕草本。【根茎】茎上被倒向的短柔毛杂有倒向或开展的长硬毛。【叶】叶圆心形或宽卵状心形，长 4~18 cm，宽 3.5~16.5 cm，基部圆，心形，顶端锐尖、骤尖或渐尖，通常全缘，偶有 3 裂。【花】花腋生，单一或 2~5 朵着生于花序梗顶端成伞形聚伞花序；苞片线形，被开展的长硬毛；花梗被倒向短柔毛及长硬毛；萼片近等长，外面 3 片长椭圆形，渐尖，内面 2 片线状披针形，外面均被开展的硬毛，基部更密；花冠漏斗状，长 4~6 cm，紫红色、红色或白色，花冠管通常白色，瓣中带于内面色深，外面色淡；雄蕊与花柱内藏。【果实】蒴果近球形，3 瓣裂。

圆叶牵牛植株(侧)

【花期】	7—8 月
【果期】	8—9 月
【生境】	田边、路边、宅旁及山谷林内
【分布】	原产热带美洲，我国东北温带地区广泛分布

圆叶牵牛花(粉红色)

圆叶牵牛花(蓝紫色)

圆叶牵牛植株

圆叶牵牛花(白色)

圆叶牵牛花(纯粉色)

胕囊草属 *Physochlaina*

胕囊草 *Physochlaina physaloides*

　　【别名】大头狼毒。【外观】多年生草本；高 30~50 cm。【根茎】根状茎可发出一至数茎；茎幼时有腺质短柔毛，以后渐脱落到近无毛。【叶】叶卵形，长 3~5 cm，宽 2.5~3 cm，顶端急尖，基部宽楔形，并下延到叶柄，全缘而微波状，两面幼时有毛。【花】花序为伞形式聚伞花序，有鳞片状苞片；花梗像花萼一样密生腺质短柔毛，果时毛脱落而变稀疏；花萼筒状狭钟形，5 浅裂，密生缘毛，果时增大成卵状或近球状，萼齿向内倾但顶口不闭合；花冠漏斗状，长超过花萼的 1 倍，紫色，筒部色淡，5 浅裂，裂片顶端圆钝；雄蕊稍伸出于花冠；花柱显著伸出花冠。【果实】蒴果直径约 8 mm。

【花期】	4—5 月
【果期】	6—7 月
【生境】	山坡草地、林边及石质山坡上
【分布】	内蒙古东北部

胕囊草花序 (蓝紫色)　　胕囊草果实　　胕囊草花序 (粉紫色)

胕囊草植株　　胕囊草植株 (侧)

丁香属 *Syringa*

暴马丁香 *Syringa reticulata* subsp. *amurensis*

【别名】荷花丁香、白丁香。【外观】落叶小乔木或大乔木；高4~15 m。【根茎】具直立或开展枝条；树皮紫灰褐色；枝灰褐色，当年生枝绿色或略带紫晕，二年生枝棕褐色，光亮。【叶】叶片厚纸质，宽卵形、卵形至椭圆状卵形，先端短尾尖至尾状渐尖或锐尖，基部常圆形，或为楔形、宽楔形至截形；叶柄无毛。【花】圆锥花序由1到多对着生于同一枝条上的侧芽抽生，花序轴具皮孔；花萼齿钝；花冠白色，呈辐状，长4~5 mm，花冠管长约1.5 mm，裂片卵形，先端锐尖；花丝与花冠裂片近等长或长于裂片，花药黄色。【果实】果长椭圆形。

暴马丁香植株

暴马丁香花

【花期】	6—7 月
【果期】	8—10 月
【生境】	山坡灌丛、林边、草地、沟边及针阔叶混交林中
【分布】	黑龙江南部及东部、吉林南部及东部、辽宁（东部、南部及西部）

红丁香 *Syringa villosa*

【外观】落叶灌木；高达4 m。【根茎】茎直立，粗壮，灰褐色，具皮孔；小枝淡灰棕色，具皮孔。【叶】叶片卵形，椭圆状卵形、宽椭圆形至倒卵状长椭圆形，长4~15 cm，宽1.5~11 cm，先端锐尖或短渐尖，基部楔形或宽楔形至近圆形，上面深绿色，下面粉绿色。【花】圆锥花序直立，由顶芽抽生，长圆形或塔形，花序轴具皮孔；花芳香；花萼齿锐尖或钝；花冠淡紫红色、粉红色至白色，花冠管细弱，近圆柱形，长0.7~1.5 cm，裂片成熟时呈直角向外展开，卵形或长圆状椭圆形，长3~5 mm，先端内弯呈兜状而具喙，喙凸出；花药黄色，位于花冠管喉部或稍凸出。【果实】果长圆形，先端凸尖。

红丁香植株

红丁香花

【花期】	5—6 月
【果期】	9 月
【生境】	山坡灌丛、沟边及河旁
【分布】	吉林南部及东部、辽宁南部及西部

紫丁香花序

紫丁香果实

紫丁香 *Syringa oblata*

【别名】华北紫丁香。【外观】落叶灌木或小乔木；高可达 5 m。【根茎】树皮灰褐色或灰色；小枝较粗，疏生皮孔。【叶】叶片革质或厚纸质，卵圆形至肾形，宽常大于长，长 2~14 cm，宽 2~15 cm，先端短凸尖至长渐尖或锐尖，基部心形、截形至近圆形，或宽楔形，上面深绿色，下面淡绿色；萌枝上叶片常呈长卵形，先端渐尖，基部截形至宽楔形。【花】圆锥花序直立，由侧芽抽生，近球形或长圆形，花萼齿渐尖、锐尖或钝；花冠紫色，长 1.1~2 cm，花冠管圆柱形，长 0.8~1.7 cm，裂片呈直角开展，卵圆形、椭圆形至倒卵圆形，长 3~6 mm，宽 3~5 mm，先端内弯略呈兜状或不内弯；花药黄色。【果实】果倒卵状椭圆形、卵形至长椭圆形，先端长渐尖，光滑。

【花期】	5—6 月
【果期】	9—10 月
【生境】	山坡丛林、山沟溪边及山谷路旁
【分布】	辽宁西部、南部及东部

紫丁香枝条

紫丁香群落

紫丁香植株

旋蒴苣苔属 *Boea*

旋蒴苣苔 *Boea hygrometrica*

　　【别名】猫耳旋蒴苣苔、猫耳朵、牛耳草。【外观】多年生草本。【叶】叶
全部基生，莲座状，无柄，近圆形，圆卵形，卵形，长 1.8~7 cm，宽 1.2~5.5 cm，
上面被白色贴伏长柔毛，下面被白色或淡褐色贴伏长绒毛，顶端圆形，边缘
具牙齿或波状浅齿，叶脉不明显。【花】聚伞花序伞状，2~5 条，每花序具
2~5 花；花序梗长，苞片 2 枚，花梗长 1~3 cm；花萼钟状，5 裂至近基部，
上唇 2 枚略小，线伏披针形，顶端钝，全缘；花冠淡蓝紫色，长 8~13 mm，
直径 6~10 mm；筒长约 5 mm；檐部稍二唇形，上唇 2 裂，裂片相等，长圆形，
比下唇裂片短而窄，下唇 3 裂，裂片相等，宽卵形或卵形。【果实】蒴果长
圆形；长 3~3.5 cm。

【花期】	7—8 月
【果期】	9 月
【生境】	阴坡石崖及山坡路旁岩石上
【分布】	吉林东部、辽宁西部及东部

旋蒴苣苔果实

旋蒴苣苔花

旋蒴苣苔植株

旋蒴苣苔花（背）

柳穿鱼属 *Linaria*

柳穿鱼 *Linaria vulgaris* subsp. *chinensis*

【外观】多年生草本；高 50~80 cm。【根茎】茎直立，单一或分枝，无毛。【叶】叶通常互生或下部叶轮生，稀全部叶均为 4 片轮生；叶条形，长 2~6 cm，宽 2~10 mm，通常具单脉，稀 3 脉。【花】总状花序顶生，多花密集，花序轴与花梗均无毛或疏生短腺毛；苞片条形至狭披针形，比花梗长；花萼裂片披针形，外面无毛，里面稍密被腺毛；花冠黄色，上唇比下唇长，裂片卵形，长约 2 mm，下唇侧裂片卵圆形，宽 3~4 mm，中裂片舌状；距稍弯曲，长 8~12 mm；雄蕊 4 枚，2 枚较长，子房上位，2 室。【果实】蒴果椭圆状球形或近球形，长 7~9 mm，宽 6~7 mm。

【花期】	6—7 月
【果期】	8—9 月
【生境】	山坡、河岸石砾地、草地、沙地草原、固定沙丘、田边及路边
【分布】	黑龙江大部、吉林（东部、南部及西部）、辽宁大部、内蒙古东部

柳穿鱼花序

柳穿鱼植株

柳穿鱼居群

大穗花花（侧）

大穗花花

兔尾苗属 *Pseudolysimachion*

大穗花 *Pseudolysimachion dauricum*

　　【别名】大婆婆纳。【外观】多年生草本。【根茎】茎单生或数支丛生，直立，高可达 1 m，通常被多细胞腺毛或柔毛。【叶】叶对生，在茎节上有一个环连接叶柄基部，叶柄少有较短的，叶片卵形、卵状披针形或披针形，基部常心形，顶端常钝，少急尖，长 2~8 cm，宽 1~3.5 cm，两面被短腺毛，边缘具深刻的粗钝齿，常夹有重锯齿，基部羽状深裂过半，裂片外缘有粗齿，叶腋有不发育的分枝。【花】总状花序长穗状，单生或因茎上部分枝而复出，各部分均被腺毛；花梗长 2~3 mm；花冠白色或粉色，长 8 mm，筒部占 1/3 长，檐部裂片开展，卵圆形至长卵形。【果实】蒴果与萼近等长，宿存花柱长近 1 cm。

【花期】	7—8 月
【果期】	8—9 月
【生境】	草地、山坡、沙丘间湿地及沟谷石砬子
【分布】	黑龙江（北部、南部及东部）、吉林省中部及西部、内蒙古东部

大穗花群落

大穗花植株

兔儿尾苗花序

兔儿尾苗 *Pseudolysimachion longifolium*

　　【别名】长尾婆婆纳。【外观】多年生草本。【根茎】茎近于直立，高 40~120 cm。【叶】叶对生，偶 3~4 枚轮生，节上有一个环连接叶柄基部，叶腋有不发育的分枝，叶柄长 2~4 mm，叶片披针形，渐尖，基部圆钝至宽楔形，有时浅心形，长 4~15 cm，宽 1~3 cm，边缘为深刻的尖锯齿，常夹有重锯齿。【花】总状花序常单生，少复出，长穗状，各部分被白色短曲毛，花梗直；花冠紫色或蓝色，长 5~6 mm，筒部长占 2/5~1/2，裂片开展，后方一枚卵形，其余长卵形。【果实】蒴果长约 3 mm，无毛，宿存花柱长 7 mm。

【花期】	7—8 月
【果期】	8—9 月
【生境】	林缘草甸、河滩草甸、沟谷及灌丛
【分布】	黑龙江（北部、南部及东部）、吉林（东部、南部及西部）、内蒙古东部

兔儿尾苗群落

兔儿尾苗植株

细叶穗花花序

细叶穗花 *Pseudolysimachion linariifolia*

【别名】水蔓菁、勒马回、一枝香。【外观】多年生草本；高30~80 cm。【根茎】根状茎短；茎直立，单生或稀为2株丛生，通常不分枝，被白色而多为卷曲的柔毛。【叶】叶全为互生，叶片条形、线状披针形或长圆状披针形，长2~6 cm，宽2~7 mm，下部叶全缘，上部叶具粗疏牙齿。【花】总状花序顶生，长穗状，花梗短，被柔毛；花萼4深裂，裂片披针形，有睫毛；花冠蓝色或紫色，长5~6 mm，筒部长约为花冠长的1/3，喉部有柔毛，裂片不等，后方1枚圆形，其余3枚卵形。【果实】蒴果卵球形，稍扁，顶端微凹。

【花期】	7—8 月
【果期】	8—9 月
【生境】	林缘、草甸、山坡草地及灌丛
【分布】	黑龙江大部、吉林（西部、南部及东部）、辽宁大部、内蒙古东部

细叶穗花花（侧）

细叶穗花花

细叶穗花果实

细叶穗花植株

细叶穗花群落

婆婆纳属 *Veronica*

长白婆婆纳 *Veronica stelleri* var. *longistyla*

【外观】多年生草本；高 5~20 cm。【根茎】茎直立或上升，不分枝，多少有长柔毛。【叶】叶有 4~7 对，无柄，卵形至卵圆形，长 1~2 cm，宽 0.7~1.3 cm，边缘浅刻或有明显锯齿，疏被柔毛。【花】总状花序疏花，长仅 1~2.5 cm，各部分被多细胞腺毛；苞片全缘；花梗比苞片长；花萼裂片披针形或椭圆形；花冠蓝色或紫色，长 5~7 mm，裂片开展，后方一枚圆形，其余 3 枚卵形，下半部被短腺毛。【果实】蒴果倒卵形，被多细胞腺毛，宿存的花柱长 5~7 mm，卷曲。

长白婆婆纳花

长白婆婆纳植株

【花期】	7—8 月
【果期】	8—9 月
【生境】	亚高山岳桦林带的林缘和高山冻原带上
【分布】	吉林东南部

石蚕叶婆婆纳 *Veronica chamaedrys*

【外观】多年生草本；高 10~50 cm。【根茎】茎上升，不分枝，密生两列多细胞长柔毛。【叶】下部叶具极短的叶柄，中上部的无柄；叶片卵形或圆卵形，长 2.5 cm，宽 1.5~2 cm，顶端钝，基部平截或浅心形，边缘为深刻的钝齿，两面疏被短毛。【花】总状花序成对，侧生于茎上部叶腋，除花冠外，花序各部分被多细胞腺毛；苞片条状椭圆形，短于或等长于花梗；花萼裂片 4 枚，披针形；花冠辐状，直径约 12 mm，后方和侧面裂片宽大于长，前方裂片倒卵圆形，花冠内面几乎无毛。【果实】蒴果倒心形。

【花期】	6—7 月
【果期】	7—8 月
【生境】	林缘、湿草地或铁路边
【分布】	吉林南部、辽宁东部

石蚕叶婆婆纳植株

石蚕叶婆婆纳群落

腹水草属 *Veronicastrum*

草本威灵仙 *Veronicastrum sibiricum*

　　【别名】轮叶腹水草、轮叶婆婆纳。【外观】多年生草本；高达 1 m 以上。【根茎】根状茎横走，节间短，根多而须状。【叶】叶 3~9 枚轮生，近无柄或具短柄；叶片广披针形、长圆状披针形或倒披针形，长 4~15 cm，宽 1.5~4 cm，基部楔形，先端渐尖或锐尖，近革质，边缘具尖锯齿。【花】花序顶生，多花集成长尾状穗状花序，花无梗或近无梗；苞片条形，顶端尖；花萼 5 深裂，裂片条形或线状披针形；花冠淡蓝紫色、红紫色、紫色、淡紫色、粉红色或白色，长 6~7 mm，花冠比萼裂片长 2~3 倍，顶端 4 裂，裂片卵形，长约 2 mm，不等长。【果实】蒴果卵形或卵状椭圆形。

【花期】	7—8 月
【果期】	8—9 月
【生境】	湿草地、河岸、沟谷、高山草甸、林缘草甸及灌丛
【分布】	黑龙江（北部、东部及南部）、吉林（南部、东部及西部）、辽宁东部及南部、内蒙古东部

草本威灵仙花序　　　　草本威灵仙花（侧）

草本威灵仙花　　　　草本威灵仙果实

草本威灵仙群落

草本威灵仙植株

茶菱花

茶菱植株

茶菱属 *Trapella*

茶菱 *Trapella sinensis*

　　【别名】荠米。【外观】多年生水生草本。【根茎】根状茎横走；茎绿色，长达 60 cm。【叶】叶对生，表面无毛，背面淡紫红色；沉水叶三角状圆形至心形，长 1.5~3 cm，宽 2.2~3.5 cm，顶端钝尖，基部呈浅心形；叶柄长 1.5 cm。【花】花单生于叶腋内，在茎上部叶腋多为闭锁花，花梗花后增长，萼齿 5 枚，宿存；花冠漏斗状，淡红色，长 2~3 cm，直径 2~3.5 cm，裂片 5 枚，圆形，薄膜质，具细脉纹；雄蕊 2 枚，内藏，药室 2，纵裂；子房下位，2 室，上室退化，下室有胚珠 2 颗。【果实】蒴果狭长，不开裂，有种子 1 颗；顶端有锐尖、3 长 2 短的钩状附属物，其中 3 枚长的附属物，顶端卷曲成钩状。

【花期】	7—8 月
【果期】	8—9 月
【生境】	池塘及湖泊中
【分布】	黑龙江东部、吉林东部、辽宁东部及北部

茶菱群落

藿香属 *Agastache*

藿香 *Agastache rugosa*

【别名】排香草、土藿香。【外观】多年生草本。【根茎】茎直立，高 0.5~1.5 m，四棱形，在上部具能育的分枝。【叶】叶心状卵形至长圆状披针形，长 4.5~11 cm，宽 3~6.5 cm，向上渐小，先端尾状长渐尖，基部心形，边缘具粗齿，纸质。【花】轮伞花序多花，在主茎或侧枝上组成顶生密集的圆筒形穗状花序，轮伞花序具短梗；花萼管状倒圆锥形，萼齿三角状披针形，后 3 齿长，前 2 齿稍短；花冠淡紫蓝色，长约 8 mm，冠筒基部宽约 1.2 mm，冠檐二唇形，上唇直伸，先端微缺，下唇 3 裂，中裂片较宽大；雄蕊伸出花冠，花丝细，扁平。【果实】成熟小坚果卵状长圆形，腹面具棱，先端具短硬毛，褐色。

【花期】	7—8 月
【果期】	8—9 月
【生境】	山坡、林缘、路旁及荒地
【分布】	黑龙江（南部、东部及北部）、吉林（南部、东部及西部）、辽宁东部及南部、内蒙古东部

藿香花

藿香花（侧）

藿香花序

藿香居群

藿香植株

筋骨草属 *Ajuga*

多花筋骨草 *Ajuga multiflora*

　　【别名】筋骨草、花夏枯草。【外观】多年生草本。【根茎】茎直立，不分枝，高 6~20 cm，四棱形，密被灰白色绵毛状长柔毛，幼嫩部分尤密。【叶】基生叶具柄，茎上部叶无柄；叶片均纸质，椭圆状长圆形或椭圆状卵圆形，长 1.5~4 cm，宽 1~1.5 cm，先端钝或微急尖，基部楔状下延，抱茎。【花】轮伞花序自茎中部向上渐靠近，至顶端呈一密集的穗状聚伞花序；苞叶大；花梗极短；花萼宽钟形，萼齿 5 枚；花冠蓝紫色或蓝色，筒状，长 1~1.2 cm，冠檐二唇形，上唇短，直立，先端 2 裂，裂片圆形，下唇伸长，宽大，3 裂，中裂片扇形，侧裂片长圆形。【果实】小坚果倒卵状三棱形，背部具网状皱纹。

【花　期】	5—6 月
【果　期】	7—8 月
【生　境】	向阳草地、干燥草甸、山地草甸、河谷草甸、林缘及灌丛中
【分　布】	黑龙江（南部、东部及北部）、吉林（南部、东部及西部）、辽宁东部及南部、内蒙古东部

多花筋骨草植株（花深蓝色）

多花筋骨草群落

莸属 *Caryopteris*

蒙古莸 *Caryopteris mongholica*

【外观】落叶小灌木；高 0.3~1.5 m。【根茎】常自基部即分枝，嫩枝紫褐色，有毛，老枝毛渐脱落。【叶】叶片厚纸质，线状披针形或线状长圆形，全缘，很少有稀齿，长 0.8~4 cm，宽 2~7 mm，表面深绿色，稍被细毛，背面密生灰白色绒毛。【花】聚伞花序腋生，无苞片和小苞片；花萼钟状，外面密生灰白色绒毛，深 5 裂，裂片阔线形至线状披针形；花冠蓝紫色，长约 1 cm，外面被短毛，5 裂，下唇中裂片较长大，边缘流苏状，花冠管长约 5 mm，管内喉部有细长柔毛；雄蕊 4 枚，几等长，与花柱均伸出花冠管外；子房长圆形，无毛，柱头 2 裂。【果实】蒴果椭圆状球形，无毛，果瓣具翅。

【花期】	7—8 月
【果期】	9—10 月
【生境】	草原带的石质山坡、沙地、干河床及沟谷
【分布】	内蒙古东部

蒙古莸花

蒙古莸枝条

蒙古莸植株

海州常山花序

海州常山果实

大青属 *Clerodendrum*

海州常山 *Clerodendrum trichotomum*

【外观】落叶灌木或小乔木；高 1.5~5 m。【根茎】老枝灰白色，具皮孔。【叶】叶纸质，卵形、卵状椭圆形或三角状卵形，长 5~16 cm，宽 2~13 cm，顶端渐尖，基部宽楔形至截形，侧脉 3~5 对，全缘或有时边缘具波状齿。【花】伞房状聚伞花序顶生或腋生，通常二歧分枝，疏散，末次分枝着花 3 朵；苞片叶状，椭圆形，早落；花萼蕾时绿白色，后紫红色，基部合生，中部略膨大，有 5 棱脊，顶端 5 深裂，裂片三角状披针形或卵形，顶端尖；花香，花冠白色或带粉红色，花冠管细，长约 2 cm，顶端 5 裂，裂片长椭圆形；雄蕊 4 枚，花丝与花柱同伸出花冠外；花柱较雄蕊短，柱头 2 裂。【果实】核果近球形，包藏于增大的宿萼内，成熟时外果皮蓝紫色。

【花期】	7—8 月
【果期】	9—10 月
【生境】	多石质山坡、杂木林内、海边及路旁
【分布】	辽宁东部及南部

海州常山植株

风轮菜属 Clinopodium

麻叶风轮菜 Clinopodium urticifolium

　　【别名】风车草、大花风轮菜。【外观】多年生草本；高35~80 cm。【根茎】根茎木质；茎直立，四棱形，近基部有时圆形，半木质，常带紫红色，常于上部分枝。【叶】叶对生；茎下部叶片卵形、卵圆形或卵状披针形，长 3~5 cm，宽 1.5~3 cm，基部近圆形或稍成截形，先端尖或钝，边缘锯齿状，侧脉 6~7 对；茎上部叶柄向上渐短。【花】轮伞花序多花密集，彼此远离；苞叶叶状，超过花序，且成苞片状，线形，带紫红色；花总梗多分枝；花萼管状，上部带紫红色，里面喉部具 2 列毛茸；冠檐二唇形，上唇倒卵形，先端微凹，下唇 3 裂，中裂片大；雄蕊 4 枚，前雄蕊稍长，不超出花冠，花柱先端不相等 2 浅裂。【果实】小坚果倒卵形，褐色，无毛。

麻叶风轮菜植株

【花期】	6—8 月
【果期】	8—9 月
【生境】	草地、山坡、林缘、路旁及田边
【分布】	黑龙江（南部、东部及北部）、吉林南部及东部、辽宁东部及南部、内蒙古东南部

麻叶风轮菜花序

麻叶风轮菜花

麻叶风轮菜果实

青兰属 Dracocephalum

光萼青兰 Dracocephalum argunense

【外观】多年生草本。【根茎】茎多数自根茎生出，直立，高 35~57 cm，不分枝，上部四棱形。【叶】茎下部叶具短柄，叶片长圆状披针形，长 2.2~4 cm，宽 5~6 mm，先端钝，基部楔形；茎中部以上，叶无柄，披针状线形，花序上，叶变短。【花】轮伞花序生于茎顶 2~4 个节上，多少密集，苞片绿色，椭圆形或匙状倒卵形，先端锐尖，边缘被睫毛；花萼下部密被倒向的小毛，2 裂近中部，齿锐尖，常带紫色，上唇 3 裂，中齿披针状卵形，较侧齿稍宽，侧齿披针形，下唇 2 裂几至本身基部，齿披针形；花冠蓝紫色，长 3.3~4 cm，外面被短柔毛；花药密被柔毛，花丝疏被毛。【果实】小坚果。

【花期】	7—8 月
【果期】	8—9 月
【生境】	山地草甸、山地草原、林缘灌丛、沟谷及河滩地
【分布】	黑龙江北部及东部、吉林（南部、中部及西部）、辽宁西部及北部、内蒙古东北部

光萼青兰植株

光萼青兰花

光萼青兰果实

毛建草 *Dracocephalum rupestre*

【别名】岩青兰。【外观】多年生草本。【根茎】根茎直，生出多数茎；茎不分枝，渐升，长 15~42 cm，四棱形，常带紫色。【叶】基出叶多数，花后仍多数存在，具长柄；叶片三角状卵形，先端钝，基部常为深心形，或为浅心形，长 1.4~5.5 cm，宽 1.2~4.5 cm，边缘具圆锯齿；茎中部叶具明显的叶柄。【花】轮伞花序密集，通常成头状；花具短梗，苞片大者倒卵形，小者倒披针形；花萼常带紫色，上唇 3 裂至本身基部，中齿倒卵状椭圆形，侧齿披针形，先端锐渐尖，下唇 2 裂稍超过本身基部，齿狭披针形；花冠紫蓝色，长 3.8~4 cm，面被短毛，下唇中裂片较小。【果实】小坚果。

【花期】	6—7 月
【果期】	8—9 月
【生境】	干燥山坡、疏林下及岩石缝隙
【分布】	黑龙江南部、吉林南部、辽宁西部及东部、内蒙古东南部

毛建草花序

毛建草植株

毛建草植株（侧）

毛建草花序（侧）

香青兰 *Dracocephalum moldavica*

【别名】山薄荷。【外观】一年生草本；高 6~40 cm。【根茎】茎数个，常在中部以下具分枝，不明显四棱形。【叶】基生叶卵圆状三角形，具长柄，很快枯萎；下部茎生叶与基生叶近似，具与叶片等长之柄；中部以上者具短柄，柄为叶片 1/2~1/4 以下，叶片披针形至线状披针形。【花】轮伞花序生于茎或分枝上部 5~12 节处，通常具 4 花；苞片长圆形，每侧具 2~3 小齿；花萼上唇 3 浅裂，三角状卵形，下唇 2 裂，裂片披针形；花冠淡蓝紫色，长 1.5~3 cm，喉部以上宽展；冠檐二唇形，上唇短舟形，下唇 3 裂，中裂片扁，2 裂，具深紫色斑点，有短柄，柄上有 2 突起，侧裂片平截。【果实】小坚果长圆形。

【花期】	7—8 月
【果期】	8—9 月
【生境】	干燥山地、山谷及河滩多石
【分布】	黑龙江西部、吉林西部及中部、辽宁西部及北部、内蒙古东部

香青兰花

香青兰花（蓝紫色）

香青兰植株

香青兰花序

香青兰居群

香青兰群落

青兰 *Dracocephalum ruyschiana*

【外观】多年生草本；高 30~50 cm。【根茎】茎数个自根茎生出，直立，钝四棱形。【叶】叶无柄或几无柄，线形或披针状线形，先端钝，基部窄楔形，长 3.4~6.2 cm。【花】轮伞花序生于茎上部 4~6 节，多少密集；苞片卵状椭圆形，先端锐尖，密被睫毛；花萼外面中部以下密被短毛，上部较稀疏，2 裂约至 2/5 处；上唇 3 裂至本身 2/3 处，中齿卵状椭圆形，较侧齿稍宽，侧齿三角形或宽披针形，下唇 2 裂至本身基部，齿披针形，各齿均先端锐尖，被睫毛，常带紫色；花冠蓝紫色，长 1.7~2.4 cm。【果实】小坚果。

【花期】	7—8 月
【果期】	8—9 月
【生境】	高山草地、山地草甸或草原多石地
【分布】	内蒙古东部

青兰植株

香薷属 *Elsholtzia*

华北香薷 *Elsholtzia stauntonii*

【别名】木香薷。【外观】直立半灌木；高 0.7~1.7 m。【根茎】茎上部多分枝，小枝下部近圆柱形，上部钝四棱形。【叶】叶披针形至椭圆状披针形，长 8~12 cm，宽 2.5~4 cm，先端渐尖，基部渐狭至叶柄，边缘除基部及先端全缘外具锯齿状圆齿，上面绿色，下面白绿色。【花】穗状花序伸长，生于茎枝及侧生小花枝顶上，具 5~10 花；苞叶呈苞片状，披针形或线状披针形，常染紫色；花萼管状钟形，萼齿 5 枚，卵状披针形，果时花萼伸长，明显管状；花冠玫瑰红紫色，长约 9 mm，冠筒长约 6 mm，冠檐二唇形，上唇直立，先端微缺，下唇开展，3 裂；雄蕊 4 枚，前对较长，十分伸出。【果实】小坚果椭圆形，光滑。

【花期】	7—8 月
【果期】	9—10 月
【生境】	干燥石质山坡、砂质地、灌丛及岩石缝隙中
【分布】	辽宁西部、内蒙古东部

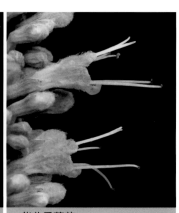

华北香薷植株　　华北香薷花序　　华北香薷花

野芝麻属 *Lamium*

野芝麻 *Lamium barbatum*

【别名】白花益母草。【外观】多年生植物。【根茎】茎高 60~80 cm，单生，直立，四棱形。【叶】茎下部的叶卵圆形或心脏形，长 4.5~8.5 cm，宽 3.5~5 cm，先端尾状渐尖，基部心形，茎上部的叶较茎下部的叶为长而狭，先端长尾状渐尖，叶柄茎上部的渐变短。【花】轮伞花序有 4~14 花，着生于茎端；苞片狭线形或丝状，锐尖；花萼钟形，萼齿披针状钻形；花冠白或浅黄色，长约 2 cm，冠筒基部直径 2 mm，冠檐二唇形，上唇直立，倒卵圆形或长圆形，下唇 3 裂，中裂片倒肾形，先端深凹，基部急收缩，侧裂片宽；雄蕊花丝扁平，花药深紫色，花柱丝状，先端 2 浅裂。【果实】小坚果倒卵圆形，先端截形，基部渐狭，淡褐色。

【花期】	5—6 月
【果期】	7—8 月
【生境】	高山草甸、湿草甸子、林缘及林下
【分布】	黑龙江（南部、东部及北部）、吉林（南部、东部及中部）、辽宁东部及南部、内蒙古东北部
【附注】	本区尚有 1 变种：粉花野芝麻，花淡粉红色或淡红紫色，苞片条形或丝状，长 2.5~4 mm，为萼长的 1/3~2/3，其他与原种同

野芝麻植株

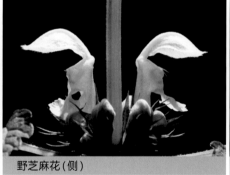

野芝麻花（侧）

野芝麻花（腹）

粉花野芝麻 var. *barbatum*

粉花野芝麻花

粉花野芝麻植株

益母草属 *Leonurus*

细叶益母草 *Leonurus sibiricus*

【别名】狭叶益母草。【外观】一年生或二年生草本。【根茎】茎直立，高 20~80 cm，钝四棱形。【叶】茎最下部的叶早落，中部的叶轮廓为卵形，长 5 cm，宽 4 cm，基部宽楔形，掌状 3 全裂，裂片呈狭长圆状菱形，其上再羽状分裂成 3 裂的线状小裂片，叶柄纤细；花序最上部的苞叶 3 全裂成狭裂片，小裂片均为线形。【花】轮伞花序腋生，多花，向顶渐次密集组成长穗状；小苞片刺状，花萼管状钟形，齿 5 枚，前 2 齿靠合，稍开张，后 3 齿较短，三角形，具刺尖；花冠粉红至紫红色，长约 1.8 cm，冠筒长约 0.9 cm，冠檐二唇形。【果实】小坚果长圆状三棱形。

【花期】	7—9 月
【果期】	8—9 月
【生境】	草甸草原、山地草甸、石质地、砂质地及沙丘上
【分布】	黑龙江西部、吉林（西部、南部及中部）、辽宁北部及东部、内蒙古东部

细叶益母草群落

细叶益母草植株

细叶益母草花序（白色）

细叶益母草花

荨麻叶龙头草花序

龙头草属 *Meehania*

荨麻叶龙头草 *Meehania urticifolia*

【别名】美汉花、美汉草、芝麻花。【外观】多年生草本；高20~40 cm。【根茎】茎丛生，直立，细弱，不分枝，常伸出细长柔软的匍匐茎，逐节生根。【叶】叶具柄，叶片心形或卵状心形，长3.2~8.2 cm，宽2.6~6.8 cm，通常以着生于茎中部的叶片较大，先端渐尖或急尖，基部心形，边缘具略疏或密的锯齿或圆锯齿。【花】花组成轮伞花序，苞片向上渐变小，卵形至披针形；花梗常在中部具1对小苞片，小苞片钻形，花萼花时呈钟形，齿5枚，略呈二唇形；花冠淡蓝紫色至紫红色，长2.2~4 cm，冠檐二唇形，上唇直立，椭圆形，顶端2浅裂或深裂，下唇伸长，3裂，中裂片扇形。【果实】小坚果卵状长圆形，近基部腹面微呈三棱形。

【花期】	5—6 月
【果期】	6—7 月
【生境】	林下、山坡及山沟小溪旁
【分布】	黑龙江东部、吉林南部及东部、辽宁东部及南部

荨麻叶龙头草果实

荨麻叶龙头草花（白色）

荨麻叶龙头草植株

荨麻叶龙头草花

荆芥属 *Nepeta*

康藏荆芥 *Nepeta prattii*

　　【外观】多年生草本。【根茎】茎高 70~90 cm，四棱形。【叶】叶卵状披针形、宽披针形至披针形，长 6~8.5 cm，宽 2~3 cm，向上渐变小，先端急尖，基部浅心形，边缘具密的牙齿状锯齿；下部叶具短柄。【花】轮伞花序生于茎、枝上部 3~9 节上，下部的远离，顶部的 3~6 节密集成穗状，多花而紧密；苞叶与茎叶同形，向上渐变小，具细锯齿至全缘，苞片线形或线状披针形，花萼喉部极斜，上唇 3 齿宽披针形或披针状长三角形，下唇 2 齿狭披针形；花冠紫色或蓝色，长 2.8~3.5 cm，冠檐二唇形，上唇裂至中部成 2 钝裂片，下唇中裂片肾形，先端中部具弯缺，侧裂片半圆形。【果实】小坚果倒卵状长圆形。

【花期】	7—8 月
【果期】	8—9 月
【生境】	山坡草地及湿润处
【分布】	内蒙古东部

康藏荆芥植株

康藏荆芥花(白色)

康藏荆芥花序(粉色)

多裂叶荆芥 *Nepeta multifida*

【别名】荆芥、东北裂叶荆芥、大叶荆芥、大穗荆芥。【外观】多年生草本。【根茎】茎高可达 40 cm，上部四棱形，有时上部的侧枝发育，并有花序。【叶】叶卵形，羽状深裂或分裂，有时浅裂至近全缘，长 2.1~3.4 cm，宽 1.5~2.1 cm，先端锐尖，基部截形至心形，裂片线状披针形至卵形，坚纸质，有腺点。【花】花序为由多数轮伞花序组成的顶生穗状花序，苞片叶状，深裂或全缘，先端骤尖，变紫色，较花长，小苞片卵状披针形或披针形。花萼紫色，基部带黄色，具 15 脉，齿 5 枚，三角形，先端急尖；花冠蓝紫色，干后变淡黄色，长约 8 mm，冠筒向喉部渐宽，冠檐二唇形，上唇 2 裂，下唇 3 裂，中裂片最大。【果实】小坚果扁长圆形。

【花期】	7—8 月
【果期】	8—9 月
【生境】	草甸草原、高山草甸、干草原及湿润的草甸子上
【分布】	黑龙江北部及东部、吉林西部、内蒙古东部

多裂叶荆芥花

多裂叶荆芥花序（白色）

多裂叶荆芥花序

多裂叶荆芥群落

多裂叶荆芥植株

糙苏属 *Phlomis*

串铃草 *Phlomis mongolica*

【外观】多年生草本。【根茎】根木质，粗厚，须根常作圆形、长圆形或纺锤的块根状增粗；茎高 40~70 cm。【叶】基生叶卵状三角形至三角状披针形，长 4~13.5 cm，宽 2.7~7 cm，先端钝，基部心形，边缘为圆齿状，茎生叶同形，通常较小，苞叶三角形或卵状披针形。【花】轮伞花序多花密集，彼此分离；苞片线状钻形，坚硬，上弯，先端刺状；花萼管状，齿圆形，先端微凹，先端具刺尖，齿间具 2 小齿；花冠紫色，长约 2.2 cm，冠檐二唇形，上唇长约 1 cm，下唇 3 圆裂，中裂片圆倒卵形，侧裂片卵形，较小；雄蕊内藏，花柱先端不等的 2 裂。【果实】小坚果顶端被毛。

【花期】	7—8 月
【果期】	8—9 月
【生境】	草甸草原、山地草甸及山坡草地上
【分布】	内蒙古东部

串铃草植株

串铃草花序

串铃草群落

长白糙苏 *Phlomis koraiensis*

【别名】高山糙苏。【外观】多年生草本。【根茎】茎高约
44 cm，被向下的小疏柔毛，节上较密。【叶】基生叶阔心形，先端钝
圆形或急尖，基部深心形，边缘具圆齿，茎生叶心形，长 5.5~8 cm，宽
约 5 cm，边缘具圆齿，苞叶卵形至披针形，长 2.5~4.5 cm，宽 0.7~2.7 cm，
先端钝或渐尖，基生叶叶柄长于茎生叶叶柄，苞叶叶柄短或近无柄。
【花】轮伞花序约 8 花；苞片刺毛状，花萼钟形，齿基部宽，先端近截
形或微缺；花冠红紫色，长约 2.2 cm，上唇边缘缺刻极细而深，自内面
具髯毛，下唇 3 圆裂，中裂片倒心形，先端微缺，侧裂片卵形；雄蕊内
藏，花柱先端 2 裂。【果实】小坚果无毛。

长白糙苏花序

【花期】	7—8 月
【果期】	8—9 月
【生境】	高山冻原及亚高山岳桦林带的草地上
【分布】	吉林东南部

长白糙苏群落

块根糙苏花序（淡粉色）

块根糙苏 *Phlomis tuberosa*

【别名】块茎糙苏。【外观】多年生草本；高 40~150 cm。【根茎】根块根状增粗；茎具分枝。【叶】基生叶或下部的茎生叶三角形，中部的茎生叶三角状披针形，长 5~9.5 cm，宽 2.2~6 cm，基部心形，边缘为粗牙齿状，苞叶披针形，稀卵圆形，向上渐变小。【花】轮伞花序多数，3~10 枚生于主茎及分枝上，彼此分离；苞片线状钻形；花萼管状钟形，齿半圆形，先端微凹，具刺尖；花冠紫红色，长 1.8~2 cm，外面唇瓣上密被具长射线的星状绒毛，内面在冠筒近中部具毛环，冠檐二唇形，上唇边缘牙齿状，自内面密被髯毛，下唇卵形，3 圆裂，中裂片倒心形，较大，侧裂片卵形，较小。【果实】小坚果顶端被星状短毛。

【花期】	7—8 月
【果期】	8—9 月
【生境】	草原、山坡、路旁及灌丛中
【分布】	黑龙江西部、吉林西部、内蒙古东北部

块根糙苏群落

块根糙苏植株

山菠菜花(侧)

山菠菜花序

夏枯草属 *Prunella*

山菠菜 *Prunella asiatica*

　　【别名】东北夏枯草、夏枯草。【外观】多年生草本。【根茎】茎多数，从基部发出，上升，下部多少伏地，高 20~60 cm，钝四棱形。【叶】茎生叶卵圆形或卵圆状长圆形，长 3~4.5 cm，宽 1~1.5 cm，先端钝或近急尖，边缘疏生波状齿或圆齿状锯齿；叶柄显著，腹平背凸；花序下方的 1~2 对叶较狭长，近于宽披针形。【花】轮伞花序 6 花，聚集于枝顶组成穗状花序，每一轮伞花序下方均承以苞片；苞片向上渐变小，扁圆形，花梗短，花萼二唇形；花冠淡紫或深紫色，长 18~21 mm，冠筒长约 10 mm，冠檐二唇形，上唇长圆形，下唇宽大；雄蕊 4 枚，花丝先端 2 裂，花柱丝状，花盘近平顶，子房棕褐色。【果实】小坚果卵珠状。

【花期】	6—7 月
【果期】	8—9 月
【生境】	林缘灌丛间、山坡及路旁湿草地上
【分布】	黑龙江（南部、东部及北部）、吉林（南部、东部、中部及西部）、辽宁（东部、南部及北部）

山菠菜植株

黄芩属 *Scutellaria*

黄芩 *Scutellaria baicalensis*

【别名】元芩。【外观】多年生草本。【根茎】根茎肥厚，肉质；茎基部伏地，上升，高 15~90 cm，钝四棱形。【叶】叶坚纸质，披针形至线状披针形，长 1.5~4.5 cm，宽 0.3~1.2 cm，侧脉 4 对；叶柄短。【花】总状花序在茎及枝上顶生，常于茎顶聚成圆锥花序；花梗长 3 mm；苞片下部者似叶，上部者远较小，卵圆状披针形至披针形；花萼果时稍长；花冠紫、紫红至蓝色，长 2.3~3 cm；冠檐 2 唇形，上唇盔状，先端微缺，下唇中裂片三角状卵圆形，两侧裂片向上唇靠合；雄蕊 4 枚，稍露出。【果实】小坚果卵球形，黑褐色。

【花期】	7—8 月
【果期】	8—9 月
【生境】	干燥草原、向阳砂砾地及砂砾质山坡
【分布】	黑龙江（北部、西部及南部）、吉林西部、辽宁（西部、南部及北部）、内蒙古东部

黄芩花序

黄芩植株

黏毛黄芩 *Scutellaria viscidula*

【别名】黄花黄芩、腺毛黄芩。【外观】多年生草本。【根茎】根茎直生或斜行，自上部生出数茎；茎直立或渐上升，高 8~24 cm，四棱形。【叶】下部叶通常具柄，叶片披针形、披针状线形或线状长圆形至线形，长 1.5~3.2 cm，宽 2.5~8 mm，顶端微钝或钝，基部楔形或阔楔形，侧脉 3~4 对。【花】花序顶生，总状，苞片下部者似叶，上部者远较小，椭圆形或椭圆状卵形；花萼开花时长约 3 mm，盾片高 1~1.5 mm；花冠黄白或白色，长 2.2~2.5 cm；冠筒近基部明显膝曲；冠檐 2 唇形，上唇盔状，下唇中裂片宽大，近圆形，两侧裂片卵圆形。【果实】小坚果黑色，卵球形，具瘤，腹面近基部具果脐。

【花期】	6—7 月
【果期】	7—8 月
【生境】	干燥草原、向阳砂砾地及荒地
【分布】	吉林西部、内蒙古东部

黏毛黄芩群落

黏毛黄芩植株   黏毛黄芩花序

水苏属 *Stachys*

毛水苏 *Stachys baicalensis*

【别名】水苏草。【外观】多年生草本；高 40~80 cm。【根茎】有在节上生须根的根茎；茎直立，单一，四棱形，具槽，在棱及节上密被倒向至平展的刚毛。【叶】茎叶长圆状线形，长 4~11 cm，宽 0.7~1.5 cm，先端稍锐尖，基部圆形，边缘有小的圆齿状锯齿；叶柄短；苞叶披针形。【花】轮伞花序通常具 6 花，多数组成穗状花序，在其基部者远离，在上部者密集；小苞片线形，刺尖；花梗极短，花萼钟形，齿 5，披针状三角形；花冠淡紫至紫色，长达 1.5 cm，冠筒直伸，近等大，长 9 mm，冠檐二唇形，上唇直伸，卵圆形，下唇轮廓为卵圆形，3 裂，中裂片近圆形。【果实】小坚果棕褐色，卵珠状。

【花期】	7—8 月
【果期】	8—9 月
【生境】	湿草地、河岸、路旁、林缘及林下
【分布】	黑龙江（西部、东部及北部）、吉林东部及南部、内蒙古东部

毛水苏花

毛水苏花（淡粉色）

毛水苏花序

毛水苏群落

毛水苏植株

水苏 *Stachys japonica*

【别名】宽叶水苏。【外观】多年生草本；高 20~80cm。【根茎】有在节上生须根的根茎；茎单一，直立，基部多少匍匐，四棱形。【叶】茎叶长圆状宽披针形，长 5~10 cm，宽 1~2.3 cm，先端微急尖，基部圆形至微心形，边缘为圆齿状锯齿；叶柄明显，近茎基部者最长，向上渐变短；苞叶披针形，向上渐变小。【花】轮伞花序 6~8 花，下部者远离，上部者密集组成穗状花序；小苞片刺状，花梗短；花萼钟形，齿 5 枚，三角状披针形；花冠粉红或淡红紫色，长约 1.2 cm，冠筒长约 6 mm，冠檐二唇形，上唇直立，倒卵圆形，下唇开张，3 裂，中裂片最大，近圆形。【果实】小坚果卵球形，棕褐色，无毛。

水苏植株

水苏花序

【花期】	6—8 月
【果期】	8—9 月
【生境】	湿草地、河岸、水沟旁及路旁
【分布】	吉林（南部、东部及西部）、辽宁东部及南部、内蒙古东北部

百里香属 *Thymus*

百里香 *Thymus mongolicus*

【外观】半灌木；匍匐或上升。【根茎】茎多数，不育枝从茎的末端或基部生出，花枝高 1.5~10 cm，在花序下密被疏柔毛，具 2~4 对叶。【叶】叶卵圆形，长 4~10 mm，宽 2~4.5 mm，先端钝或稍锐尖，基部楔形或渐狭，全缘，叶柄明显，靠下部的叶柄长，在上部则较短；苞叶与叶同形，边缘在下部 1/3 具缘毛。【花】花序头状，花具短梗。花萼管状钟形或狭钟形，下部被疏柔毛，上部近无毛，下唇较上唇长或与上唇近相等，上唇齿短，三角形；花冠紫红、紫或淡紫、粉红色，长 6.5~8 mm，冠筒伸长，长 4~5 mm，向上稍增大。【果实】小坚果近圆形或卵圆形，压扁状，光滑。

【花期】	7—8 月
【果期】	8—9 月
【生境】	多石山地、斜坡、山谷、典型草原带、森林草原带的砂砾质平原、石质丘陵及山地阳坡
【分布】	吉林（西部、东部及南部）、内蒙古东部

百里香植株

百里香花序

展毛地椒 *Thymus quinquecostatus* var. *przewalskii*

【外观】半灌木。【根茎】茎斜生或近水平伸展，不育枝从茎基部或直接从根茎长出，通常比花枝少，疏被向下弯曲的疏柔毛；花枝多数，高 3~15 cm。【叶】叶宽卵状披针形，长 10~12 mm，宽 3~5 mm，先端钝或锐尖，基部渐狭成短柄，全缘，边外卷，表面通常被短毛，近革质，侧脉 2~5 对，腺点小且多而密，苞叶同形，边缘在下部 1/2 被长缘毛。【花】花序头状或稍伸长成长圆状的头状花序；花梗密被向下弯曲的短柔毛；花萼管状钟形，上面无毛，下面被平展的疏柔毛；上唇萼齿三角形，较短，花冠长 6.5~7 mm，冠筒比花萼短。【果实】小坚果。

展毛地椒花序（浅粉色）

展毛地椒植株（侧）

【花期】	8 月
【果期】	9 月
【生境】	多石山地、斜坡、山谷、山沟、路旁及杂草丛中
【分布】	黑龙江东部

展毛地椒植株

牡荆属 *Vitex*

荆条 *Vitex negundo* var. *heterophylla*

【外观】落叶灌木或小乔木。【根茎】小枝四棱形，密生灰白色绒毛。【叶】掌状复叶，小叶 5，小叶片边缘有缺刻状锯齿，长圆状披针形至披针形，顶端渐尖，基部楔形，全缘或每边有少数粗锯齿；中间小叶长 4~13 cm，宽 1~4 cm，两侧小叶依次递小，中间 3 片小叶有柄，最外侧的 2 片小叶无柄或近于无柄。【花】聚伞花序排成圆锥花序式，顶生，花序梗密生灰白色绒毛；花萼钟状，顶端有 5 裂齿，外有灰白色绒毛；花冠淡紫色，外有微柔毛，顶端 5 裂，二唇形；雄蕊伸出花冠管外，子房近无毛。【果实】核果近球形，宿萼接近果实的长度。

【花期】	6—7 月
【果期】	8—9 月
【生境】	山坡路旁或灌木丛中
【分布】	吉林中部、辽宁西部及北部、内蒙古东南部

荆条花序 (淡粉色)

荆条果实

荆条花

荆条植株

65 通泉草科 Mazaceae

通泉草属 *Mazus*

弹刀子菜 *Mazus stachydifolius*

　　【别名】通泉草。【外观】多年生草本；高 10~50 cm，全体被多细胞白色长柔毛。【根茎】根状茎短；茎直立。【叶】基生叶匙形；茎生叶对生，上部的常互生，长椭圆形至倒卵状披针形，纸质，长 2~7 cm，以茎中部的较大，边缘具不规则锯齿。【花】总状花序顶生，花稀疏，苞片三角状卵形；花萼漏斗状，果时增长，萼齿略长于筒部，披针状三角形，顶端长锐尖，10 条脉纹明显；花冠蓝紫色，长 15~20 mm，花冠筒上部稍扩大，上唇短，顶端 2 裂，下唇宽大，开展，3 裂，中裂较小，近圆形，褶襞两条从喉部直通至上下唇裂口，被黄色斑点同稠密的乳头状腺毛。【果实】蒴果扁卵球形。

【花期】	6—7 月
【果期】	8—9 月
【生境】	湿润草甸、干燥草原及林缘
【分布】	黑龙江（西部、东部及北部）、吉林（东部、南部及西部）、辽宁（南部、西部及北部）、内蒙古东部

弹刀子菜果实

弹刀子菜花

弹刀子菜植株

大黄花属 *Cymbaria*

达乌里芯芭 *Cymbaria daurica*

　　【别名】芯芭、大黄花。【外观】多年生草本；高 6~23 cm，密被白色绢毛，使植体成为银灰白色。【根茎】根茎垂直或倾卧向下；茎多条自根茎分枝顶部发出，成丛，基部为紧密的鳞片所覆盖，老时基部木质化。【叶】叶对生，线形至线状披针形，全缘或偶有稍稍分裂，具 2~3 枚裂片。【花】总状花序顶生，花少数，每茎 1~4 朵，单生于苞腋，直立或斜伸；梗与萼管基部连接处有 2 枚小苞片；小苞片线形或披针形；萼下部筒状；花冠黄色，长 30~45 mm，二唇形，下唇 3 裂，中裂较两侧裂略长，上唇先端 2 裂。【果实】蒴果革质，长卵圆形，先端有嘴。

【花期】	6—8 月
【果期】	7—9 月
【生境】	典型草原、荒漠草原及山地草原上
【分布】	黑龙江西部、吉林西部、内蒙古东部

达乌里芯芭群落

达乌里芯芭植株　　　达乌里芯芭花　　　达乌里芯芭果实

蒙古芯芭植株

蒙古芯芭花

蒙古芯芭 *Cymbaria mongolica*

【外观】多年生草本。【茎】茎数条，大都自根茎顶部发出。【叶】叶无柄，对生，位于茎基者长圆状披针形，长 12 mm，宽 3~4 mm，向上逐渐增长，成线状披针形。【花】花少数，腋生于叶腋中，每茎 1~4 枚，具短梗；小苞片 2 枚，草质，萼齿基部狭三角形，向上渐细成线形；花冠黄色，长 25~35 mm，外面被短细毛，二唇形，上唇略作盔状，裂片向前而外侧反卷，下唇 3 裂，开展，裂片倒卵形；雄蕊 4 枚，2 强，花丝着生于管的近基处，着生处有一粗短凸起，花药外露，背着，倒卵形，药室上部联合，下部分离，端有刺尖，纵裂；子房长圆形；花柱细长，先端弯向前方。【果实】蒴果革质，长卵圆形，室背开裂。

【花期】	6—8 月
【果期】	7—9 月
【生境】	砂质或砂砾质荒漠草原及干草原上
【分布】	内蒙古东部

疗齿草属 *Odontites*

疗齿草 *Odontites vulgaris*

【外观】一年生草本；植株高 15~35 cm，全体被贴伏而倒生的白色细硬毛。【根茎】茎直立，四棱形，常在中上部分枝。【叶】叶对生，有时上部的互生，无柄，披针形至条状披针形，长 1~3.5 cm，宽 2~5 mm，边缘疏生锯齿。【花】花腋生或上部聚成穗状花序；花梗极短，苞片叶状，花萼钟状，果期多少增大，4 裂，裂片狭三角形，被细硬毛；花冠紫色、紫红色或淡红色，长 8~10 mm，外被白色柔毛，上唇直立，略呈盔状，先端微凹或 2 浅裂，下唇开展，3 裂，裂片倒卵形，中裂片先端微凹。【果实】蒴果长椭圆形，略扁，上部被细刚毛，顶端微凹。

【花期】	7—8 月
【果期】	8—9 月
【生境】	草甸草原、低湿草甸、水边、林缘及路旁
【分布】	黑龙江北部、吉林西部、辽宁西北部、内蒙古东部

疗齿草植株

疗齿草花

疗齿草果实

山罗花属 *Melampyrum*

山罗花 *Melampyrum roseum*

【别名】山萝花。【外观】一年生直立草本；植株全体疏被鳞片状短毛。【根茎】茎通常多分枝，近于四棱形，高 15~80 cm。【叶】叶片披针形至卵状披针形，顶端渐尖，基部圆钝或楔形，长 2~8 cm，宽 0.8~3 cm；苞叶绿色，仅基部具尖齿至整个边缘具多条刺毛状长齿，顶端急尖至长渐尖。【花】花萼常被糙毛，脉上常生多细胞柔毛，萼齿长三角形至钻状三角形，生有短睫毛；花冠紫色、紫红色或红色，长 15~20 mm，筒部长为檐部长的 2 倍左右，上唇内面密被须毛。【果实】蒴果卵状渐尖，直或顶端稍向前偏。

山罗花花序

【花期】	7—8 月
【果期】	8—9 月
【生境】	疏林下、山坡灌丛及蒿草丛中
【分布】	黑龙江（南部、东部及北部）、吉林南部、辽宁（东部、南部及西部）、内蒙古东部
【附注】	本区尚有 1 变种：狭叶山罗花，叶线状或线状披针形，宽 2~8 mm，苞片整个边缘具刺毛状齿，其他与原种同

山罗花花（粉红色）

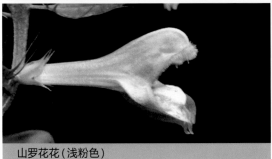
山罗花居群

狭叶山罗花 var. *setaceum*

山罗花花（浅粉色）

狭叶山罗花花（白色）

旌节马先蒿花序

马先蒿属 *Pedicularis*

旌节马先蒿 *Pedicularis sceptrum-carolinum*

【别名】黄旗马先蒿。【外观】多年生直立草本；高 60~100 cm，丛生。【根茎】茎单一，仅下部有叶，上部长而裸露，作花葶状。【叶】叶基生者宿存而成丛，具有长柄，两边常有狭翅；叶片倒披针形至线状长圆形，长达 30 cm，宽达 4 cm，下半部多羽状全裂，裂片小而疏距，上半部多羽状深裂，裂片连续而轴有翅，裂片每边 7~17 枚，互生，茎生叶仅 1~2 枚，有时 3 枚作假轮生。【花】花序生于茎的顶部，在开花后期相当伸长，苞片宽卵形，基部圆形；花萼钟形，齿 5 枚，三角状卵形至狭长卵形；花冠黄色，长达 3.8 cm，管长约 15 mm，下唇依伏于上唇，裂片 3 枚圆形，边缘重叠，盔作镰状弓曲。【果实】蒴果大，略侧扁。

【花期】	7—8 月
【果期】	8—9 月
【生境】	沼泽地、湿草甸子及水边
【分布】	黑龙江北部、吉林东部、辽宁东部、内蒙古东北部

旌节马先蒿花

旌节马先蒿植株

秀丽马先蒿 *Pedicularis venusta*

【别名】黑水马先蒿。【外观】多年生草本。【根茎】根短缩，具有等径的长纤维根；茎通常单条，直立，不分枝，常纤细，高可达 10~40 cm。【叶】叶基生者具有被细长毛的叶柄，叶片披针形，羽状全裂，裂片疏距，长圆形，渐尖，羽状深裂，小裂片具细而胼胝质的细尖，缘有其胼胝的牙齿；茎生叶向上渐小。【花】花序长圆形，苞片下部者与上叶相似，上部者很小，有胼胝质锯齿或全缘；萼钟形，近于革质，齿 5枚，宽三角形；花冠黄色，长 20~25 mm，管伸直，稍向前倾斜，上部镰状弓曲，盔短，端具 2 齿，下唇 3 裂。【果实】蒴果为偏斜的长圆形，顶端具凸尖。

【花期】	6—7 月
【果期】	7—8 月
【生境】	河滩草甸、沟谷草甸及草甸草原上
【分布】	黑龙江北部、内蒙古东部

秀丽马先蒿花序

秀丽马先蒿植株

秀丽马先蒿花

黄花马先蒿花序

黄花马先蒿 *Pedicularis flava*

　　【外观】多年生直立草本；高 15~35 cm。【根茎】叶基出与茎生，茂密成丛。【叶】叶片披针状长圆形至线状长圆形，羽状全裂，轴有狭翅，裂片 6~12 对。【花】花序穗状而密，常伸长，苞片仅下部者叶状；萼卵圆状圆筒形，主脉 5 条，很粗凸，次脉 7~8 条，外面密被白色长柔毛，齿 5 枚不等，基部均三角形；花冠大，黄色，管粗，长 14~18 mm，盔镰状弓曲，有明显的宽柄，中裂圆形，基部有 2 条明显之褶襞通向喉部，侧裂较宽而为斜椭圆状长圆形。【果实】蒴果长卵圆形而多少扁平，几直立或多少前俯。

【花期】	6 月
【果期】	7 月
【生境】	典型草原的山坡或沟谷坡地
【分布】	内蒙古东北部

黄花马先蒿植株

红色马先蒿 *Pedicularis rubens*

【别名】山马先蒿。【外观】多年生草本；高 30~45 cm。【根茎】茎单条，略有沟纹。【叶】叶大部基生，有长柄；叶片狭长圆形至长圆状披针形，长 10~15 cm，宽 3~5 cm，二至三回全裂。【花】花序总状，苞片叶状，开裂较简单，多为一回羽状，在花序中部以上者在中肋两边有宽翅而成为披针形至卵形，而裂片则成为亚掌状；萼外面密生长白毛，全面有密网脉，主脉 5 条，齿 5 枚；花冠红色，长约 27 mm，管长约 14 mm，盔下部伸直，中部以上多少镰形弓曲，额圆形，端斜截头，下角有细长的齿 1 对，指向前下方，其上更有小齿数枚，下唇裂片多少皱缩而作波状，中裂不很向前凸出。【果实】蒴果。

【花期】	7—8 月
【果期】	8—9 月
【生境】	山地草甸、草甸草原及湿草甸子
【分布】	黑龙江北部、内蒙古东北部

红色马先蒿花序

红色马先蒿花

红色马先蒿花（侧）

红色马先蒿植株

红纹马先蒿 *Pedicularis striata*

【别名】细叶马先蒿。【外观】多年生草本；高 25~60 cm。【根茎】根粗壮，有分枝；茎单出。【叶】叶互生，基生者成丛，至开花时常已枯败；茎叶很多，渐上渐小，至花序中变为苞片，叶片均为披针形，长达 10 cm，宽 3~4 cm，羽状深裂至全裂，中肋两旁常有翅，裂片线形，边缘有浅锯齿。【花】花序穗状，伸长，稠密，苞片三角形或披针形；萼钟形，薄革质，齿 5 枚；花冠黄色，具绛红色的脉纹，长 25~33 mm，管在喉部以下向右扭旋，使花冠稍稍偏向右方，其长等于盔；盔强大，向端作镰形弯曲，端部下缘具 2 齿，下唇 3 浅裂，侧裂斜肾脏形，中裂宽过于长，迭置于侧裂片之下。【果实】蒴果卵圆形，两室相等，稍扁平，有短凸尖。

【花期】	6—7 月
【果期】	7—8 月
【生境】	草甸草原、山地草原、林缘及疏林中
【分布】	黑龙江北部及西部、吉林西部、辽宁西部、内蒙古东部

红纹马先蒿植株

红纹马先蒿果实

红纹马先蒿花序

轮叶马先蒿 *Pedicularis verticillata*

【别名】轮花马先蒿。【外观】多年生草本；高达 15~35 cm。
【根茎】茎直立。【叶】叶片长圆形至线状披针形，羽状深裂至全裂，
长 2.5~3 cm，裂片线状长圆形至三角状卵形；茎生叶下部者偶对生，
一般 4 枚成轮，叶片较基生叶为宽短。【花】花序总状；萼球状卵圆形，
具 10 条暗色脉纹，前方深开裂，齿常不很明显而偏聚于后方，前方
1 枚多独立，较小；花冠紫红色，长 13 mm，管部在距基部以直角向
前膝屈，使其上唇由萼的裂口中伸出，下唇约与盔等长或稍长，中裂
圆形而有柄。【果实】蒴果形状大小多变，多少披针形，先端渐尖。

【花期】	6—7 月
【果期】	8—9 月
【生境】	高山草甸、沼泽草甸、低湿草甸中及高山冻原
【分布】	黑龙江北部及南部、吉林东南部、内蒙古东部

轮叶马先蒿果实

轮叶马先蒿群落

轮叶马先蒿植株

轮叶马先蒿花

野苏子 *Pedicularis grandiflora*

【别名】大野苏子马先蒿、大花马先蒿。【外观】多年生草本；植株高1 m以上，全体无毛。【根茎】根成丛，多少肉质。茎粗壮，中空，有条纹及棱角，常多分枝。【叶】叶互生，基生者在花期枯萎；茎生者极大，连柄可达30 cm以上；叶片轮廓为卵状长圆形，两回羽状全裂，裂片多少披针形，羽状深裂至全裂，最终的裂片具生有白色胼胝的粗齿。【花】花序长总状，向心开放；花稀疏，下部者有短梗；苞片不显著，多少三角形，近基处有少数裂片；萼钟形，齿5枚相等，三角形，缘有胼胝细齿而反卷；花冠长约33 mm，盔端尖锐而无齿，下唇不很开展，多少依伏于盔而较短，裂片圆卵形，略等大，互相盖叠。【果实】果卵圆形，有凸尖，稍侧扁，室相等。

【花期】	7—8 月
【果期】	8—9 月
【生境】	沼泽地、湿草甸子及水边
【分布】	黑龙江北部及东部、吉林东部、内蒙古东北部

野苏子花

野苏子花（侧）

野苏子群落

野苏子植株

返顾马先蒿 *Pedicularis resupinata*

【别名】马先蒿。【外观】多年生草本；高 30~70 cm。【根茎】茎常单出，上部多分枝。【叶】叶密生，均茎出，互生或有时下部甚或中部者对生，叶柄短；叶片卵形至长圆状披针形，前方渐狭，基部广楔形或圆形，边缘有钝圆的重齿，长 25~55 mm，宽 10~20 mm，渐上渐小而变为苞片。【花】花单生于茎枝顶端的叶腋中；萼长卵圆形，齿仅 2 枚，宽三角形；花冠长 20~25 mm，淡紫红色，管长 12~15 mm，伸直，近端处略扩大，自基部起即向右扭旋，此种扭旋使下唇及盔部成为回顾之状；盔的直立部分与花管同一指向，下唇稍长于盔，以锐角开展，3 裂，中裂较小，略略向前凸出，广卵形。【果实】蒴果斜长圆状披针形，仅稍长于萼。

【花期】	7—8 月
【果期】	8—9 月
【生境】	沼泽地、湿草甸子、林缘草甸及沟谷草甸
【分布】	黑龙江南部及东部、吉林东部及南部、辽宁（东部、南部及北部）、内蒙古东部

返顾马先蒿果实

返顾马先蒿花(淡粉色)

返顾马先蒿花(紫色)

返顾马先蒿花(粉红色)

返顾马先蒿群落

返顾马先蒿植株

穗花马先蒿花序

穗花马先蒿 *Pedicularis spicata*

【外观】一年生草本；高 30~80 cm。【根茎】茎直立。
【叶】叶基出，呈莲座状，较茎叶为小，柄长 13 mm；叶片椭
圆状长圆形，长约 20 mm，羽状深裂，裂片长卵形；茎生叶多 4
枚轮生，叶片长圆状披针形至线状狭披针形，基部广楔形，端渐
细而顶尖微钝，缘边羽状浅裂至深裂，裂片 9~20 对。【花】穗
状花序生于茎枝之端，苞片下部者叶状，中上部者为菱状卵形而
有长尖头；萼短而钟形，萼齿 5 枚；花冠红色，长 12~18 mm，
管在萼口向前方以直角或相近的角度膝屈，向喉稍稍扩大，盔指
向前上方，下唇长于盔，中裂较小，倒卵形。【果实】蒴果长
6~7 mm，狭卵形。

【花期】	7—9 月
【果期】	8—10 月
【生境】	林缘草甸、河滩草甸及湿草地中
【分布】	黑龙江（东部、南部及北部）、吉林东部及南部、辽宁东部、内蒙古东部

穗花马先蒿群落

穗花马先蒿植株

松蒿属 *Phtheirospermum*

松蒿 *Phtheirospermum japonicum*

【别名】小盐灶草。【外观】一年生草本；高30~60 cm，植株被多细胞腺毛。【根茎】茎直立或弯曲而后上升，通常多分枝。【叶】叶具边缘有狭翅之柄，叶片长三角状卵形，长 15~55 mm，宽 8~30 mm，近基部的羽状全裂，向上则为羽状深裂；小裂片长卵形或卵圆形，多少歪斜，边缘有重锯齿或深裂。【花】花具梗，萼齿 5 枚，叶状，披针形羽状浅裂至深裂，裂齿先端锐尖；花冠紫红色至淡紫红色，长 8~25 mm，外面被柔毛；上唇裂片三角状卵形，下唇裂片先端圆钝。【果实】蒴果卵珠形，长 6~10 mm。

【花期】	8—9 月
【果期】	9—10 月
【生境】	山坡草地及灌丛间
【分布】	黑龙江（南部、东部及北部）、吉林南部及东部、辽宁大部、内蒙古东部
【附注】	松蒿有 1 个变型：白花松蒿，花白色。其他与原种同

松蒿果实

松蒿花（多裂）

松蒿花（浅粉色）

松蒿植株

白花松蒿 f. *album*

白花松蒿花

地黄属 *Rehmannia*

地黄 *Rehmannia glutinosa*

【外观】多年生草本；高 10~30 cm，密被灰白色多细胞长柔毛和腺毛。【根茎】根茎肉质，鲜时黄色。【叶】叶通常在茎基部集成莲座状，向上则强烈缩小成苞片；叶片卵形至长椭圆形，长 2~13 cm，宽 1~6 cm，边缘具不规则圆齿或钝锯齿以至牙齿。【花】花具梗，梗细弱，弯曲而后上升，在茎顶部略排列成总状花序；萼具 10 条隆起的脉，萼齿 5 枚，矩圆状披针形或卵状披针形；花冠长 3~4.5 cm，花冠筒多少弓曲，外面紫红色，被多细胞长柔毛，花冠裂片，5 枚，先端钝或微凹，内面黄紫色，外面紫红色，长 5~7 mm，宽 4~10 mm。【果实】蒴果卵形至长卵形，长 1~1.5 cm。

【花期】	7—8 月
【果期】	8—9 月
【生境】	山坡砂质地、荒地及路旁
【分布】	辽宁西部、内蒙古东南部

地黄植株

地黄花序

地黄花（黄色）

地黄花

鼻花属 *Rhinanthus*

鼻花 *Rhinanthus glaber*

【外观】一年生草本；植株直立，高 15~60 cm。【根茎】茎有棱，有 4 列柔毛，不分枝或分枝，分枝及叶几乎垂直向上，紧靠主轴。【叶】叶无柄，条形至条状披针形，长 2~6 cm，与节间近等长，两面有短硬毛，背面的毛着生于斑状突起上，叶缘有规则的三角状锯齿，齿尖朝向叶顶端，齿缘有胼胝质加厚，并有短硬毛。【花】苞片比叶宽，花序下端的苞片边缘齿长而尖，而花序上部的苞片具短齿；花梗很短；花萼长约 1 cm；花冠黄色，长约 17 mm，下唇贴于上唇。【果实】蒴果直径 8 mm，藏于宿存的萼内。

【花期】	6—8 月
【果期】	8—9 月
【生境】	草甸、沼泽地、草甸及林缘
【分布】	黑龙江东北部、内蒙古东北部

鼻花群落

鼻花植株　　　　　　　鼻花果实　　　　　　　鼻花花（侧）

阴行草属 *Siphonostegia*

阴行草 *Siphonostegia chinensis*

【别名】刘寄奴、黄花茵陈。【外观】一年生草本。【根茎】直立，高 30~80 cm。【叶】叶对生，全部为茎出，叶片厚纸质，广卵形，长 8~55 mm，宽 4~60 mm，裂片约 3 对，仅下方两枚羽状开裂，小裂片 1~3 枚。【花】花对生于茎枝上部，苞片叶状，花梗短，有 1 对小苞片，线形；花萼管部很长，顶端稍缩紧，长 10~15 mm，10 条主脉质地厚而粗壮，齿 5 枚；花冠上唇红紫色，下唇黄色，上唇镰状弓曲，顶端截形；下唇顶端 3 裂，裂片卵形。【果实】蒴果被包于宿存的萼内。

【花期】	7—8 月
【果期】	8—9 月
【生境】	山坡砂质地、湿草地、荒地及路旁
【分布】	黑龙江（西部、南部及东部）、吉林大部、辽宁大部、内蒙古东部

阴行草植株

阴行草花

阴行草果实

阴行草花（侧）

67 紫葳科 Bignoniaceae

梓属 *Catalpa*

梓 *Catalpa ovata*

【别名】梓树。【外观】落叶乔木；高达 15 m。【根茎】树冠伞形，主干通直，嫩枝具稀疏柔毛。【叶】叶对生或近于对生，有时轮生，阔卵形，长宽近相等，长约 25 cm，顶端渐尖，基部心形，全缘或浅波状，常 3 浅裂，叶片上面及下面均粗糙，微被柔毛或近于无毛，侧脉 4~6 对，基部掌状脉 5~7 条；叶柄长 6~18 cm。【花】顶生圆锥花序，花序梗微被疏毛；花萼蕾时圆球形，2 唇开裂；花冠钟状，淡黄色，内面具 2 黄色条纹及紫色斑点，长约 2.5 cm，直径约 2 cm；能育雄蕊 2 枚，花丝插生于花冠筒上，花药叉开，退化雄蕊 3 枚；子房上位，棒状，花柱丝形，柱头 2 裂。【果实】蒴果线形，下垂。

梓花序

梓花

【花期】	7—8 月
【果期】	9—10 月
【生境】	山坡、沟旁、荒地及田边
【分布】	辽宁（东部、南部及西部）

梓果实

梓枝条

角蒿属 *Incarvillea*

角蒿 *Incarvillea sinensis*

【外观】一年生至多年生草本。【根茎】根近木质而分枝；具分枝的茎，高达 80 cm。【叶】叶互生，不聚生于茎的基部，二至三回羽状细裂，形态多变异，长 4~6 cm，小叶不规则细裂，末回裂片线状披针形，具细齿或全缘。【花】顶生总状花序，疏散，花梗长 1~5 mm；小苞片绿色，线形；花萼钟状，绿色带紫红色，萼齿钻状，萼齿间皱褶 2 浅裂；花冠淡玫瑰色或粉红色，有时带紫色，钟状漏斗形，基部收缩成细筒，长约 4 cm，直径粗 2.5 cm，花冠裂片圆形；雄蕊 4 枚，2 强，着生于花冠筒近基部，花药成对靠合，花柱淡黄色。【果实】蒴果淡绿色，细圆柱形，顶端尾状渐尖。

【花期】	7—8 月
【果期】	8—9 月
【生境】	草甸草原、山地草原、荒地、路旁、河边、山沟及向阳砂质地上
【分布】	黑龙江西部、吉林西部、辽宁（西部、北部及南部）、内蒙古东部

角蒿植株

角蒿花（侧）

角蒿花

风铃草属 *Campanula*

聚花风铃草 *Campanula glomerata* subsp. *speciosa*

【外观】多年生草本；高 50~125 cm。【根茎】茎直立，近无毛或疏被或密被白色硬毛或绒毛。【叶】茎生叶具长柄，长卵形至心状卵形；茎生叶下部的具长柄，上部的无柄，椭圆形，长卵形至卵状披针形，全部叶边缘有尖锯齿。【花】花数朵集成头状花序，生于茎中上部叶腋间，在茎顶端，由于节间缩短、多个头状花序集成复头状花序；越向茎顶，叶越来越短而宽，最后成为卵圆状三角形的总苞状，每朵花下有 1 枚大小不等的苞片，在头状花序中间的花先开，其苞片也最小；花萼裂片钻形；花冠紫色、蓝紫色或蓝色，管状钟形，长 1.5~2.5 cm，分裂至中部。【果实】蒴果倒卵状圆锥形，于侧面开裂。

聚花风铃草花序（白色）

聚花风铃草花序（淡蓝色）

【花期】	7—8 月
【果期】	8—9 月
【生境】	林缘、灌丛、山坡及路边草地
【分布】	黑龙江（北部、东部及南部）、吉林南部及东部、辽宁东部及南部、内蒙古东部

聚花风铃草植株

聚花风铃草群落

紫斑风铃草 *Campanula punctata*

【别名】灯笼花、吊钟花。【外观】多年生草本；全体被刚毛。【根茎】具细长而横走的根状茎；茎直立，粗壮，高 20~100 cm。【叶】基生叶具长柄，叶片心状卵形；茎生叶下部的有带翅的长柄，上部的无柄，三角状卵形至披针形，长 4~5 cm，宽 1.5~3 cm，先端尖或渐尖，两面被刺状柔毛，背面沿脉毛较密，边缘具不整齐钝齿。【花】花顶生于主茎及分枝顶端，下垂；花萼密被刺状柔毛，先端 5 裂，裂片直立，狭三角形状披针形，裂片间有 1 个卵形至卵状披针形而反折的附属物，边缘有芒状长刺毛；花冠白色，带紫斑，筒状钟形，长 3~6.5 cm，裂片有睫毛。【果实】蒴果半球状倒锥形，脉很明显，于侧面基部 3 孔裂。

【花期】	6—7 月
【果期】	8—9 月
【生境】	林间草甸、林缘、灌丛、山坡及路边草地
【分布】	黑龙江（南部、东部及北部）、吉林南部及东部、辽宁（东北、南部及北部）、内蒙古东部
【附注】	本区尚有 1 变种：红紫斑风铃草，花冠紫红色，其他与原种同

紫斑风铃草花

紫斑风铃草花（侧）

紫斑风铃草花（淡绿色）

紫斑风铃草果实

紫斑风铃草植株

红紫斑风铃草 var. *rubriflora*

红紫斑风铃草花

红紫斑风铃草花 (紫色)

WILD FLOWERS OF
THE NORTHEASTERN CHINA / 589

桔梗花

桔梗属 *Platycodon*

桔梗 *Platycodon grandiflorus*

　　【外观】多年生草本；植株高 40~120 cm，有白色乳汁。【根茎】根粗壮，肉质，呈胡萝卜状；茎直立，不分枝。【叶】叶全部轮生，部分轮生至全部互生，叶片卵形，卵状椭圆形至披针形，长 2~7 cm，宽 0.5~3.5 cm，基部宽楔形至圆钝，顶端急尖，上面无毛而绿色，下面常无毛而有白粉，边缘具细锯齿。【花】花单朵顶生，或数朵集成假总状花序；花萼筒部半圆球状或圆球状倒锥形，被白粉，裂片三角形，或狭三角形，有时齿状；花冠大，长 1.5~4.0 cm，蓝色或紫色，先端 5 浅裂或中裂，裂片三角形，先端尖；雄蕊 5 枚，花丝基部膨大，柱头 5 裂，裂片线形。【果实】蒴果球状，或球状倒圆锥形，或倒卵状。

【花期】	7—8 月
【果期】	8—9 月
【生境】	山地林缘、山坡、草地及草甸
【分布】	东北地区广泛分布

桔梗群落

桔梗植株

山梗菜属 Lobelia

山梗菜 Lobelia sessilifolia

【别名】半边莲。【外观】多年生草本；高 60~120 cm。【根茎】根状茎直立，生多数须根；茎通常不分枝。【叶】叶螺旋状排列，在茎的中上部较密集；叶片宽披针形至条状披针形，长 2.5~7 cm，宽 3~16 mm，边缘有细锯齿，先端渐尖，基部近圆形至阔楔形。【花】总状花序顶生，苞片叶状，窄披针形，比花短；花萼筒杯状钟形，裂片三角状披针形，全缘；花冠蓝紫色，长 2.5~3.5 cm，近二唇形，上唇 2 裂片长匙形，较长于花冠筒，上升，下唇裂片椭圆形，约与花冠筒等长；雄蕊在基部以上连合成筒，花药接合线上密生柔毛，仅下方 2 枚花药顶端生笔毛状髯毛。【果实】蒴果倒卵状，长 8~10 mm，宽 5~7 mm。

【花期】	7—8 月
【果期】	8—9 月
【生境】	湿草甸子、沼泽地及河岸
【分布】	黑龙江（北部、南部及东部）、吉林南部及东部、辽宁西北部、内蒙古东部

山梗菜植株

山梗菜花序

山梗菜果实

山梗菜花

睡菜属 *Menyanthes*

睡菜 *Menyanthes trifoliata*

　　【外观】多年生沼生草本。【根茎】匍匐状根状茎粗大；花葶由根状茎顶端鳞片形叶腋中抽出，高 30~35 cm。【叶】叶全部基生，挺出水面，三出复叶，小叶椭圆形，长 2.5~8 cm，宽 1.2~2 cm，先端钝圆，基部楔形，全缘或边缘微波状，中脉明显，总叶柄下部变宽，鞘状。【花】总状花序多花，苞片卵形，先端钝，全缘，花梗斜伸，花 5 数；花萼分裂至近基部，萼筒甚短，裂片卵形；花冠白色，筒形，长 14~17 mm，上部内面具白色长流苏状毛，裂片椭圆状披针形，长 7.5~10 mm，先端钝；雄蕊着生于冠筒中部，花丝扁平，子房无柄，椭圆形柱头 2 裂。【果实】蒴果球形，长 6~7 mm。

【花期】	5—6 月
【果期】	7—8 月
【生境】	沼泽地、水甸子及湖边浅水中
【分布】	黑龙江东部及北部、吉林南部及东部、辽宁东部及北部、内蒙古东北部

睡菜花

睡菜植株

睡菜群落

荇菜属 *Nymphoides*

荇菜 *Nymphoides peltata*

【别名】莕菜、荇、莲叶荇菜。【外观】多年生水生草本。【根茎】茎圆柱形，多分枝，节下生根。【叶】上部叶对生，下部叶互生，叶片飘浮，近革质，圆形或卵圆形，直径 1.5~8 cm，基部心形，全缘，有不明显的掌状叶脉，下面紫褐色，密生腺体，粗糙，叶柄圆柱形，基部变宽，呈鞘状，半抱茎。【花】花常多数，簇生节上，5 数；花梗圆柱形，花萼分裂近基部，裂片椭圆形或椭圆状披针形，先端钝，全缘；花冠金黄色，直径 2.5~3 cm，分裂至近基部，冠筒短，喉部具 5 束长柔毛，裂片宽倒卵形；雄蕊着生于冠筒上，整齐；长花柱花比短花柱花的雌蕊和花柱长。【果实】蒴果无柄，椭圆形，宿存花柱。

【花期】	6—8 月
【果期】	8—9 月
【生境】	水泡子、池塘及不甚流动的河溪中
【分布】	黑龙江大部、（吉林西部、东部及南部）、辽宁（东部、北部及西部）、内蒙古东部

荇菜群落

荇菜果实   荇菜植株

紫菀花序

紫菀果实

紫菀属 *Aster*

紫菀 *Aster tataricus*

　　【别名】青菀。【外观】多年生草本。【根茎】根状茎斜升；茎直立，高 40~50 cm。【叶】基部叶在花期枯落，长圆状或椭圆状匙形；下部叶匙状长圆形，常较小，下部渐狭或急狭成具宽翅的柄，渐尖，边缘除顶部外有密锯齿；中部叶长圆形或长圆披针形，无柄，全缘或有浅齿，上部叶狭小。【花】头状花序多数，径 2.5~4.5 cm，在茎和枝端排列成复伞房状；花序梗长，有线形苞叶；总苞半球形，总苞片 3 层，线形或线状披针形；舌状花约 20 余个，舌片蓝紫色，长 15~17 mm；管状花长 6~7 mm；花柱附片披针形。【果实】瘦果倒卵状长圆形，紫褐色，上部被疏粗毛；冠毛污白色或带红色，有多数不等长的糙毛。

【花期】	8—9 月
【果期】	9—10 月
【生境】	山地草甸、河边湿地、草甸草原及林缘
【分布】	东北地区广泛分布

紫菀群落

紫菀植株

圆苞紫菀花序

圆苞紫菀花序（侧）

圆苞紫菀 *Aster maackii*

【别名】麻氏紫菀、马氏紫菀。【外观】多年生草本。【根茎】根状茎粗壮；茎直立，高 40~85 cm。【叶】下部叶在花期枯萎；中部及上部叶长椭圆状披针形，长 4~11 cm，宽 0.7~2 cm，基部渐狭，顶端尖或渐尖，边缘有小尖头状浅锯齿；上部叶渐小，长圆披针形，全缘，尖或稍钝；全部叶纸质。【花】头状花序径 3.5~4.5 cm，花序梗顶端有长圆形或卵圆形苞叶；总苞半球形，总苞片 3 层，疏覆瓦状排列，长圆形至线状长圆形，顶端圆形；舌状花约 20 个，舌片紫红色，长圆状披针形，长 15~18 mm；管状花黄色，长约 6 mm；花柱附片长 0.7 mm；冠毛白色或基部稍红色。【果实】瘦果倒卵圆形。

【花期】	8—9 月
【果期】	9—10 月
【生境】	河边湿地、阴湿坡地、杂木林缘、积水草地及沼泽地
【分布】	黑龙江（南部、东部及北部）、吉林南部及东部、辽宁东部、内蒙古东部

圆苞紫菀植株

圆苞紫菀居群

高山紫菀 *Aster alpinus*

　　【别名】高岭紫菀。【外观】多年生草本。【根茎】根状茎粗壮，有丛生的茎和莲座状叶丛；茎直立，高 10~35 cm，不分枝。【叶】下部叶匙状或线状长圆形，长 1~10 cm，宽 0.4~1.5 cm，全缘，顶端圆形或稍尖；中部叶长圆披针形或近线形，下部渐狭；上部叶狭小，直立或稍开展。【花】头状花序在茎端单生，总苞半球形，径 15~20 mm，总苞片 2~3 层，等长或外层稍短；舌状花 35~40 个，舌片紫色、蓝色或浅红色，长 10~16 mm，宽 2.5 mm；管状花花冠黄色，长 5.5~6 mm，管部长 2.5 mm，裂片长约 1 mm；花柱附片长 0.5~0.6 mm；冠毛白色。【果实】瘦果长圆形，基部较狭，褐色，被密绢毛。

高山紫菀花序

高山紫菀植株 (侧)

【花期】	7—8 月
【果期】	8—9 月
【生境】	高山苔原带、山地草原、草甸草原及林缘
【分布】	黑龙江北部、吉林东南部、内蒙古东部

高山紫菀群落

东风菜 *Aster scaber*

【别名】盘龙草、白云草。【外观】多年生草本。【根茎】根状茎粗壮；茎直立，高 100~150 cm，上部有斜升的分枝。【叶】基部叶在花期枯萎，叶片心形，边缘有具小尖头的齿，顶端尖；中部叶较小，卵状三角形，基部圆形或稍截形，有具翅的短柄；上部叶小；全部叶两面被微糙毛，有三或五出脉，网脉显明。【花】头状花序径 18~24 mm，圆锥伞房状排列；总苞半球形，总苞片约 3 层，边缘宽膜质，顶端尖或钝，覆瓦状排列；舌状花约 10 个，舌片白色，条状矩圆形，长 11~15 mm；管状花长 5.5 mm，檐部钟状，有线状披针形裂片。【果实】瘦果倒卵圆形或椭圆形，除边肋外，一面有 2 脉，一面有 1~2 脉，无毛；冠毛污黄白色。

【花期】	7—8 月
【果期】	8—9 月
【生境】	林间草甸、山坡、林缘及灌木丛中
【分布】	黑龙江（南部、东部及北部）、吉林南部及东部、辽宁大部、内蒙古东部

东风菜植株

东风菜花序

东风菜花序（背）

全叶马兰 *Aster pekinensis*

【别名】全叶鸡儿肠、扫帚鸡儿肠。【外观】多年生草本。【根茎】有长纺锤状直根；茎直立，高 30~70 cm，被细硬毛。【叶】下部叶在花期枯萎；中部叶多而密，条状披针形、倒披针形或矩圆形，长 2.5~4 cm，宽 0.4~0.6 cm，顶端钝或渐尖，常有小尖头，基部渐狭无柄，全缘，边缘稍反卷；上部叶较小，条形；全部叶下面灰绿，两面密被粉状短绒毛。【花】头状花序单生枝端且排成疏伞房状；总苞半球形，总苞片 3 层，覆瓦状排列，顶端尖，上部有短粗毛及腺点；舌状花 1 层，20 余个，管部有毛；舌片淡紫色，长 11 mm；管状花花冠长 3 mm，管部有毛。【果实】瘦果倒卵形，浅褐色；冠毛带褐色，不等长，弱而易脱落。

【花期】	7—8 月
【果期】	8—9 月
【生境】	山坡、林缘、荒地、草地、河岸、路边、湿草甸、砂质地及固定沙丘
【分布】	东北地区广泛分布

全叶马兰果实

全叶马兰花序（白色）

全叶马兰花序

全叶马兰居群

狗娃花 *Aster hispidus*

【别名】狗哇花。【外观】一年生或二年生草本。【根茎】有垂直的纺锤状；茎高 30~150 cm。【叶】基部及下部叶在花期枯萎；中部叶矩圆状披针形或条形，长 3~7 cm，宽 0.3~1.5 cm，常全缘；上部叶小，条形；全部叶质薄。【花】头状花序径 3~5 cm，单生于枝端而排列成伞房状；总苞半球形，总苞片 2 层，近等长，条状披针形，草质，常有腺点；舌状花约 30 余个，管部长 2 mm，舌片浅红色或白色，条状矩圆形，长 12~20 mm，宽 2.5~4 mm；管状花花冠长 5~7 mm，管部长 1.5~2 mm，裂片长 1~1.5 mm。【果实】瘦果倒卵形，扁，有细边肋，被密毛；冠毛在舌状花极短，白色，膜片状。

【花期】	7—9 月
【果期】	9—10 月
【生境】	山坡草甸、河岸草甸及林缘
【分布】	东北地区广泛分布

狗娃花群落

狗娃花植株

狗娃花花序

翠菊属 *Callistephus*

翠菊 *Callistephus chinensis*

　　【别名】蓝菊。【外观】一年生或二年生草本；高 30~100 cm。【根茎】茎直立，单生，有纵棱，被白色糙毛。【叶】下部茎叶花期脱落或生存；中部茎叶卵形、菱状卵形或匙形或近圆形，长 2.5~6 cm，宽 2~4 cm，顶端渐尖，基部截形、楔形或圆形，叶柄有狭翼；上部的茎叶渐小。【花】头状花序单生于茎枝顶端，直径 6~8 cm；总苞半球形，总苞片 3 层，外层长椭圆状披针形或匙形，叶质，中层匙形，内层苞片长椭圆形，膜质；雌花 1 层，蓝色或淡蓝紫色，舌片长 2.5~3.5 cm，有短的管部；两性花花冠黄色。【果实】瘦果长椭圆状倒披针形，稍扁，中部以上被柔毛；外层冠毛宿存，内层冠毛雪白色，易脱落。

【花期】	8—9 月
【果期】	9—10 月
【生境】	干燥石质山坡、撂荒地、山坡草丛、水边及灌丛
【分布】	黑龙江南部、吉林南部及东部、辽宁东部、内蒙古东部

翠菊花序（粉紫色）

翠菊花序（淡紫色）

翠菊居群

香青属 *Anaphalis*

铃铃香青 *Anaphalis hancockii*

【别名】铃铃香。【外观】多年生草本。【根茎】根状茎细长，稍木质，匍枝有膜质鳞片状叶和顶生的莲座状叶丛；茎从膝曲的基部直立，高5~35 cm，常有稍疏的叶。【叶】莲座状叶与茎下部叶匙状或线状长圆形，基部渐狭成具翅的柄或无柄，顶端圆形或急尖；中部及上部叶直立，常贴附于茎上，线形。【花】头状花序9~15个，在茎端密集成复伞房状；总苞宽钟状，总苞片4~5层，稍开展，外层卵圆形，红褐色或黑褐色，内层长圆披针形，顶端尖，上部白色；最内层线形，有爪；雌株头状花序有多层雌花，中央有1~6枚雄花；雄株头状花序全部有雄花，花冠长4.5~5 mm。【果实】瘦果长圆形，被密乳头状突起。

【花期】	6—8 月
【果期】	8—9 月
【生境】	山地草甸及亚高山山顶
【分布】	内蒙古东部

铃铃香青花序

铃铃香青植株

铃铃香青植株（侧）

飞蓬属 *Erigeron*

山飞蓬 *Erigeron alpicola*

【外观】多年生草本。【根茎】茎数个，高 10~35 cm，直立。【叶】基部叶密集，莲座状，倒卵形，匙形或倒披针形，长 2~10 cm，宽 3~16 mm；下部叶倒披针形，具短柄，中部和上部叶披针形或线状披针形，无柄，顶端尖。【花】头状花序单生于茎端；总苞半球形，总苞片 3 层，线状披针形，长 6~10 mm，宽 0.8~1.6 mm；外围的雌花 2~4 层，舌状，长 8~14 mm，管部长 2 mm，舌片平，淡紫色，顶端具 3 个细齿；中尖的两性花管状，黄色，长 3~4.5 mm，管部短，檐部漏斗状；花药伸出花冠。【果实】瘦果倒披针形，扁压；冠毛污白色，2 层，刚毛状。

【花期】	7—8 月
【果期】	8—9 月
【生境】	高山苔原带、亚高山草地及高山草甸上
【分布】	黑龙江北部及南部、吉林东南部、内蒙古东北部

山飞蓬群落

山飞蓬植株

山飞蓬花序

女菀花序

女菀总花序

女菀属 *Turczaninowia*

女菀 *Turczaninowia fastigiata*

　　【别名】织女菀、女肠。【外观】多年生草本。【根茎】根颈粗壮；茎直立，坚硬，有条棱，高 30~100 cm，被短柔毛。【叶】下部叶在花期枯萎，条状披针形；中部以上叶渐小，披针形或条形，下面灰绿色，被密短毛及腺点，上面无毛，边缘有糙毛，稍反卷；中脉及三出脉在下面凸起。【花】头状花序径 5~7 mm，多数在枝端密集；花序梗纤细，有长 1~2 mm 的苞叶；总苞长 3~4 mm，总苞片被密短毛，顶端钝，外层矩圆形，长约 1.5 mm，内层倒披针状矩圆形，上端及中脉绿色；花十余个；舌状花白色，管部长 2~3 mm；管状花长 3~4 mm；冠毛约与管状花花冠等长。【果实】瘦果矩圆形，基部尖，先端圆。

【花期】	8—9 月
【果期】	9—10 月
【生境】	山坡、林缘、河岸、灌丛及盐碱地
【分布】	黑龙江大部、吉林西部及东部、辽宁大部、内蒙古东部

女菀群落

女苑植株

旋覆花属 *Inula*

蓼子朴 *Inula salsoloides*

【别名】沙地旋覆花、沙旋覆花、小叶旋覆花。【外观】亚灌木。【根茎】地下茎分枝长，横走，木质，茎下部木质，基部有密集的长分枝，中部以上有较短的分枝，分枝细，常弯曲。【叶】叶披针状或长圆状线形，长5~10 mm，宽1~3 mm，全缘，基部常心形或有小耳，半抱茎，边缘平或稍反卷，稍肉质，上面无毛，下面有腺及短毛。【花】头状花序径1~1.5 cm，单生于枝端，总苞倒卵形，总苞片4~5层，线状卵圆状至长圆状披针形，干膜质，基部常稍草质，黄绿色，外层渐小，舌状花浅黄色，椭圆状线形，顶端有3个细齿；管状花花冠上部狭漏斗状；冠毛白色，有约70个细毛。【果实】瘦果，有多数细沟，被腺和疏粗毛，上端有较长的毛。

【花期】	5—8 月
【果期】	7—9 月
【生境】	干旱草原、荒漠草原、流动沙丘及固定沙丘上
【分布】	吉林西部、辽宁西北部、内蒙古东部

蓼子朴群落

蓼子朴植株

蓼子朴花序（侧）

旋覆花 *Inula japonica*

　　【别名】日本旋覆花、金佛草、金钱菊。【外观】多年生草本。【根茎】根状茎短，横走或斜升，有多少粗壮的须根，茎直立，高 30~70 cm，有时基部具不定根。【叶】基部叶常较小，在花期枯萎；中部叶长圆形，长圆状披针形或披针形，长 4~13 cm，宽 1.5~3.5 cm，基部常有圆形半抱茎的小耳，无柄，中脉和侧脉有较密的长毛；上部叶渐狭小，线状披针形。【花】头状花序径 3~4 cm，花序梗细长；总苞半球形，总苞片约 6 层，线状披针形，近等长，但最外层常叶质而较长；舌状花黄色，舌片线形，长 10~13 mm；管状花花冠长约 5 mm；冠毛 1 层，白色，与管状花近等长。【果实】瘦果圆柱形，有 10 条沟，顶端截形，被疏短毛。

【花期】	7—9 月
【果期】	8—10 月
【生境】	山坡、路旁、湿草地、河岸及田埂上
【分布】	东北地区广泛分布

旋覆花植株

旋覆花花序

旋覆花花序（背）

旋覆花植株（多枝）

旋覆花群落

菊芋总花序

菊芋花序

向日葵属 *Helianthus*

菊芋 *Helianthus tuberosus*

【外观】多年生草本；高 1~3 m。【根茎】有块状的地下茎及纤维状根；茎直立，有分枝，被白色短糙毛或刚毛。【叶】叶通常对生，上部叶互生；下部叶卵圆形或卵状椭圆形，有长柄，基部宽楔形或圆形，有离基三出脉，上部叶长椭圆形至阔披针形，基部渐狭，下延成短翅状，顶端渐尖，短尾状。【花】头状花序较大，单生于枝端，有 1~2 枚线状披针形的苞叶，直立，径 2~5 cm；总苞片多层，披针形，顶端长渐尖，背面被短伏毛，边缘被开展的缘毛；舌状花通常 12~20 个，舌片黄色，开展，长椭圆形，长 1.7~3 cm；管状花花冠黄色，长 6 mm。【果实】瘦果小，楔形，上端有 2~4 个有毛的锥状扁芒。

【花期】	8—9 月
【果期】	9—10 月
【生境】	山地林缘、荒地、山坡、农田及住宅附近
【分布】	原产北美，东北温带地区广泛分布

菊芋群落

蓍属 *Achillea*

亚洲蓍 *Achillea asiatica*

【外观】多年生草本。【根茎】茎直立，高 18~60 cm，具细条纹。【叶】叶条状矩圆形，条状披针形或条状倒披针形，二至三回羽状全裂；中上部叶无柄，长 1~6 cm，宽 3~12 mm，一回裂片多数，末回裂片条形至披针形，顶端渐狭成软骨质尖头。【花】头状花序多数，密集成伞房花序；总苞矩圆形，总苞片 3~4 层，覆瓦状排列，卵形、矩圆形至披针形，顶端钝，背部中间黄绿色，中脉凸起；托片矩圆状披针形，膜质；舌状花 5 朵，管部略扁，具黄色腺点，舌片粉红色或淡紫红色，少有变白色，半椭圆形或近圆形，长 2~2.5 mm，顶端近截形，具 3 圆齿；管状花 5 齿裂，具腺点。【果实】瘦果矩圆状楔形。

【花期】	7—8 月
【果期】	8—9 月
【生境】	山坡草地、河边、草场及林缘湿地
【分布】	黑龙江北部、内蒙古东北部

亚洲蓍花序

亚洲蓍花序（侧）

亚洲蓍群落

甘菊植株

甘菊花序

菊属 *Chrysanthemum*

甘菊 *Chrysanthemum lavandulifolium*

【别名】岩香菊、香叶菊。【外观】多年生草本；高 0.3~1.5 m。【根茎】有地下匍匐茎；茎直立，茎枝有稀疏的柔毛，但上部及花序梗上的毛稍多。【叶】基部和下部叶花期脱落。中部茎叶卵形、宽卵形或椭圆状卵形，长 2~5 cm，宽 1.5~4.5 cm。二回羽状分裂，一回全裂或几全裂，二回为半裂或浅裂。一回侧裂片 2~4 对。【花】头状花序直径 10~20 mm，通常多数在茎枝顶端排成疏松或稍紧密的复伞房花序；总苞碟形，总苞片约 5 层，全部苞片顶端圆形，边缘白色或浅褐色膜质；舌状花黄色，舌片椭圆形，长 5~7.5 mm，端全缘或 2~3 个不明显的齿裂。【果实】瘦果长 1.2~1.5 mm。

【花期】	8—9 月
【果期】	9—10 月
【生境】	山坡、岩石上、河谷、河岸及荒地
【分布】	吉林南部、辽宁大部、内蒙古东南部
【附注】	本区尚有 1 变种。甘野菊：叶大而质薄，两面无毛或几无毛。其他与原种同

甘野菊 var. *seticuspe*

甘野菊植株

甘野菊花序

楔叶菊 *Chrysanthemum naktongense*

【外观】多年生草本，高 10~50 cm。【根茎】有地下匍匐根状茎。茎直立，全部茎枝有稀疏的柔毛。【叶】中部茎叶长椭圆形、椭圆形或卵形，长 1~3 cm，宽 1~2 cm，掌式羽状或羽状 3~7 浅裂、半裂或深裂。叶腋常有簇生较小的叶；基生叶和下部茎叶与中部茎叶同形，但较小；全部茎叶基部楔形或宽楔形，有长柄。【花】头状花序直径 3.5~5 cm，2~9 个在茎枝顶端排成疏松伞房花序，极少单生。总苞碟状，总苞片 5 层，外层线形或线状披针形，顶端圆形膜质扩大，中内层椭圆形或长椭圆形，边缘及顶端白色或褐色膜质；舌状花白色、粉红色或淡紫色，舌片长 1~1.5 cm，顶端全缘或 2 齿。【果实】瘦果。

【花期】	7—8 月
【果期】	9—10 月
【生境】	草原、山坡林缘、灌丛、河滩及沟边
【分布】	黑龙江北部、内蒙古东北部

楔叶菊花序（浅粉色）

楔叶菊植株

小红菊 *Chrysanthemum chanetii*

　　【外观】多年生草本；高 15~60 cm。【根茎】茎直立或基部弯曲。【叶】中部茎叶肾形、半圆形、近圆形或宽卵形，长 2~5 cm，宽略等于长，通常 3~5 掌状或掌式羽状浅裂或半裂。基生叶及下部茎叶与茎中部叶同形，但较小；上部茎叶椭圆形或长椭圆形，接花序下部的叶长椭圆形或宽线形，羽裂、齿裂或不裂。全部中下部茎叶基部稍心形或截形。【花】头状花序直径 2.5~5 cm，3~12 个排成疏松伞房花序；总苞碟形，总苞片 4~5 层，外层宽线形，边缘缝状撕裂，全部苞片边缘白色或褐色膜质；舌状花白色、粉红色或紫色，舌片长 1.2~2.2 cm，顶端 2~3 齿裂。【果实】瘦果，顶端斜截，4~6 条脉棱。

【花期】	7—8 月
【果期】	9—10 月
【生境】	草甸草原、山坡林缘、灌丛、河滩及沟边
【分布】	黑龙江（南部、北部及东部）、吉林东部及南部、辽宁（东部、南部及西部）、内蒙古东部

小红菊群落

小红菊植株

小山菊 *Chrysanthemum oreastrum*

【别名】毛山菊、小亭菊、高山扎菊。【外观】多年生草本；高 3~45 cm。【根茎】有地下匍匐根状茎；茎直立，单生，不分枝。【叶】基生及中部茎叶菱形、扇形或近肾形，长 0.5~2.5 cm，宽 0.5~3 cm，二回掌状或掌式羽状分裂，一二回全部全裂；上部叶与茎中部叶同形，但较小，最上部及接花序下部的叶羽裂或 3 裂；全部叶有柄。【花】头状花序直径 2~4 cm，单生茎顶；总苞浅碟状，总苞片 4 层，外层线形、长椭圆形或卵形，中内层长卵形、倒披针形，中外层外面被稀疏的长柔毛，全部苞片边缘棕褐色或黑褐色宽膜质；舌状花白色、粉红色，舌片顶端 3 齿或微凹。【果实】瘦果长约 2 mm。

【花期】	7—8 月
【果期】	8—9 月
【生境】	草甸草原、亚高山草地和高山苔原带多砾石地上
【分布】	吉林东南部、内蒙古东部

小山菊植株（花淡粉色）

小山菊花序（花白色）　　小山菊植株（花深粉色）

小山菊居群

小山菊植株（花纯粉色）

菊蒿属 *Tanacetum*

菊蒿 *Tanacetum vulgare*

【别名】艾菊。【外观】多年生草本；高 30~150 cm。【根茎】茎直立，仅上部有分枝。【叶】茎叶多数，全形椭圆形或椭圆状卵形，长达 25 cm，二回羽状分裂；一回为全裂，侧裂片达 12 对；二回为深裂，二回裂片卵形、线状披针形、斜三角形或长椭圆形，边缘全缘或有浅齿或为半裂呈三回羽状分裂。【花】头状花序多数 10~20 个，在茎枝顶端排成稠密的伞房或复伞房花序；总苞直径 5~13 mm，总苞片 3 层，草质，外层卵状披针形，中内层披针形或长椭圆形，全部苞片边缘白色或浅褐色狭膜质，顶端膜质扩大；全部小花管状，边缘雌花比两性花小。【果实】瘦果长 1.2~2 mm；冠毛冠状，冠缘浅齿裂。

【花期】	7—8 月
【果期】	8—9 月
【生境】	山地草甸、河滩草甸、山坡及林缘
【分布】	黑龙江（北部、东部及南部）、吉林东部、内蒙古东部

菊蒿花序（花橙色）

菊蒿花序（花淡黄色）

菊蒿植株

橐吾属 *Ligularia*

全缘橐吾 *Ligularia mongolica*

【别名】卵叶橐吾。【外观】多年生灰绿色或蓝绿色草本。【根茎】根肉质，细长；茎直立，高 30~110 cm。【叶】丛生叶与茎下部叶具长柄，基部具狭鞘，叶片卵形、长圆形或椭圆形，长 6~25 cm，宽 4~12 cm，先端钝，全缘，基部楔形，下延，叶脉羽状；茎中上部叶无柄，长圆形或卵状披针形，近直立，贴生，基部半抱茎。【花】总状花序密集，近头状，或下部疏离；苞片和小苞片线状钻形，花序梗细；头状花序辐射状，总苞狭钟形或筒形，总苞片 2 层，内层边缘膜质。舌状花 1~4 枚，黄色，舌片长圆形，长 10~12 mm，宽达 6 mm；管状花 5~10 枚，长 8~10 mm，檐部楔形，基部渐狭。【果实】瘦果圆柱形，褐色，光滑。

【花期】	7—8 月
【果期】	8—9 月
【生境】	草甸草原、沼泽草甸、石质山地、林间及灌丛
【分布】	黑龙江（北部及西部）、吉林南部、辽宁西部、内蒙古东部

全缘橐吾群落

全缘橐吾总花序　　　　　全缘橐吾果实　　　　　全缘橐吾花序

长白山橐吾 *Ligularia jamesii*

【别名】单花橐吾、单头橐吾。【外观】多年生草本。根茎：根肉质；茎直立，高 30~60 cm。【叶】丛生叶与茎下部叶具长柄，基部有窄鞘，叶片三角状戟形，长 3.5~9 cm，基部宽 7~10 cm，边缘有尖锯齿，基部弯缺宽，叶脉掌式羽状；茎中部叶具短柄，鞘膨大，抱茎，叶片卵状箭形，较小；茎上部叶无柄。【花】头状花序辐射状，单生，直径 5~7 cm；小苞片线状披针形；总苞宽钟形，总苞片约 13 枚，披针形，先端渐尖，背部被白色蛛丝状毛，具褐色膜质边缘；舌状花 13~16 枚，黄色，舌片线状披针形，长达 4 cm，宽 3~4 mm，先端渐尖，2~3 浅裂；管状花长 10~11 mm，冠毛淡黄色。【果实】瘦果圆柱形，光滑。

长白山橐吾花序

【花期】	7—8 月
【果期】	8—9 月
【生境】	亚高山草地、高山山坡及高山苔原带
【分布】	吉林东南部、内蒙古东北部

长白山橐吾群落

长白山橐吾果实

长白山橐吾花序（侧）

长白山橐吾植株

狭苞橐吾总花序

狭苞橐吾 *Ligularia intermedia*

【外观】多年生草本。【根茎】根肉质，多数；茎直立，高达 100 cm。【叶】丛生叶与茎下部叶具长柄，基部具狭鞘，叶片肾形或心形，长 8~16 cm，宽 12~23.5 cm，边缘具整齐的有小尖头的三角状齿或小齿，基部弯缺宽，两面光滑，叶脉掌状；茎中上部叶较小；茎最上部叶苞叶状。【花】总状花序，苞片线形或线状披针形，向上渐短；花序梗近光滑，头状花序辐射状，小苞片线形，总苞钟形，总苞片 6~8 枚，长圆形，先端三角状，急尖；舌状花 4~6 枚，黄色，舌片长圆形，长 17~20 mm，宽约 3 mm，先端钝；管状花 7~12 枚，伸出总苞，长 10~11 mm，基部稍粗，冠毛紫褐色，有时白色。【果实】瘦果圆柱形。

【花期】	7—8 月
【果期】	8—9 月
【生境】	高山草甸、林间草甸、湿草地、山坡及林缘
【分布】	黑龙江南部、吉林东部及南部、辽宁西部、内蒙古东南部

狭苞橐吾群落

狭苞橐吾植株

蹄叶橐吾 *Ligularia fischeri*

【别名】山紫菀、肾叶橐吾、葫芦七。【外观】多年生草本。【根茎】根肉质；茎直立，高 80~150 cm。【叶】丛生叶与茎下部叶具柄，基部鞘状，叶片肾形，长 10~30 cm，宽 13~40 cm，先端圆形，边缘有整齐的锯齿；茎、中上部叶具短柄，鞘膨大，叶较小。【花】总状花序，苞片卵形或卵状披针形，向上渐小，先端具短尖，边缘有齿；花序梗细，下部者长，向上渐短；头状花序多数，辐射状；小苞片狭披针形至线形；总苞钟形，总苞片 8~9 枚，2 层，长圆形，先端急尖，背部光滑，内层具宽膜质边缘；舌状花 5~9 枚，黄色，舌片长圆形，长 15~25 mm，先端钝圆；管状花多数，长 10~17 mm，冠毛红褐色短于管部。【果实】瘦果圆柱形。

【花期】	7—8 月
【果期】	8—9 月
【生境】	湿草地、林缘、河滩草甸及灌丛
【分布】	黑龙江（南部、东部及北部）、吉林南部及东部、辽宁东部、内蒙古东部

蹄叶橐吾总花序

蹄叶橐吾花序

蹄叶橐吾花序（背）

蹄叶橐吾植株

橐吾 *Ligularia sibirica*

【别名】北橐吾、西伯利亚橐吾、箭叶橐吾。【外观】多年生草本。【根茎】根肉质。【叶】丛生叶和茎下部叶具柄，基部鞘状，叶片卵状心形、三角状心形、肾状心形或宽心形，长 3.5~20 cm，宽 4.5~29 cm，边缘具整齐的细齿，基部心形，两侧裂片长圆形或近圆形；茎中部叶与下部者同形，具短柄，鞘膨大，最上部叶仅有叶鞘。【花】总状花序常密集；苞片卵形或卵状披针形，向上渐小；头状花序辐射状；小苞片狭披针形；总苞宽钟形、钟形或钟状陀螺形，基部圆形，总苞片 7~10 枚，2 层，披针形或长圆形；舌状花 6~10 枚，黄色，舌片倒披针形或长圆形，长 10~22 mm，宽 3~5 mm，先端钝；管状花多数，长 8~13 mm。【果实】瘦果长圆形。

【花期】	7—8 月
【果期】	8—9 月
【生境】	沼泽地、湿草地、河边、山坡、草甸及林缘
【分布】	黑龙江北部及南部、吉林东部及南部、内蒙古东部

橐吾群落

橐吾总花序

橐吾花序（侧）

长白蜂斗菜植株(果期)

蜂斗菜属 *Petasites*

长白蜂斗菜 *Petasites rubellus*

【别名】长白蜂斗叶。【外观】多年生草本。【根茎】茎单生,直立,不分枝,高5~25 cm。【叶】基生叶小,具长柄;叶片肾形或肾状心形,长3~5.5 cm,宽4~9 cm,边缘有具小尖头波状粗齿,厚纸质,叶柄长,基部稍扩大;茎生叶鳞片状,抱茎,卵状披针形,向上部渐小。【花】头状花序6~9排成伞房状花序,花序梗纤细,具线形小苞片;总苞倒锥状,总苞片2层,近等长,狭长圆形,顶端钝;雌花花冠白色,线形,长6~7 mm,顶端具短舌片,顶端具2~3细齿;两性花少数,不结果;花冠黄色,长9 mm,檐部钟状,5齿裂;花柱基部2浅裂,钝。【果实】瘦果长圆形,顶端截形;冠毛白色。

【花期】	5—6 月
【果期】	6—7 月
【生境】	亚高山岳桦林、针叶林及针阔叶混交林林下、林缘及高山苔原带
【分布】	吉林东南部、辽宁东部

长白蜂斗菜植株(花期)

长白蜂斗菜雄花序

长白蜂斗菜雌花序

长白蜂斗菜雌花序(粉色)

千里光属 *Senecio*

林荫千里光 *Senecio nemorensis*

　　【别名】黄菀、森林千里光。【外观】多年生草本。【根茎】茎直立，高达 1 m。【叶】中部茎叶多数，近无柄，披针形或长圆状披针形，长 10~18 cm，宽 2.5~4 cm，顶端渐尖或长渐尖，基部楔状渐狭或多少半抱茎，边缘具密锯齿，羽状脉，侧脉 7~9 对；上部叶渐小，线状披针形至线形，无柄。【花】头状花序多数，排成复伞房花序；花序梗细，具 3~4 小苞片，线形；总苞近圆柱形，具外层苞片 4~5 枚，线形，总苞片 12~18 枚，长圆形；舌状花 8~10 枚，舌片黄色，线状长圆形，长 11~13 mm，宽 2.5~3 mm，顶端具 3 细齿，具 4 脉；管状花 15~16 枚，花冠黄色，长 8~9 mm，檐部漏斗状，裂片卵状三角形。【果实】瘦果圆柱形，冠毛白色。

【花期】	8—9 月
【果期】	9—10 月
【生境】	林下阴湿地、森林草甸、高山岩石缝间及溪流边
【分布】	黑龙江北部及南部、吉林东部及南部、内蒙古东部

林荫千里光植株

林荫千里光总花序

林荫千里光花序（亮黄色）

林荫千里光果实

林荫千里光花序（纯黄色）

麻叶千里光 *Senecio cannabifolius*

【别名】宽叶返魂草、返魂草。【外观】多年生根状茎草本。【根茎】茎直立，单生，高 1~2 m。【叶】基生叶和下部茎叶在花期凋萎；中部茎叶具柄，长圆状披针形，不分裂或羽状分裂成 4~7 个裂片，顶端尖或渐尖，基部楔形，边缘具内弯的尖锯齿；上部叶沿茎上渐小，叶柄短，基部具 2 耳。【花】头状花序辐射状，多数排列成顶生宽复伞房状花序；花序梗细，具 2~3 线形苞片；总苞圆柱状，具外层苞片 3~4 枚，总苞片 8~10 枚，长圆状披针形；舌状花 8~10 枚，舌片黄色，长约 10 mm，顶端具 3 细齿，具 4 脉；管状花约 21 枚，花冠黄色，长 8 mm，檐部漏斗状，裂片卵状披针形。【果实】瘦果圆柱形，冠毛禾秆色。

【花期】	8—9 月
【果期】	9—10 月
【生境】	湿草甸子、林下或林缘
【分布】	黑龙江（北部、南部及东部）、吉林南部及东部、内蒙古东部
【附注】	本区尚有 1 变种：全叶千里光，叶不分裂，长圆状披针形，其他与原种同

麻叶千里光群落

麻叶千里光花序

麻叶千里光果实

麻叶千里光花序(背)

全叶千里光 var. *integrifolius*

麻叶千里光植株

全叶千里光植株

大花千里光 *Senecio ambraceus*

【别名】琥珀千里光、东北千里光。【外观】多年生根状茎草本。【根茎】茎直立，高 45~100 cm。【叶】基生叶在花期枯萎，下部叶全形倒卵状长圆形，长 6~12 cm，宽达 4 cm，大头羽状细裂，顶端钝，侧生裂片 5~8 对，具不规则齿或细裂；中部茎叶无柄，羽状深裂或羽状全裂，基部通常有撕裂状耳；上部叶渐小，线形。【花】头状花序排列成较开展的顶生伞房花序；花序梗有苞片和数个线状钻形小苞片；总苞宽钟状，具外层苞片 2~6 枚，线形，总苞片 13~15 枚；舌状花 13~14 枚，舌片黄色，长圆形，长 12 mm；管状花多数；花冠黄色，长 6 mm，檐部漏斗状；裂片卵状三角形。【果实】瘦果圆柱形，舌状花的瘦果无毛，管状花的瘦果被疏柔毛。

【花期】	8—9 月
【果期】	9—10 月
【生境】	草甸草原、低湿地、海滨、山坡、林缘及沙地
【分布】	黑龙江西部、吉林西部、辽宁（西部、北部及南部）、内蒙古东部

大花千里光植株

大花千里光花序

大花千里光果实

大花千里光群落

额河千里光 *Senecio argunensis*

【别名】羽叶千里光、大蓬蒿。【外观】多年生根状茎草本。【根茎】茎单生，直立，30~80 cm。【叶】中部茎叶较密集，无柄，全形卵状长圆形至长圆形，长 6~10 cm，宽 3~6 cm，羽状全裂至羽状深裂，顶生裂片小而不明显，侧裂片约 6 对，狭披针形或线形，基部具狭耳或撕裂状耳；上部叶渐小，顶端较尖，羽状分裂。【花】头状花序多数，排列成顶生复伞房花序；花序梗细，有苞片和数个线状钻形小苞片；总苞近钟状，总苞片约 13 枚，长圆状披针形；舌状花 10~13 枚，舌片黄色，长圆状线形，长 8~9 mm；管状花多数；花冠黄色，长 6 mm。【果实】瘦果圆柱形，冠毛淡白色。

【花期】	8—9 月
【果期】	9—10 月
【生境】	草甸草原、山坡草地、林缘及灌丛间
【分布】	黑龙江（南部、东部及西部）、吉林（南部、东部及西部）、辽宁大部、内蒙古东部

额河千里光植株

额河千里光总花序

额河千里光果实

额河千里光花序

额河千里光花序（背）

兔儿伞花序（侧）

兔儿伞花序

兔儿伞属 *Syneilesis*

兔儿伞 *Syneilesis aconitifolia*

【外观】多年生草本。【根茎】根状茎短，横走，具多数须根；茎直立，高 70~120 cm。【叶】叶通常 2；下部叶具长柄；叶片盾状圆形，直径 20~30 cm，掌状深裂；裂片 7~9 枚，每裂片再次 2~3 浅裂；叶柄基部抱茎；中部叶较小，裂片通常 4~5 枚；其余的叶呈苞片状，向上渐小。【花】头状花序多数，在茎端密集成复伞房状；总苞筒状，基部有 3~4 枚小苞片；总苞片 1 层，5 枚，长圆形，顶端钝，边缘膜质；小花 8~10 枚，花冠淡粉白色，长 10 mm，管部窄，檐部窄钟状，5 裂。【果实】瘦果圆柱形，长 5~6 mm。

【花期】	7—8 月
【果期】	8—9 月
【生境】	山坡、林缘、灌丛、草甸及草原
【分布】	东北地区广泛分布

兔儿伞群落

兔儿伞植株

狗舌草属 *Tephroseris*

红轮狗舌草 *Tephroseris flammea*

【别名】红轮千里光。【外观】多年生草本。【根茎】根状茎短细，具多数纤维状根；茎直立，不分枝，高达 60 cm，被白色蛛状绒毛。【叶】下部茎叶倒披针状长圆形，长 8~15 cm，宽 1.5~3 cm，顶端钝至略尖，厚纸质，基部楔状狭成具翅，半抱茎且稍下延至叶柄；中部茎叶无柄，椭圆形或长圆状披针形，具小尖；上部茎叶渐小，线状披针形至线形。【花】头状花序 2~9 枚排列成近伞形状伞房花序；花序梗基部有苞片，上部具 2~3 枚小苞片。总苞钟状，无外层苞片；总苞片约 25 枚，披针形或线状披针形，深紫色；舌状花 13~15 枚，舌片深橙色或橙红色，线形，长 12~16 mm；管状花多数，花冠黄色或紫黄色，长 6~6.5 mm，檐部漏斗状，裂片卵状披针形。【果实】瘦果圆柱形，冠毛淡白色。

【花期】	7—8 月
【果期】	8—9 月
【生境】	湿草甸子、溪流边、林缘及灌丛
【分布】	黑龙江北部及东部、吉林东部及南部、辽宁东部、内蒙古东部

红轮狗舌草植株

红轮狗舌草花序((侧)

红轮狗舌草花序(舌状花条形)

红轮狗舌草花序（舌状花金黄色）

红轮狗舌草花序（舌状花线形）

红轮狗舌草群落

长白狗舌草 *Tephroseris phaeantha*

【别名】长白千里光。【外观】多年生草本。【根茎】根状茎短，具多数纤维状根；茎单生，近葶状，直立，高13~45 cm。【叶】基生叶莲座状，具柄，在花期生存，卵状长圆形或椭圆形，长6~13 cm，宽2~4 cm，顶端圆形，基部微心形或截形，边缘具不规则深波状锯齿或具小尖头齿；叶柄长2~8 cm；茎叶少数，向上部渐小，下部和中部叶长圆形。【花】头状花序径1.8~2.5 cm，2~8排成顶生伞形状伞房状花序；花序梗基部具苞片；总苞钟状，总苞片18~20枚，披针形，紫色；舌状花约13枚，舌片黄色，长圆形；管状花多数，花管黄色，檐部漏斗状，裂片褐紫色，卵状披针形。【果实】瘦果圆柱形，冠毛白色。

【花期】	7—8 月
【果期】	8—9 月
【生境】	高山苔原带及高山荒漠带
【分布】	吉林东南部

长白狗舌草植株

长白狗舌草花序

长白狗舌草花序（侧）

长白狗舌草果实

狗舌草 *Tephroseris kirilowii*

【别名】丘狗舌草。【外观】多年生草本。【根茎】根状茎斜升，常覆盖以褐色宿存叶柄，具多数纤维状根；茎单生，近葶状，直立，高 20~60 cm。【叶】基生叶数个，莲座状，具短柄，在花期生存，长圆形或卵状长圆形，长 5~10 cm，宽 1.5~2.5 cm；茎叶少数，向茎上部渐小；下部叶倒披针形；上部叶小，披针形，苞片状，顶端尖。【花】头状花序径 1.5~2 cm，3~11 个排列多少伞形状顶生伞房花序；总苞近圆柱状钟形，总苞片 18~20 枚，披针形或线状披针形；舌状花 13~15 枚，舌片黄色，长圆形，长 6.5~7 mm；管状花多数，花冠黄色，长约 8 mm，檐部漏斗状。【果实】瘦果圆柱形。

【花期】	5—6 月
【果期】	6—7 月
【生境】	丘陵坡地、山野向阳地及草地
【分布】	东北地区广泛分布

狗舌草植株

狗舌草花序

狗舌草花序（背）

狗舌草果实

狗舌草群落

湿生狗舌草花序

湿生狗舌草花序（侧）

湿生狗舌草 *Tephroseris palustris*

【别名】湿生千里光。【外观】一年生或二年生草本。【根茎】具多数纤维状根；茎单生，中空，直立，高 20~60 cm。【叶】基生叶数个，在花期枯萎；下部茎叶具柄，中部茎叶无柄，长圆形，长圆状披形或披针状线形，长 5~15 cm，宽 0.7~1.8 cm，顶端钝，基部半抱茎。【花】头状花序，少数至多数排列成密至疏顶生伞房花序；总苞钟状，总苞片 18~20 枚，披针形，顶端渐尖，草质，具膜质边缘，绿色；舌状花20~25 枚，舌片浅黄色，椭圆状长圆形，长 5.5 mm，顶端钝，具 2~3 细齿或全缘；管状花多数，花冠黄色，长 5 mm，檐部漏斗状，裂片卵状披针形。【果实】瘦果圆柱形，无毛；冠毛丰富，白色。

【花期】	6—7 月
【果期】	7—8 月
【生境】	湿草甸子、河岸、沟边及水泡子附近
【分布】	黑龙江（东部、南部及北部）、吉林东部及南部、辽宁东部、内蒙古东部

湿生狗舌草群落

湿生狗舌草植株

尖齿狗舌草 *Tephroseris subdentata*

【外观】多年生草本。【根茎】根状茎短，具多数纤维状根；茎单生，直立，高 20~60 cm。【叶】基生叶莲座状，具长柄，匙形，线状匙形或倒披针形，长 6~15 cm，宽 1~2 cm，基部渐狭成柄，边缘全缘；下部茎叶与基生叶同形，中部茎叶无柄，披针形至线形，向上部较小，苞片状。【花】头状花序径 1.5~2 cm，7~30 个排列成顶生伞房花序或复伞房花序，基部具苞片，苞片线状钻形；总苞钟状，总苞片 18~20 枚，1 层，披针形或线状披针形，绿色或顶端稍紫色；舌状花 13~15 枚，舌片黄色，长圆形，长 6~7 mm；管状花多数，花冠黄色，长 6~6.5 mm，檐部漏斗状，裂片长圆状。【果实】瘦果圆柱形。

【花期】	6—7 月
【果期】	7—8 月
【生境】	草甸、沼泽、湿地及砂质地
【分布】	黑龙江（东部、南部及北部）、吉林西部、辽宁（北部、西部及东部）、内蒙古东北部

尖齿狗舌草植株

尖齿狗舌草花序

尖齿狗舌草花序(侧)

款冬属 *Tussilago*

款冬 *Tussilago farfara*

　　【别名】款冬花。【外观】多年生草本。【根茎】根状茎横生地下，褐色；早春花叶抽出数个花葶，高 5~10 cm，密被白色茸毛，有鳞片状，互生的苞叶，苞叶淡紫色。【叶】后生出基生叶阔心形，具长叶柄，叶片长 3~12 cm，宽 4~14 cm，边缘有波状，顶端增厚的疏齿，掌状网脉，下面被密白色茸毛。【花】头状花序单生顶端，直径 2.5~3 cm，初时直立，花后下垂；总苞钟状，总苞片 1~2 层，线形，顶端钝，常带紫色；边缘有多层雌花，花冠舌状，黄色；中央的两性花少数，花冠管状，顶端 5 裂。【果实】瘦果圆柱形，冠毛白色。

【花期】	4—5 月
【果期】	5—7 月
【生境】	山谷湿地、林下、林缘及路旁
【分布】	吉林南部及东部

款冬植株（花期,早春）

款冬植株（花期,仲春）

款冬居群

款冬植株（果期）

驴欺口花序（蓝色）

驴欺口花

蓝刺头属 *Echinops*

驴欺口 *Echinops davuricus*

　　【别名】宽叶蓝刺头、蓝刺头、球花漏芦、禹州漏芦。【外观】多年生草本；高 30~60 cm。【根茎】茎直立。【叶】基生叶与下部茎叶椭圆形或披针状椭圆形，长 15~20 cm，宽 8~15 cm，通常有长叶柄，柄基扩大贴茎或半抱茎，二回羽状分裂，一回侧裂片 4~8 对；中上部茎叶同形并近等样分裂；上部茎叶羽状半裂或浅裂，无柄，基部扩大抱茎。【花】复头状花序单生茎顶或茎生 2~3 个，直径 3~5.5 cm；头状花序基毛白色，不等长，扁毛状；总苞片 14~17 枚，全部苞片外面无毛；小花蓝色，花冠裂片线形，花冠管上部有多数腺点。【果实】瘦果长 7 mm，被稠密的顺向贴伏的淡黄色长直毛，遮盖冠毛；冠毛量杯状，膜片线形，边缘糙毛状。

【花期】	7—8 月
【果期】	8—9 月
【生境】	山地草原、草甸草原及干燥山坡
【分布】	黑龙江西部及东部、吉林西部及南部、辽宁西部及北部、内蒙古东部

驴欺口花序

驴欺口花（侧）

驴欺口群落

驴欺口植株

砂蓝刺头 *Echinops gmelinii*

【别名】沙漏芦。【外观】一年生草本，高 10~90 cm。【根茎】根直伸，细圆锥形。茎单生。【叶】下部茎叶线形或线状披针形，长 3~9 cm，宽 0.5~1.5 cm，基部扩大，抱茎，边缘刺齿或三角形刺齿裂或刺状缘毛；中上部茎叶与下部茎叶同形，但渐小；全部叶质地薄，被稀疏蛛丝状毛及头状具柄的腺点。【花】复头状花序单生茎顶或枝端，直径 2~3 cm；头状花序，基毛白色；全部苞片 16~20 枚，外层苞片线状倒披针形，上部扩大，浅褐色，内层苞片顶端芒刺裂，中间的芒刺裂较长；小花蓝色或白色，花冠 5 深裂，裂片线形，花冠管无腺点。【果实】瘦果倒圆锥形，被稠密的淡黄棕色的顺向贴伏的长直毛，遮盖冠毛；冠毛量杯状，膜片线形，边缘稀疏糙毛状，仅基部结合。

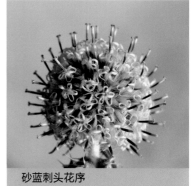

砂蓝刺头花序

砂蓝刺头植株

【花期】	7—8 月
【果期】	8—9 月
【生境】	荒漠草原、草甸草原、山坡砾石地及河滩沙地
【分布】	吉林西部、内蒙古东部

火烙草 *Echinops przewalskyi*

【外观】多年生草本。【根茎】根直伸，粗壮；茎高 15~40 cm。【叶】基生叶与下部茎叶长椭圆形，长 10~20 cm，宽 2~8 cm，二回羽状分裂，基部有短柄；中上部茎叶渐小，基部无柄，抱茎或贴茎；全部叶质地坚硬。【花】复头状花序单生茎枝顶端，头状花序长达 1.8 cm，基毛白色，扁毛状；外层苞片线状倒披针形，上部椭圆扩大，褐色，顶端钻形软骨状短渐尖；中层苞片倒披针形，自中部以上收窄成刺芒状长渐尖，内层苞片基部黏合，全部苞片 16~20 枚；小花长 1.6 cm，白色或浅蓝色，花冠管外面有腺点。【果实】瘦果倒圆锥状，冠毛量杯状，冠毛膜片线形，边缘稀疏糙毛状，大部结合，仅上部分离。

【花期】	6—8 月
【果期】	7—9 月
【生境】	草原地带及草原荒漠带
【分布】	内蒙古东部

火烙草植株

火烙草花序

飞廉属 *Carduus*

丝毛飞廉 *Carduus crispus*

【别名】飞廉、飞廉蒿。【外观】二年生或多年生草本；高 40~150 cm。【根茎】茎直立，有条棱，上部或接头状花序下部有蛛丝状毛。【叶】下部茎叶全形椭圆形、长椭圆形或倒披针形，长 5~18 cm，宽 1~7 cm，羽状深裂或半裂，侧裂片 7~12 对；全部茎叶两面明显异色，被蛛丝状薄绵毛；茎翼边缘齿裂，齿顶及齿缘有浅褐色的针刺，上部的茎翼常为针刺状。【花】头状花序花序梗极短，通常 3~5 个集生于分枝顶端或茎端；总苞卵圆形，总苞片多层，覆瓦状排列，向内层渐长；小花红色或紫色，长 1.5 cm，檐部 5 深裂，裂片线形，细管部长 7 mm。【果实】瘦果稍压扁，楔状椭圆形，冠毛多层，白色或污白色。

【花期】	6—7 月
【果期】	7—8 月
【生境】	田间、路旁、山坡、荒地及河岸
【分布】	东北地区广泛分布

丝毛飞廉植株

丝毛飞廉果实

丝毛飞廉花序

丝毛飞廉花序（白色）

丝毛飞廉花序（深粉色）

蓟属 *Cirsium*

莲座蓟 *Cirsium esculentum*

【外观】多年生草本。【根茎】无茎，茎基粗厚，生多数不定根。【叶】莲座状叶丛的叶全形倒披针形或椭圆形或长椭圆形，长6~21 cm，宽2.5~7 cm，羽状半裂、深裂或几全裂，基部渐狭成有翼的长或短叶柄，柄翼边缘有针刺或3~5个针刺组合成束；侧裂片4~7对，中部侧裂片稍大。【花】头状花序5~12个集生于茎基顶端的莲座状叶丛中；总苞钟状，总苞片约6层，覆瓦状排列，向内层渐长，全部苞片无毛；小花紫色，花冠长2.7 cm，檐部长1.2 cm，不等5浅裂，细管部长1.5 cm。【果实】瘦果淡黄色，楔状长椭圆形，压扁；冠毛多层，基部连合成环，整体脱落；冠毛刚毛长羽毛状。

【花期】	8月
【果期】	9月
【生境】	低湿草甸、草甸草原及山坡湿草地
【分布】	辽宁西部、内蒙古东部

莲座蓟果实

莲座蓟花序（粉色）

莲座蓟植株

莲座蓟花序（紫色）

刺儿菜 *Cirsium arvense* var. *integrifolium*

【别名】大蓟、刻叶刺菜。【外观】多年生草本。【根茎】茎直立，高 50~150 cm，上部有分枝。【叶】基生叶和中部茎叶椭圆形、长椭圆形或椭圆状倒披针形，通常无叶柄，长 7~15 cm，宽 1.5~10 cm，上部茎叶渐小，叶缘有细密的针刺，针刺紧贴叶缘；全部茎叶两面同色，绿色或下面色淡。【花】头状花序单生茎端；总苞卵形、长卵形或卵圆形，总苞片约 6 层，覆瓦状排列，向内层渐长，顶端有针刺；小花紫红色或白色，雌花花冠长 2.4 cm，檐部长 6 mm，细管部细丝状，两性花花冠长 1.8 cm，檐部长 6 mm，细管部细丝状。【果实】瘦果淡黄色，椭圆形或偏斜椭圆形，压扁；冠毛污白色，多层，冠毛刚毛长羽毛状，顶端渐细。

刺儿菜花序（粉红色）

【花期】	7—8 月
【果期】	8—9 月
【生境】	草甸草原、湿草甸子、林缘、灌丛及路旁
【分布】	东北地区广泛分布

刺儿菜居群

刺儿菜花序 (淡粉色)

刺儿菜花序 (白色)

火媒草花序（白色）

火媒草花序

猬菊属 *Olgaea*

火媒草 *Olgaea leucophylla*

【别名】鳍蓟菊、鳍蓟、白山蓟。【外观】多年生草本；高15~80 cm。【根茎】根粗壮，直伸；茎直立，粗壮。【叶】基部茎叶长椭圆形，长12~20 cm，侧裂片7~10对，宽三角形、偏斜三角形或半圆形；全部裂片边缘及刺齿顶端有褐色或淡黄色的针刺，较长；茎叶沿茎下延成茎翼，两面异色。【花】头状花序多数或少数单生茎枝顶端；总苞钟状，总苞片多层，多数，不等长，向内层渐长；小花紫色或白色，花冠长3.3 cm，外面有腺点，檐部长1.5 cm，不等大5裂。【果实】瘦果长椭圆形，稍压扁，浅黄色，有棕黑色色斑；冠毛浅褐色，多层，冠毛刚毛细糙毛状。

【花期】	7—8 月
【果期】	9—10 月
【生境】	草甸草原、固定沙丘及干草地
【分布】	吉林西部、内蒙古东部

火媒草植株

火媒草群落

猬菊花序

猬菊植株

猬菊 *Olgaea lomonosowii*

【外观】多年生草本；茎 15~60 cm。【根茎】根直伸；茎单生，有条棱，被棕褐色残存的叶柄，枝灰白色，被密厚绒毛或变稀毛。【叶】基生叶长椭圆形，长 8~20 cm，宽 4~7 cm，羽状浅裂或深裂，向基部渐狭成长或短叶柄，柄基扩大；侧裂片 4~7 对，全部裂片边缘及顶端有浅褐色针刺；茎叶全部沿茎下延成茎翼。【花】头状花序，不形成明显的伞房花序式排列；总苞大，钟状或半球形，总苞片多层，多数，不等长，向内层渐长，外层与中层线状长三角形，内层与最内层与中外层同形；小花紫色，花冠长 3 cm，檐部均等 5 裂，裂片线形。【果实】瘦果楔状倒卵形，顶端截形，果缘边缘浅波状，基底着生面稍见偏斜；冠毛多层，褐色，冠毛刚毛糙毛状。

【花期】	7—8 月
【果期】	9—10 月
【生境】	草甸草原及向阳干燥山坡
【分布】	吉林西部、内蒙古东部

漏芦属 *Rhaponticum*

漏芦 *Rhaponticum uniflorum*

【别名】祁州漏芦。【外观】多年生草本；高 30~100 cm。【根茎】根状茎粗厚；根直伸；茎直立。【叶】基生叶及下部茎叶全形椭圆形，长椭圆形，倒披针形，长 10~24 cm，宽 4~9 cm，羽状深裂或几全裂，有长叶柄；侧裂片 5~12 对，椭圆形或倒披针形；中上部茎叶渐小。【花】头状花序单生茎顶；总苞半球形，总苞片约 9 层，覆瓦状排列，向内层渐长；全部苞片顶端有膜质附属物，附属物宽卵形或几圆形，浅褐色；全部小花两性，管状，花冠紫红色，长 3.1 cm，细管部长 1.5 cm，花冠裂片长 8 mm。【果实】瘦果 3~4 棱，楔状，顶端有果缘，果缘边缘细尖齿，侧生着生面；冠毛褐色，多层，向内层渐长，基部连合成环，冠毛刚毛糙毛状。

漏芦植株

漏芦花序（侧）

【花期】	5—6 月
【果期】	6—7 月
【生境】	山地草原、山地森林草原地带石质干草原、草甸草原、林下及林缘
【分布】	东北地区广泛分布

风毛菊属 *Saussurea*

紫苞雪莲 *Saussurea iodostegia*

【别名】紫苞风毛菊。【外观】多年生草本；高 30~70 cm。【根茎】茎直立，带紫色。【叶】基生叶线状长圆形，长 20~35 cm，宽 1~5 cm；顶端渐尖或长渐尖，基部渐狭成长叶柄，柄基鞘状，边缘有稀疏的锐细齿；茎生叶向上渐小，无柄，基部半抱茎，边缘有稀疏的细齿；最上部茎叶苞叶状，膜质，紫色，椭圆形或宽椭圆形，包围总花序。【花】头状花序 4~7 个，在茎顶密集成伞房状总花序，有短小花梗；总苞宽钟状，直径 1~1.5 cm；总苞片 4 层，全部或上部边缘紫色，顶端钝；小花紫色，长 1.3 cm，管部长 6 mm，檐部长 7 mm。【果实】瘦果长圆形，淡褐色；冠毛 2 层，淡褐色，外层短，糙毛状，内层长，羽毛状。

【花期】	7—8 月
【果期】	8—9 月
【生境】	高山草甸
【分布】	内蒙古东部

紫苞雪莲植株（苞片紫色）

紫苞雪莲花序（苞片淡黄色）

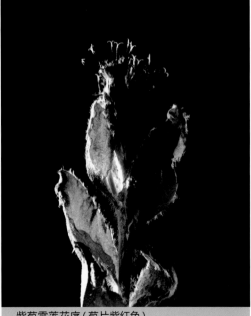

紫苞雪莲花序（苞片紫红色）

美花风毛菊植株

美花风毛菊 *Saussurea pulchella*

【别名】球花风毛菊、美丽风毛菊。【外观】多年生草本；高 25~100 cm。【叶】基生叶有柄，叶片全形长圆形或椭圆形，长 12~15 cm，宽 4~6 cm，羽状深裂或全裂，裂片线形或披针状线形，顶端长渐尖；下部与中部茎叶与基生叶同形并等样分裂；上部茎叶小。【花】头状花序多数，在茎枝顶端排成伞房花序或伞房圆锥花序；总苞球形或球状钟形，直径 1~1.5 cm；总苞片 6~7 层，全部苞片顶端有扩大的圆形红色膜质附片，附片边缘有锯齿；小花淡紫色，长 12~13 mm，细管部长 7~8 mm，檐部长 4~5 mm。【果实】瘦果倒圆锥状，黄褐色，冠毛 2 层，淡褐色，外层糙毛状，内层长，羽毛状。

【花期】	8—9 月
【果期】	9—10 月
【生境】	草原、林缘、灌丛、沟谷及草甸
【分布】	黑龙江大部、吉林（南部、东北及西部）、辽宁（东部、南部及北部）、内蒙古东部

美花风毛菊花序（纯粉色）

美花风毛菊花序（深粉色）

美花风毛菊花序（白色）

美花风毛菊花序（粉红色）

风毛菊 *Saussurea japonica*

　　【别名】日本风毛菊、八棱麻、八楞木。【外观】二年生草本；高 50~150 cm。【根茎】茎直立。【叶】基生叶与下部茎叶有叶柄，柄有狭翼，叶片全形椭圆形、长椭圆形或披针形，长 7~22 cm，宽 3.5~9 cm，羽状深裂，侧裂片 7~8 对；中部茎叶同形并等样分裂，但渐小；上部茎叶与花序分枝上的叶更小。【花】头状花序多数，在茎枝顶端排成伞房状或伞房圆锥花序，有小花梗；总苞圆柱状，总苞片 6 层，外层长卵形，顶端微扩大，紫红色，中层与内层倒披针形或线形，顶端有扁圆形的紫红色的膜质附片，附片边缘有锯齿；小花紫色，长 10~12 mm，细管部长 6 mm，檐部长 4~6 mm。【果实】瘦果深褐色，圆柱形；冠毛白色，2 层，不等长。

风毛菊花序

【花期】	8—9 月
【果期】	9—10 月
【生境】	林缘、荒地、山坡、路旁
【分布】	黑龙江大部、吉林（东部、南部及西部）、辽宁大部、内蒙古东部

风毛菊群落

草地风毛菊 *Saussurea amara*

【别名】驴耳风毛菊。【外观】多年生草本。【根茎】茎直立，高 15~60 cm。【叶】基生叶与下部茎叶有柄，叶片披针状长椭圆形、椭圆形、长圆状椭圆形或长披针形，长 4~18 cm，宽 0.7~6 cm，基部楔形渐狭；中上部茎叶渐小。【花】头状花序在茎枝顶端排成伞房状或伞房圆锥花序；总苞钟状或圆柱形，总苞片 4 层，外层披针形或卵状披针形，顶端急尖，有时黑绿色，有细齿或 3 裂，外层被稀疏的短柔毛，中层与内层线状长椭圆形或线形，外面有白色稀疏短柔毛，顶端有淡紫红色而边缘有小锯齿的扩大的圆形附片；小花淡紫色，长 1.5 cm，细管部长 9 mm，檐部长 6 mm。【果实】瘦果长圆形，有 4 肋。冠毛白色。

【花期】	8—9 月
【果期】	9—10 月
【生境】	草甸草原、湿草甸子、荒地、路边、山坡、河堤、湖边及水边
【分布】	黑龙江西部及东部、吉林西部、辽宁大部、内蒙古东部

草地风毛菊植株

草地风毛菊花序

草地风毛菊花序(侧)

草地风毛菊群落

柳叶风毛菊花序

柳叶风毛菊 *Saussurea salicifolia*

【别名】柳叶菜风毛菊。【外观】多年生草本；高 15~40 cm。【根茎】根粗壮，纤维状撕裂；茎直立，有棱，被蛛丝毛或短柔毛。【叶】叶线形或线状披针形，长 2~10 cm，宽 3~5 mm，顶端渐尖，基部楔形渐狭，边缘全缘，常反卷，上面绿色，下面白色，被白色稠密的绒毛。【花】头状花序，在茎枝顶端排成狭窄的帚状伞房花序，或伞房花序，有花序梗；总苞圆柱状，总苞片 4~5 层，紫红色，外面被稀疏蛛丝毛，外层和中层卵形，内层线状披针形或宽线形；小花粉红色，长 1.5 cm，细管部长 8 mm，檐部长 7 mm。【果实】瘦果褐色，无毛；冠毛 2 层，白色，外层短，糙毛状，内层长，羽毛状。

【花期】	8—9 月
【果期】	9—10 月
【生境】	草甸草原及山地草原
【分布】	内蒙古东部

柳叶风毛菊植株

高岭风毛菊 *Saussurea tomentosa*

【外观】多年生草本；高 15~20 cm。【根茎】茎直立。【叶】基生叶及下部茎叶有叶柄，叶片三角状心形、三角形或三角状披针形，长 3~12 cm，宽 1~2 cm，上面绿色，下面灰白色，被稠密的白色绒毛；中上部茎叶少数，披针形或线形。【花】头状花序单生茎端，通常为 1~3 个线形苞叶所支撑；总苞钟状，总苞片 4~5 层，顶端急尖，外层卵形，中层披针状椭圆形，内层披针形或长椭圆状披针形；小花紫色，长 1.2 cm，细管部与檐部各长 6 mm。【果实】瘦果圆柱状，肉红色，有肋；冠毛 2 层，浅褐色，外层短，糙毛状，内层长，羽毛状。

【花期】	7—8 月
【果期】	8—9 月
【生境】	亚高山草地和高山苔原带
【分布】	吉林东南部

高岭风毛菊植株

高岭风毛菊花序

麻花头属 *Serratula*

伪泥胡菜 *Serratula coronata*

【别名】假泥胡菜、田草。【外观】多年生草本；高 70~150 cm。【根茎】茎直立。【叶】基生叶与下部茎叶全形长圆形或长椭圆形，长达 40 cm，宽达 12 cm，羽状全裂，侧裂片 5 对，全部裂片长椭圆形；中上部茎叶与基生叶及下部茎叶同形并等样分裂，但无柄，接头状花序下部的叶有时大头羽状全裂。【花】头状花序异型，少数在茎枝顶端排成伞房花序；总苞碗状或钟状，总苞片约 7 层，覆瓦状排列，向内层渐长，全部苞片外面紫红色；边花雌性，雄蕊发育不全，中央盘花两性，有发育的雌蕊和雄蕊，全部小花紫色，雌花花冠长 2.6 cm，细管部长 1.2 cm，檐部长 1.4 cm，花冠裂片线形；两性小花花冠长 2 cm，花冠裂片披针形或线状披针形。【果实】瘦果倒披针状长椭圆形；冠毛黄褐色，冠毛刚毛糙毛状，分散脱落。

伪泥胡菜花序

【花期】	8—9 月
【果期】	9—10 月
【生境】	沼泽甸子、林缘湿地、荒地、山坡及路旁
【分布】	黑龙江大部、吉林（南部、东部及西部）、辽宁（南部、西部及北部）、内蒙古东部

伪泥胡菜植株

伪泥胡菜群落

麻花头 *Serratula centauroides*

【别名】草地麻花头、假泥胡菜。【外观】多年生草本。【根茎】茎高 40~100 cm。【叶】基生叶及下部茎叶长椭圆形，长 8~12 cm，宽 2~5 cm，羽状深裂，有叶柄；侧裂片 5~8 对，全部裂片长椭圆形至宽线形，顶端急尖；中部茎叶与基生叶及下部茎叶同形并等样分裂，但无柄或有极短的柄；上部的叶更小，5~7 羽状全缘。【花】头状花序少数，单生茎枝顶端，花序梗或花序枝伸长；总苞卵形或长卵形，总苞片 10~12 层，覆瓦状排列，向内层渐长，最内层最长；全部小花红色、红紫色或白色，花冠长 2.1 cm，细管部长 9 mm，檐部长 1.2 cm，花冠裂片长 7 mm。【果实】瘦果楔状长椭圆形；冠毛褐色或略带土红色。

【花期】	7—8 月
【果期】	8—9 月
【生境】	草甸草原、山地草原及沙丘
【分布】	黑龙江（北部、西部及东部）、吉林西部、辽宁北部及南部、内蒙古东部

麻花头植株

麻花头花序（白色）

麻花头花序

麻花头群落

山牛蒡植株

山牛蒡属 *Synurus*

山牛蒡 *Synurus deltoides*

【外观】多年生草本；高 0.7~1.5 m。【根茎】根状茎粗；茎直立，单生，粗壮。【叶】基部叶与下部茎叶有长叶柄，叶柄有狭翼，叶片心形、宽卵形或卵状三角形，不分裂，长 10~26 cm，宽 12~20 cm，边缘有三角形粗大锯齿；向上的叶渐小；全部叶上面绿色，下面灰白色，被密厚的绒毛。【花】头状花序大，下垂，生枝头顶端；总苞球形，总苞片多层多数，通常 13~15 层，外层与中层披针形，内层绒状披针形；全部苞片上部长渐尖；小花全部为两性，管状，花冠紫红色，长 2.5 cm，细管部长 9 mm，檐部长 1.4 cm，花冠裂片不等大，三角形。【果实】瘦果长椭圆形，浅褐色，顶端截形，有果缘；冠毛褐色。

【花期】	8—9 月
【果期】	9—10 月
【生境】	草甸草原、山地草原及山坡草地、林缘及林下
【分布】	东北地区广泛分布

山牛蒡花序

山牛蒡群落

山牛蒡花序(侧)

山牛蒡花序(白色)

蚂蚱腿子属 *Myripnois*

蚂蚱腿子 *Myripnois dioica*

　　【外观】落叶小灌木，高 60~80 cm。【根茎】枝多而细直，呈帚状。【叶】叶纸质，生于短枝上的椭圆形或近长圆形，生于长枝上的阔披针形或卵状披针形。【花】头状花序单生于侧枝之顶；总苞钟形或近圆筒形，直径 6~8 mm；总苞片 5 枚，长圆形或近长圆形，长 8~10 mm，顶端钝；花托小。花雌性和两性异株，先叶开放；雌花花冠紫红色，舌状，顶端 3 浅裂，两性花花冠白色，管状 2 唇形，5 裂；花药长达 6 mm；雌花花柱分枝外卷，顶端略尖，两性花的子房退化。瘦果纺锤形，长约 7 mm，密被毛。雌花冠毛丰富，多层，浅白色，两性花的冠毛少数，2~4 条，雪白色，长 7~8 mm。【果实】瘦果。

蚂蚱腿子花序（两性花）

蚂蚱腿子果实

【花期】	4—5 月
【果期】	5—6 月
【生境】	山坡、山地林缘及灌丛
【分布】	辽宁西部、内蒙古东南部

蚂蚱腿子枝条

蚂蚱腿子植株

猫耳菊属 *Hypochaeris*

猫耳菊 *Hypochaeris ciliata*

【别名】大黄菊、黄金菊、高粱菊。【外观】多年生草本。【根茎】茎直立，高 20~60 cm。【叶】基生叶椭圆形或长椭圆形或倒披针形，基部渐狭成长或短翼柄，边缘有尖锯齿或微尖齿；下部茎生叶与基生叶同形，但通常较宽；向上的茎叶较小；全部茎生叶基部平截或圆形，无柄，半抱茎；全部叶两面粗糙，被稠密的硬刺毛。【花】头状花序单生于茎端；总苞宽钟状或半球形，总苞片 3~4 层，覆瓦状排列，外层卵形或长椭圆状卵形，边缘有缘毛，中内层披针形，边缘无缘毛，顶端急尖，全部总苞片外面沿中脉被白色卷毛；舌状小花多数，金黄色。【果实】瘦果圆柱状，浅褐色，有 15~16 条稍高起的细纵肋；冠毛浅褐色，羽毛状，1 层。

【花期】	6—7 月
【果期】	8—9 月
【生境】	向阳山坡及草甸子
【分布】	东北地区广泛分布

猫耳菊花序 (纯黄色)

猫耳菊花序 (橙红色)

猫耳菊花序 (纯橙色)

猫耳菊花序 (橙黄色)

猫耳菊植株

猫耳菊群落

屋根草花序

屋根草果实

还阳参属 *Crepis*

屋根草 *Crepis tectorum*

　　【别名】还阳参。【外观】一年生或二年生草本。【根茎】根长倒圆锥状，生多数须根；茎直立，高30~90 cm。【叶】基生叶及下部茎叶全形披针状线形、披针形或倒披针形，顶端急尖，基部楔形渐窄成短翼柄，羽片披针形或线形；中部茎叶与基生叶及下部茎叶同形，等样，但无柄，基部抱茎；上部茎叶基部不抱茎，边缘全缘。【花】头状花序在茎枝顶端排成伞房花序或伞房圆锥花序；总苞钟状，总苞片3~4层，外层及最外层短，内层及最内层长，边缘白色膜质，内面被贴伏的短糙毛；舌状小花黄色，花冠管外面被白色短柔毛。【果实】瘦果纺锤形，向顶端渐狭，有10条等粗的纵肋，沿肋有指上的小刺毛；冠毛白色。

【花期】	6—7 月
【果期】	8—9 月
【生境】	田间、荒地、路旁
【分布】	黑龙江（北部、南部及东部）、吉林（东部、南部及西部）、辽宁大部、内蒙古东北部

屋根草群落

屋根草植株

宽叶还阳参 *Crepis coreana*

【别名】宽叶山柳菊。【外观】多年生草本，高 25~55 cm。【根茎】茎直立，单生。【叶】基生叶匙形或椭圆形，长 4~8 cm，宽 2~3.5 cm，边缘多少有尖齿或下侧边缘有尖齿；中部茎叶椭圆形，顶端渐尖或长渐尖；上部或最上部茎叶渐小，披针形或线形。【花】头状花序 2~3 个在茎枝顶端排成伞房花序；总苞钟状，黑色或黑绿色；总苞片 4 层，向内层渐长，全部苞片外面无毛或外面沿中脉有 1 行黑色长单毛，但无头状具柄的腺毛及星状毛；舌状小花黄色。【果实】瘦果圆柱状，大部青灰色，上部淡黄色，顶端截形，无喙，有 14 条高起的等粗的细肋；冠毛白色，微糙。

【花期】	7—8 月
【果期】	8—9 月
【生境】	亚高山草地和高山苔原带
【分布】	黑龙江南部、吉林东南部

宽叶还阳参花序（背）

宽叶还阳参花序

宽叶还阳参群落

宽叶还阳参植株

莴苣属 *Lactuca*

山莴苣 *Lactuca sibirica*

【别名】北山莴苣、西伯利亚山莴苣。【外观】多年生草本；高 30~100 cm。【根茎】茎直立。【叶】中上部茎叶多数或极多数，互生，无柄，披针形至狭线形，长 3~10 cm，宽 0.5~2 cm，基部狭楔形，顶端急尖或短渐尖，边缘全缘、几全缘或边缘有稀疏的尖犬齿；向上的叶渐小，与中上部茎叶同形并具有相似的毛被。【花】头状花序在茎枝顶端排成伞房花序或伞房圆锥花序；总苞黑绿色，钟状，总苞片 3~4 层，向内层渐长，全部总苞片顶端急尖，外面无毛，有时基部被星状毛，极少沿中脉有单毛及头状具柄的腺毛；舌状小花黄色。【果实】瘦果黑紫色，圆柱形，向基部收窄，顶端截形，有 10 条高起的等粗的细肋，无毛；冠毛淡黄色，糙毛状。

【花期】	7—8 月
【果期】	8—9 月
【生境】	草甸、山坡及林缘
【分布】	黑龙江（北部、西部及东部）、吉林（西部、中部及东部）、辽宁东部、内蒙古东部

山莴苣群落

山莴苣果实

山莴苣花序（侧）

鸦葱花序

鸦葱植株

鸦葱属 *Scorzonera*

鸦葱 *Scorzonera austriaca*

【别名】奥国鸦葱。【外观】多年生草本；高 10~42 cm。【根茎】根垂直直伸，黑褐色；茎多数，簇生，直立。【叶】基生叶线形、狭线形、线状披针形、线状长椭圆形、线状披针形或长椭圆形，长 3~35 cm，宽 0.2~2.5 cm，顶端渐尖或钝而有小尖头或急尖，向下部渐狭成具翼的长柄，柄基鞘状扩大或向基部直接形成扩大的叶鞘；茎生叶少数，2~3 枚，鳞片状、披针形或钻状披针形，基部心形，半抱茎。【花】头状花序单生茎端；总苞圆柱状，总苞片约 5 层，全部总苞片外面光滑无毛，顶端急尖、钝或圆形；舌状小花黄色。【果实】瘦果圆柱状，有多数纵肋，无脊瘤；冠毛淡黄色，与瘦果连接处有蛛丝状毛环，大部为羽毛状，羽枝蛛丝毛状，上部为细锯齿状。

【花期】	5—6 月
【果期】	7—8 月
【生境】	山坡、林下、石砾质地、草滩及河滩地
【分布】	黑龙江西部、吉林（西部、南部及东部）、辽宁大部、内蒙古东部

蒙古鸦葱植株（花淡黄色）

蒙古鸦葱植株

蒙古鸦葱 *Scorzonera mongolica*

【外观】多年生草本；高 5~35 cm。【根茎】茎多数，上部少数分枝，全部茎枝灰绿色。【叶】基生叶长椭圆形或长椭圆状披针形或线状披针形，长 2~10 cm，宽 0.4~1.1 cm，顶端渐尖，基部渐狭成柄，柄基鞘状扩大；茎生叶形变化大，与基生叶等宽或稍窄；全部叶质地厚，肉质，离基 3 出脉。【花】头状花序单生于茎端成聚伞花序状排列，含 19 枚舌状小花；总苞狭圆柱状，总苞片 4~5 层，外层小，向内渐拉长，全部总苞片外面无毛或被蛛丝状柔毛；舌状小花黄色，偶见白色。【果实】瘦果圆柱状，淡黄色，有多数高起纵肋，无脊瘤；冠毛白色，羽毛状，羽枝蛛丝毛状，纤细，仅顶端微锯齿状。

【花期】	4—5 月
【果期】	7—8 月
【生境】	盐化草甸、盐化沙地、盐碱地、干湖盆、湖盆边缘、草滩及河滩地
【分布】	黑龙江东部、辽宁南部及西部、内蒙古东部

东北鸦葱 *Scorzonera manshurica*

【别名】笔管草。【外观】多年生草本；高 12 cm。【根茎】根粗壮，倒圆锥状；茎多数，簇生于根颈顶端，茎基被稠密褐色的纤维状撕裂的鞘状残遗。【叶】基生叶线形，长达 8 cm，宽 3~4 mm，顶端急尖或长渐尖，向基部渐狭，基部鞘状扩大，鞘内被稠密的棉毛，边缘平，基部边缘有棉毛，3~5 出脉，侧脉纤细；茎生叶少数，1~3 枚，鳞片状，钻状三角形，褐色，边缘及内面有棉毛。【花】头状花序单生茎顶；总苞钟状，总苞片约 5 层，全部总苞片顶端钝或急尖，仅顶端被白色微毛；舌状小花背面带紫色，内面黄色。【果实】瘦果污黄色，圆柱状，有多数纵肋，无脊瘤，被长柔毛；冠毛污黄色，大部为羽毛状，羽枝纤细，蛛丝毛状。

【花期】	4—5 月
【果期】	5—6 月
【生境】	干燥山坡、砾石地、沙丘及干草原
【分布】	黑龙江西部及北部、吉林西部、辽宁东部及南部、内蒙古东北部

东北鸦葱花序

东北鸦葱花序（背）

东北鸦葱植株（侧）

苦苣菜属 *Sonchus*

长裂苦苣菜 *Sonchus brachyotus*

【别名】苣荬菜、北败酱。【外观】一年生草本；高 50~100 cm。【根茎】根垂直直伸，生多数须根；茎直立，有纵条纹。【叶】基生叶与下部茎叶全形卵形、长椭圆形或倒披针形，长 6~19 cm，宽 1.5~11 cm，羽状深裂、半裂或浅裂，向下渐狭；中上部茎叶与基生叶和下部茎叶同形并等样分裂，但较小；最上部茎叶宽线状披针形，接花序下部的叶常钻形；全部叶两面光滑无毛。【花】头状花序少数在茎枝顶端排成伞房状花序；总苞钟状，总苞片 4~5 层，全部总苞片顶端急尖，外面光滑无毛；舌状小花多数，黄色。【果实】瘦果长椭圆状，褐色，稍压扁，每面有 5 条高起的纵肋，肋间有横皱纹；冠毛白色，纤细，柔软，纠缠，单毛状。

【花期】	8—9 月
【果期】	9—10 月
【生境】	草原草甸、湿草地、河岸、田间、路旁及撂荒地
【分布】	东北地区广泛分布

长裂苦苣菜群落

长裂苦苣菜花序

长裂苦苣菜花序（侧）

婆罗门参属 *Tragopogon*

黄花婆罗门参 *Tragopogon orientalis*

【别名】远东婆罗门参。【外观】二年生草本，高 30~90 cm。【根茎】根圆柱状，垂直直伸。茎直立，不分枝或分枝，有纵条纹。【叶】基生叶及下部茎叶线形或线状披针形，长 10~40 cm，宽 3~24 mm，灰绿色，先端渐尖，全缘或皱波状，基部宽，半抱茎；中部及上部茎叶披针形或线形，长 3~8 cm，宽 3~10 mm。【花】头状花序单生茎顶或植株含少数头状花序，生枝端。总苞圆柱状，长 2~3 cm。总苞片 8~10 枚，披针形或线状披针形，长 1.5~3.5 cm，宽 5~10 mm，先端渐尖，边缘狭膜质，基部棕褐色。舌状小花黄色。【果实】瘦果长纺锤形，褐色，稍弯曲，长 1.5~2 cm，有纵肋，沿肋有疣状突起，上部渐狭成细喙，喙长 6~8 mm。

【花期】	5—6 月
【果期】	7—8 月
【生境】	山地草甸、干山坡、林缘及草地
【分布】	辽宁南部及东部、内蒙古东北部

黄花婆罗门参植株

黄花婆罗门参花序

黄花婆罗门参花序（侧）

71 五福花科 Adoxaceae

荚蒾属 *Viburnum*

修枝荚蒾 *Viburnum burejaeticum*

【别名】河朔绣球花、暖木条荚蒾。【外观】落叶灌木；高 2~3 m。【根茎】树皮暗灰色；当年小枝、冬芽、叶下面、叶柄及花序均被簇状短毛；二年生小枝黄白色，无毛。【叶】叶纸质，宽卵形至椭圆形或椭圆状倒卵形，长 3~10 cm，顶端尖，基部钝或圆形，两侧常不等，边缘有牙齿状小锯齿，侧脉 5~6 对，近缘前互相网结，连同中脉上面略凹陷，下面凸起；叶柄长 5~12 mm。【花】聚伞花序，第一级辐射枝 5 条，花大部生于第二级辐射枝上，萼筒矩圆筒形，无毛，萼齿三角形；花冠白色，辐状，直径约 7 mm，无毛，裂片宽卵形，长 2.5~3 mm，比筒部长近 2 倍。【果实】果实红色，后变黑色，椭圆形至矩圆形。

修枝荚蒾枝条（花期）

【花期】	5—6 月
【果期】	8—9 月
【生境】	针阔叶混交林或阔叶林内、林缘、河流附近或山坡灌丛间
【分布】	黑龙江（南部、东部及北部）、吉林南部及东部、辽宁（东部、南部及西部）

修枝荚蒾枝条（果期）

朝鲜荚蒾 *Viburnum koreanum*

【外观】落叶灌木；高 1~2 m。【根茎】幼枝绿褐色，后变灰褐色；冬芽有 1 对合生的外鳞片。【叶】叶纸质，近圆形或宽卵形，长 6~13 cm，宽 5~10 cm，浅 2~4 裂，具掌状 3~5 出脉，基部圆形、截形或浅心形，近叶柄两侧各有腺体 1 枚，裂片顶端锐尖，边缘有不规则牙齿，下面有微细腺点，脉上和脉腋有带黄色长柔毛；叶柄基部有 2 钻形托叶。【花】复伞形聚伞花序生于具 1 对叶的短枝之顶，有花 5~30 枚，总花梗纤细，第一级辐射枝 5~7 条，花直接生其上，花梗甚短；萼齿三角形，无毛；花冠乳白色，辐状，直径 6~8 mm；雄蕊极短，花药黄白色。【果实】果实黄红或暗红色，近椭圆形。

朝鲜荚蒾花序

【花期】	6—7 月
【果期】	8—9 月
【生境】	针叶林、岳桦林中及林缘
【分布】	黑龙江南部、吉林东部及南部

朝鲜荚蒾植株

鸡树条 *Viburnum opulus* subsp. *calvescens*

【别名】鸡树条荚蒾、天目琼花。【外观】落叶灌木；高
2~3 m。【根茎】树皮灰褐色，有纵条及软木层；小枝褐色至赤褐色，
有明显条棱，光滑无毛。【叶】叶对生，阔卵形至卵圆形，先端
3 中裂，侧裂片微外展，长 2~12 cm，宽 5~10 cm，基部圆形或截
形，先端渐尖或突尖，有掌状 3 出脉，边缘有不整齐的齿牙；叶
柄粗壮，上部有腺点，近无毛；托叶小钻形。【花】复伞形花序
生于枝梢的顶端，紧密多花，常由 6~8 出小伞序花所组成，直径
8~10 cm，外围有不孕性的辐射花白色，中央为孕性花，杯状，5 裂；
雄蕊 5 枚，花药紫色，较长，超出花冠。【果实】核果球形，鲜红色。

【花期】	6—7 月
【果期】	8—9 月
【生境】	林缘、林内、灌丛中、山坡、路旁
【分布】	黑龙江（南部、东部及北部）、吉林南部及东部、辽宁东部及南部、内蒙古东北部

鸡树条花（外侧不孕花）

鸡树条果实

鸡树条复伞形花序

鸡树条枝条

鸡树条植株

北极花花

北极花花（侧）

北极花属 *Linnaea*

北极花 *Linnaea borealis*

　　【别名】林奈花、林奈木、北极林奈草。【外观】常绿匍匐小灌木；高 5~10 cm。【根茎】茎细长，红褐色、具稀疏短柔毛。【叶】叶圆形至倒卵形，边缘中部以上具 1~3 对浅圆齿，上面疏生柔毛，下面灰白色而无毛。【花】花芳香，总花梗状着花小枝长 6~7 cm；苞片狭小，条形，微被短柔毛；花梗纤细；小苞片大小不等；萼筒近圆形，萼檐裂片狭尖，钻状披针形，被短柔毛；花冠淡红色或白色，长约 1 cm，裂片卵圆形；雄蕊着生于花冠筒中部以下，柱头伸出花冠外。【果实】果实近圆形，黄色，下垂。

【花期】	6—7 月
【果期】	8—9 月
【生境】	寒温性暗针叶林和亚高山岳桦林下的苔藓层中
【分布】	黑龙江省北部、吉林东部及南部、内蒙古北部

北极花植株

忍冬属 Lonicera

小叶忍冬 Lonicera microphylla

【别名】麻配。【外观】落叶灌木；高达 2~3 m。【根茎】幼枝无毛或疏被短柔毛，老枝灰黑色。【叶】叶纸质，倒卵形、倒卵状椭圆形至椭圆形或矩圆形，有时倒披针形，长 5~22 mm，顶端钝或稍尖，有时圆形至截形而具小凸尖，基部楔形；叶柄很短。【花】总花梗成对生于幼枝下部叶腋，稍弯曲或下垂；苞片钻形，相邻两萼筒几乎全部合生，无毛，萼檐浅短，环状或浅波状，齿不明显；花冠黄色或白色，长 7~14 mm，外面疏生短糙毛或无毛，唇形，唇瓣长约等于基部一侧具囊的花冠筒，上唇裂片直立，矩圆形，下唇反曲。【果实】果实红色或橙黄色，圆形。

小叶忍冬枝条

小叶忍冬花

【花期】	5—6 月
【果期】	8—9 月
【生境】	干旱多石山坡、草地、灌丛中、河谷疏林下及林缘
【分布】	内蒙古东部

小叶忍冬植株

小叶忍冬花（侧）

小叶忍冬果实

忍冬 *Lonicera japonica*

【别名】金银花。【外观】半常绿藤本。【根茎】枝条褐色至赤褐色，密被黄褐色、开展的硬直糙毛、腺毛和短柔毛。【叶】叶纸质，卵形至矩圆状卵形，有时卵状披针形，稀圆卵形或倒卵形，长 3~9.5 cm，顶端尖或渐尖，基部圆或近心形；叶柄长 4~8 mm。【花】总花梗通常单生于小枝上部叶腋；苞片大，叶状，卵形至椭圆形；小苞片顶端圆形或截形；萼齿卵状三角形，顶端尖而有长毛，外面和边缘都有密毛；花冠白色，有时基部向阳面呈微红，后变黄色，长 2~6 cm，唇形，外被多少倒生的开展或半开展糙毛和长腺毛，上唇裂片顶端钝形，下唇带状而反曲；雄蕊和花柱均高出花冠。【果实】果实圆形，熟时蓝黑色，有光泽。

【花期】	6—7 月
【果期】	8—9 月
【生境】	山坡灌丛或疏林中
【分布】	吉林南部及东部、辽宁（东部、南部及西部）

忍冬花（金黄色）

忍冬花（银白色）

忍冬植株

忍冬枝条

早花忍冬 *Lonicera praeflorens*

【外观】落叶灌木；高达 2 m。【根茎】幼枝黄褐色，疏被开展糙毛和短硬毛及疏腺。【叶】叶纸质，宽卵形、菱状宽卵形或卵状椭圆形，长 3~7.5 cm，顶端锐尖或短尖，基部宽楔形至圆形而两侧不等，两面密被绢丝状糙伏毛，下面绿白色，毛尤密，脉更明显；叶柄密被混杂的长、短开展糙毛。【花】花先叶开放，总花梗极短，被糙毛及腺；苞片宽披针形至狭卵形，初时带红色，边缘有糙睫毛及腺毛；相邻两萼筒分离，近圆形，萼檐盆状，萼齿宽卵形，有腺缘毛；花冠淡紫色，漏斗状，长约 1 cm，外面无毛，近整齐裂片矩圆形，顶端钝，反曲；雄蕊和花柱均伸出。【果实】果实红色，圆形。

早花忍冬花

【花期】	4—5 月
【果期】	5—6 月
【生境】	山坡林内及灌丛中
【分布】	黑龙江（南部、东部及北部）、吉林南部及东部、辽宁（东部、南部及西部）

早花忍冬枝条（花期）

早花忍冬枝条（果期）

北京忍冬 *Lonicera elisae*

【外观】落叶灌木；高达 3 m。【根茎】二年生小枝常有深色小瘤状突起。【叶】叶纸质，卵状椭圆形至卵状披针形或椭圆状矩圆形，长 3~12.5 cm，顶端尖或渐尖。【花】花与叶同时开放，总花梗出自二年生小枝顶端苞腋；苞片宽卵形至卵状披针形或披针形，下面被小刚毛；相邻两萼筒分离，萼檐有不整齐钝齿，其中 1 枚较长，有硬毛及腺缘毛或无毛；花冠白色或带粉红色，长漏斗状，长 1.3~2 cm，外被糙毛或无毛，筒细长，基部有浅囊，裂片稍不整齐，卵形或卵状矩圆形，长约为筒的 1/3；雄蕊不高出花冠裂片，花柱稍伸出。【果实】果实红色，椭圆形。

【花期】	4—5 月
【果期】	5—6 月
【生境】	沟谷、山坡丛林及灌丛中
【分布】	辽宁西部

北京忍冬花

北京忍冬枝条

北京忍冬花（侧）

北京忍冬果实

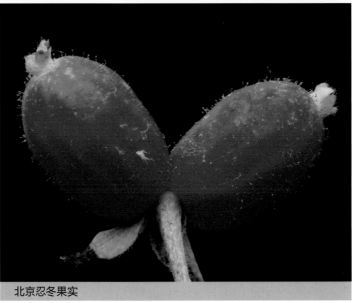

葱皮忍冬 *Lonicera ferdinandi*

【别名】波叶忍冬、秦岭忍冬、秦岭金银花。【外观】落叶灌木；高达 3 m。
【根茎】壮枝的叶柄间有盘状托叶。【叶】叶纸质或厚纸质，卵形至卵状披针
形或矩圆状披针形，长 3~10 cm，顶端尖或短渐尖，基部圆形、截形至浅心形；
叶柄和总花梗均极短。【花】苞片大，叶状，披针形至卵形；小苞片合生成坛
状壳斗，完全包被相邻两萼筒，内面有贴生长柔毛；萼齿三角形，顶端稍尖，
被睫毛；花冠白色，后变淡黄色，长 1.3~2 cm，外面密被反折短刚伏毛、开展
的微硬毛及腺毛，内面有长柔毛，唇形，基部一侧肿大，上唇浅 4 裂，下唇细
长反曲。【果实】果实红色，卵圆形，外包以撕裂的壳斗，各内含 2~7 颗种子。

葱皮忍冬花（金黄色）

葱皮忍冬花（银白色）

【花期】	5—6 月
【果期】	9—10 月
【生境】	向阳山坡林中或林缘灌丛中
【分布】	黑龙江南部、吉林南部、辽宁东部及南部

葱皮忍冬枝条

葱皮忍冬果实

葱皮忍冬植株

金银忍冬枝条（花期）

金银忍冬 *Lonicera maackii*

【别名】马氏忍冬。【外观】落叶灌木；高达6m。【根茎】茎干直径达10 cm。【叶】叶纸质，形状变化较大，通常卵状椭圆形至卵状披针形，长5~8 cm，顶端渐尖或长渐尖，基部宽楔形至圆形；叶柄长2~8 mm。【花】花芳香，生于幼枝叶腋，总花梗短于叶柄；苞片条形，有时条状倒披针形而呈叶状；小苞片多少连合成对，顶端截形；相邻两萼筒分离，萼檐钟状，干膜质，萼齿宽三角形或披针形，不相等，顶尖，裂隙约达萼檐之半；花冠先白色后变黄色，长1~2 cm，外被短伏毛或无毛，唇形，筒长约为唇瓣的1/2；雄蕊与花柱长约达花冠的2/3。【果实】果实暗红色，圆形。

【花期】	5—6 月
【果期】	9—10 月
【生境】	林缘、灌丛间、荒山坡及河岸湿润地
【分布】	黑龙江（南部、东部及北部）、吉林东部及南部、辽宁大部

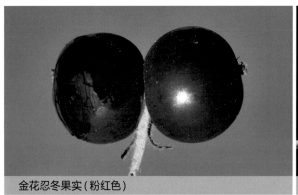

金花忍冬果实（粉红色）

金银忍冬果实（鲜红色）

金银忍冬（果期）

金银忍冬花

金花忍冬 *Lonicera chrysantha*

【别名】黄花忍冬、黄金忍冬。【外观】落叶灌木；高达 4 m。【根茎】冬芽卵状披针形，鳞片 5~6 对，外面疏生柔毛，有白色长睫毛。【叶】叶纸质，菱状卵形、菱状披针形、倒卵形或卵状披针形，长 4~12 cm，顶端渐尖或急尾尖，基部楔形至圆形，两面脉上被直或稍弯的糙伏毛，中脉毛较密。【花】总花梗细，苞片条形或狭条状披针形，常高出萼筒；小苞片分离，卵状矩圆形、宽卵形、倒卵形至近圆形，相邻两萼筒分离，常无毛而具腺，萼齿圆卵形、半圆形或卵形，顶端圆或钝；花冠先白色后变黄色，长 0.8~2 cm，外面疏生短糙毛，唇形，唇筒内有短柔毛，基部有 1 深囊或有时囊不明显。【果实】果实红色，圆形。

【花期】	5—6 月
【果期】	8—9 月
【生境】	沟谷、林下、林缘及灌丛中
【分布】	黑龙江（北部、东部及南部）、吉林东部及南部、辽宁（东部、南部及西部）、内蒙古东北部

金花忍冬果实

金花忍冬花

金花忍冬植株

长白忍冬 *Lonicera ruprechtiana*

【别名】辽吉金银花。【外观】落叶灌木；高达 3 m。【根茎】冬芽约有 6 对鳞片。【叶】叶纸质，矩圆状倒卵形、卵状矩圆形至矩圆状披针形，长 3~10 cm，顶渐尖或急渐尖，基部圆至楔形或近截形，叶柄长 3~8 mm。【花】总花梗疏被微柔毛；苞片条形，长超过萼齿，被微柔毛；小苞片分离，圆卵形至卵状披针形；相邻两萼筒分离，萼齿卵状三角形至三角状披针形，干膜质；花冠白色，后变黄色，外面无毛，筒粗短，长 4~5 mm，内密生短柔毛，基部有 1 深囊，唇瓣长 8~11 mm，上唇两侧裂深达 1/2~2/3 处，下唇长约 1 cm，反曲。【果实】果实橘红色，圆形。

【花期】	5—6 月
【果期】	8—9 月
【生境】	阔叶林下、林缘及路旁
【分布】	黑龙江（北部、东部及南部）、吉林东部及南部、辽宁（东部、南部及西部）

长白忍冬枝条

长白忍冬花（黄色）

长白忍冬植株

缬草属 Valeriana

缬草 Valeriana officinalis

【别名】欧缬草、兴安缬草、互叶缬草。【外观】多年生高大草本；高可达 100~150 cm。【根茎】根状茎粗短呈头状，须根簇生；茎中空，有纵棱，被粗毛，尤以节部为多，老时毛少。【叶】匍枝叶、基出叶和基部叶在花期常凋萎；茎生叶卵形至宽卵形，羽状深裂，裂片 7~11 枚；中央裂片与两侧裂片近同形同大小，裂片披针形或条形，顶端渐窄，基部下延，全缘或有疏锯齿，两面及柄轴多少被毛。【花】花序顶生，成伞房状三出聚伞圆锥花序；小苞片中央纸质，两侧膜质，长椭圆状长圆形、倒披针形或线状披针形，先端芒状突尖，边缘多少有粗缘毛；花冠淡紫红色或白色，长 4~6 mm，花冠裂片椭圆形。【果实】瘦果长卵形，基部近平截。

缬草花

缬草花序

【花期】	6—7 月
【果期】	8—9 月
【生境】	山坡草地、草甸、草甸草原、山地草原及湿草甸
【分布】	黑龙江（北部、东部及南部）、吉林（东部、南部及西部）、辽宁（东部、南部及西部）、内蒙古东部

缬草群落

败酱属 *Patrinia*

败酱 *Patrinia scabiosifolia*

【别名】黄花龙牙、黄花败酱、败酱草。【外观】多年生草本；高
30~200 cm。【根茎】根状茎横卧或斜生；茎直立。【叶】基生叶丛生，花时枯落，
卵形、椭圆形或椭圆状披针形，不分裂或羽状分裂或全裂；茎生叶对生，宽卵
形至披针形，长 5~15 cm，常羽状深裂或全裂具 2~5 对侧裂片，顶生裂片卵形、
椭圆形或椭圆状披针形，上部叶渐变窄小。【花】花序为聚伞花序组成的大型
伞房花序，顶生，具 5~7 级分枝；总苞线形，甚小；苞片小；花小；花冠钟形，
黄色，冠筒长 1.5 mm，上部宽 1.5 mm，花冠裂片卵形；雄蕊 4 枚，花丝不等
长。【果实】瘦果长圆形，具 3 棱，内含 1 椭圆形、扁平种子。

【花期】	7—8 月
【果期】	8—9 月
【生境】	湿草地、林缘草甸、林间草地、路边及田边
【分布】	东北地区广泛分布

败酱群落

败酱果实　　　　　　　　　　　败酱花序　　　　　　　　　　　败酱花

岩败酱花

岩败酱果实

岩败酱 *Patrinia rupestris*

【外观】多年生草本；高 20~100 cm。【根茎】根状茎稍斜升；茎多数丛生。【叶】基生叶开花时常枯萎脱落；茎生叶长圆形或椭圆形，长 3~7 cm，羽状深裂至全裂，通常具 3~6 对侧生裂片，裂片条形、长圆状披针形或条状披针形，顶生裂片常全裂成 3 个条形裂片或羽状分裂。【花】花密生，顶生伞房状聚伞花序具 3~7 级对生分枝，萼齿 5 枚；花冠黄色，漏斗状钟形，盛开时直径 3~5.5 mm，花冠裂片长圆形、卵状椭圆形、卵状长圆形、卵形或卵圆形；花药长圆形，近蜜囊 2 花丝，子房圆柱状。【果实】瘦果倒卵圆柱状。

【花期】	7—8 月
【果期】	8—9 月
【生境】	石质丘陵坡地石缝或较干燥的阳坡草丛中
【分布】	黑龙江（北部、东部及南部）、吉林东部及南部、辽宁（东部、南部及北部）、内蒙古东部

岩败酱植株

岩败酱群落

蓝盆花花序（淡粉色）

蓝盆花果实

蓝盆花属 *Scabiosa*

蓝盆花 *Scabiosa comosa*

【外观】多年生草本；高30~60 cm。【根茎】根粗壮，木质。【叶】基生叶簇生，连叶柄长 10~15 cm，叶片卵状披针形或窄卵形至椭圆形；茎生叶对生，羽状深裂至全裂，侧裂片披针形，长 1.5~2.5 cm，宽 3~4 mm，叶柄短或向上渐无柄；近上部叶羽状全裂。【花】头状花序在茎上部成三出聚伞状，花时扁球形，直径 2.5~4 cm；总苞苞片 10~14 枚，披针形，花托苞片披针形，小总苞果时方柱状，具 8 条肋；萼 5 裂，刚毛状；边花花冠二唇形，蓝紫色，裂片 5 枚，不等大，上唇 2 裂片较短，长 3~4 mm，下唇 3 裂，中裂片最长达 1 cm。【果实】瘦果椭圆形，果脱落时花托成长圆棒状。

【花期】	7—8 月
【果期】	9 月
【生境】	山坡、林缘、草地、沙质草原及草甸草原
【分布】	黑龙江大部、吉林（西部、东部及南部）、辽宁大部、内蒙古东部
【附注】	本区尚有 1 变型：白花蓝盆花，花白色，其他与原种同

蓝盆花群落

蓝盆花植株

蓝盆花花序（紫色）

蓝盆花花序（藕荷色）

白花蓝盆花 f. *albiflora*

蓝盆花花序（乳白色）

蓝盆花花序（纯白色）

锦带花枝条

锦带花属 *Weigela*

锦带花 *Weigela florida*

【别名】连萼锦带花。【外观】落叶灌木；高达 1~3 m。【根茎】树皮灰色。【叶】叶矩圆形、椭圆形至倒卵状椭圆形，长 5~10 cm，顶端渐尖，基部阔楔形至圆形，边缘有锯齿，上面疏生短柔毛，脉上毛较密，下面密生短柔毛或绒毛。【花】花单生或成聚伞花序生于侧生短枝的叶腋或枝顶；萼筒长圆柱形，疏被柔毛，萼齿不等长，深达萼檐中部；花冠紫红色或玫瑰红色，长 3~4 cm，直径 2 cm，外面疏生短柔毛，裂片不整齐，开展，内面浅红色；花丝短于花冠，花药黄色；子房上部的腺体黄绿色，花柱细长，柱头 2 裂。【果实】果实长 1.5~2.5 cm，顶有短柄状喙，疏生柔毛。

【花期】	5—6 月
【果期】	7—8 月
【生境】	杂木林下、山地灌丛中或石砬子上
【分布】	吉林南部及东部、辽宁（东部、南部及西部）、内蒙古东南部
【附注】	本区尚有 1 变型：白锦带花，花冠白色，其他与原种同

锦带花花（粉色）

锦带花果实

锦带花花（红色）

锦带花植株

锦带花花（杂色）

白锦带花 f. *alba*

白锦带花枝条

白锦带花花

当归属 *Angelica*

黑水当归 *Angelica amurensis*

【别名】朝鲜白芷、黑龙江当归。【外观】多年生草本。【根茎】根圆锥形，有数个枝根，外皮黑褐色；茎高 60~150 cm，中空。【叶】基生叶有长叶柄；茎生叶二至三回羽状分裂，叶片轮廓为宽三角状卵形，长 15~25 cm，宽 20~25 cm，有一回裂片 2 对；叶柄基部膨大成椭圆形的叶鞘，末回裂片卵形至卵状披针形，急尖，上表面深绿色，下表面带苍白色，最上部的叶生于膨大的叶鞘上。【花】复伞形花序；花序梗长 6~20 cm；伞辐 20~45；小总苞片 5~7 枚，披针形，膜质；小伞形花序有花 30~45 枚；花白色，萼齿不明显；花瓣阔卵形，长近 1 mm，顶端内曲。【果实】果实长卵形至卵形，背棱隆起，线形。

【花期】	7—8 月
【果期】	8—9 月
【生境】	河谷湿地、林间草地、林缘灌丛及林间路旁
【分布】	黑龙江北部及东部、吉林东部及南部、辽宁东部、内蒙古东北部

黑水当归群落

黑水当归小伞形花序

黑水当归小伞形花序（背）

黑水当归复伞形花序

朝鲜当归 *Angelica gigas*

【别名】大当归、紫花芹。【外观】多年生高大草本；高 1~2 m。
【根茎】根颈粗短；根圆锥形，有支根数个；茎粗壮，中空，紫色，有
纵深沟纹。【叶】叶二至三回三出式羽状分裂，叶片轮廓近三角形，长
20~40 cm，叶柄基部渐成抱茎的狭鞘；末回裂片长圆状披针形，基部楔形，
顶端尖或渐尖，边缘有不整齐的锐尖锯齿或重锯齿；上部的叶简化成囊
状膨大的叶鞘，顶端有细裂的叶片，外面紫色。【花】复伞形花序近球形，
伞辐 20~45；总苞片 1 至数片，膨大成囊状，深紫色；小伞形花序密集
成小的球形；小总苞数片，紫色；萼齿不明显；花瓣倒卵形，深紫色；
雄蕊暗紫色。【果实】果实卵圆形，黄褐色，背棱隆起，肋状，侧棱翅状。

【花期】	7—8 月
【果期】	8—9 月
【生境】	山地林内溪流旁及林缘湿草地
【分布】	黑龙江南部、吉林南部及东部、辽宁东部及南部

朝鲜当归花序

朝鲜当归小伞形花序

朝鲜当归植株

中文名索引

学名索引

D

主要参考文献

［1］ 中国科学院中国植物志编辑委员会 . 中国植物志 1-80 卷 [M]. 北京 : 科学出版社 . 1959—2004.

［2］ 周以良 . 黑龙江植物志 3-11 卷 [M]. 哈尔滨 : 东北林业大学出版社，2002.

［3］ 李书心 . 辽宁植物志 1-2 卷上下册 [M]. 沈阳 : 辽宁科学技术出版社，1988 .

［4］ 马毓泉 . 内蒙古植物志 1-8 卷 [M]. 呼和浩特 : 内蒙古人民出版社，1977—1985 .

［5］ 傅立国，陈潭清，郎楷永 . 中国高等植物 3-13 卷 [M]. 青岛 : 青岛出版社，2001.

［6］ 周繇，朱俊义，于俊林 . 中国长白山观赏植物彩色图志 [M]. 长春 : 吉林教育出版社，2006.

［7］ 周繇 . 中国长白山植物资源志 [M]. 北京 : 中国林业出版社，2010.

［8］ 周繇，朱俊义，于俊林 . 中国长白山食用植物彩色图志 [M]. 北京 : 科学出版社，2011.

［9］ 周繇 . 东北珍稀濒危植物彩色图志 [M]. 哈尔滨 : 东北林业大学出版社，2016.

［10］ 周繇 . 东北树木彩色图志 [M]. 哈尔滨 : 东北林业大学出版社，2018.

［11］ 周繇 . 东北湿地植物彩色图志 [M]. 哈尔滨 : 东北林业大学出版社，2019.

［12］ 周繇 . 中国东北药用植物资源图志 [M]. 哈尔滨 : 黑龙江科学技术出版社，2021.

［13］ 曹伟，李冀云 . 长白山植物垂直分布 [M]. 沈阳 : 东北大学出版社，2003.

［14］ 曹伟，李冀云 . 大兴安岭植物区系与分布 [M]. 沈阳 : 东北大学出版社，2004.

［15］ 李敏，周繇 . 东北野外观花手册 [M]. 郑州 : 河南科学技术出版社，2015.

［16］ 周繇 . 吉林长白山观花手册 [M]. 北京 : 化学工业出版社，2019.

［17］ 周繇 . 黑龙江大兴安岭观花手册 [M]. 北京 : 化学工业出版社，2019.

后 记

　　这是一个伟大的"读图时代"，出版彩色图书已经成为许多作者追求的一种时尚。在这样的态势下，我也多次产生了出书的冲动，甚至多次梦到自己签名售书的情景。坦率地说：我也想在历史的长河中留下自己亮显的名字；也想以一种敢为人先的精神，出版一本《东北野花生态图鉴》。可是当我真正拿起笔来的时候，我又变得犹豫不决了，逐步发现自己在专家面前，还显得特别稚嫩，还是一位懵懂的少年，甚至可以说是一个蹒跚学步的孩子。每当夜深人静的时候，我常常扪心自问：我拍摄的照片能够达到植物学家要求的标准吗？能够满足出版社编辑提出的清晰、漂亮、鲜活、生动的要求吗？能够担负起传承大东北观赏植物文化的使命吗？能够给后人留下一份有价值的参考资料吗？带着这么多疑问，我一步一步地艰难走来，历经了无数个日日夜夜的野外科考和煎熬，还有长年累月对照片的遴选及对文字的斟酌和推敲，全书的杀青工作终于完成。

　　有一位哲人曾经说过："写书大致可以分为用口写、用手写、用心写、用泪写及用命写五种类型。"我不知道我属于哪种类型，但至少在漫长的科考中，我已经遭遇过七次车祸！此外还有野外迷路、山体滑坡、雷电袭击、棕熊追赶、蜱虫叮咬、马蜂围剿、毒蛇攻击、洪水咆哮、地雷爆炸（一些不法分子用于猎杀黑熊、马鹿及野猪的装置，通常埋藏在地下，一旦被动物踩上，就会引爆炸响）、野狼觊觎、虎豹恐吓、恶人抢劫及湿地下陷等，不一而足。有时候，我自己胡乱猜测：是不是生活在有意捉弄我，或者是通过各种方式在考验我的耐力，磨砺我的意志，考核我的信心，检验我的品格，抽查我的觉悟；是不是对我特别恩赐，让我有更多的机会将拍摄照片以著作形式把大东北的野花以最佳的状态留给后代，推介给世界。当我看到重庆大学出版社编辑呕心沥血精心排版好的书稿时，我诚惶诚恐、忐忑不安，在书房里徘徊踌躇，甚至茶饭无心，夜不能寐，就像面临一次改变人生的大考一样，心情变得特别焦急——不知道王文采院士能否为我作序，不知道广大读者能否感到满意。

　　记得有一位长者说过："大人物干一件小事容易，小人物干一件大事困难。"这句话说得特别有道理，至少在我身上得到了很好的验证。我是一名初级的植物爱好者，因为家庭和时代的原因，一直没有受过良好的高等教育。可以说，我普通得就像荒野中的一棵弱不禁风的小草。而出版《东北野花生态图鉴》要拍摄大量极具强大视觉冲击力的照片，这一方面是

对东北野花做最好的诠释、解读及展现，另一方面使出版的著作在保证知识性、科学性及普及性的前提下，更具有观赏性和收藏性，更能彰显东北野花独特的神韵和魅力。多年来，我凭着自己对黑土地的热恋、对家乡野花的挚爱、对事业的执着及一颗赤诚的拳拳爱国之心，靠着双脚穿行在遮天蔽日的茫茫长白林海，跋涉在险象环生的广袤三江湿地，徒步在蚊虫猖獗的辽阔呼伦贝尔草原，翻越在棕熊出没的巍巍大兴安岭，行走在热浪滚滚的浩瀚浑善达克沙漠……我前后共拍摄了 15 余万张野花照片，为最终出版《东北野花生态图鉴》打下了坚实的基础，完成了对东北野生观赏植物 95% 以上的覆盖。

　　野外考察是一种极其艰苦的工作，它具有极大的艰巨性、危险性和不可确定性。永远是给人一种蓬头垢面、满腿泥浆、衣衫褴褛的印象。尽管征途漫漫，困难重重，但我还是痴心不改、恪守承诺、坚定信念、顽强拼搏，不仅要随时留心死神的光临，而且还要默默承受孤独与寂寥。实话实说，我能坚持常态化科考数十年，主要是有幸得到许多好心人的无私帮助。他们千方百计帮我排忧解难，尽最大努力保证我的人身安全（派专人陪护，防止棕熊、黑熊、野狼、野猪及东北虎伤人），降低考察野花的成本，鉴定和甄别一些疑难物种，改善和提高我的交通条件，提供有价值的野花分布具体信息，整洁我的居住环境，滋补我羸弱透支的身体。他们的善举，他们眼里期望的目光，他们心里焦灼的等待，都化为了人世间的大仁大爱和无穷的动力，鞭策着我不忘初心，砥砺前行。从某种意义上讲，《东北野花生态图鉴》的顺利出版，不是我一个人的成绩，而是大家智慧的结晶和共同努力的结果。我只不过是一个载体，实现他们的宏伟目标而已。在这里，请允许我再一次地向多年来帮助我的好心人道一声：谢谢！祝好人一生平安！

《东北野花生态图鉴》一书，全面、细致、翔实、系统、科学地反映出了东北地区野花资源。尤其是利用先进的数码摄影技术，弥补了前人手绘线描的不足。一张张鲜活的照片占据了 80% 的版面，极大地满足了人们在视觉上的需求。为了保证拍摄照片的质量，使整个画面具有更好的立体感、画面感、质感、柔和度及厚重感，我背着几十斤重的摄影包在怪石嶙峋的山崖上攀登。特别是在拍摄植物群落的时候，为了使整个画面具有丰富的色彩和多种植物信息，我都要在陡峭的山峰上，在泥泞的沼泽中，在滚烫的沙地上，在冰冷的河流里，在阴森的密林下，在齐腰的草甸里，在云雾缥缈的晨曦，在漫天晚霞的黄昏，在赤日炎炎的正午……不怕蚊子疯狂地叮咬，不怕水蛭贪婪地吸血，不怕野狼恣意地嗥叫，不怕棕熊拼命地恐吓，不怕骄阳火辣辣地烘烤，不怕凉水冰得两腿麻木……我总像一座雕像久久地伫立在那里，寻找最佳的机会按下快门，将美丽的瞬间定格为永恒。从某种意义上讲：精美的照片不是拍下来的，而是历经无数次痛苦折磨等来的。当然，我也充分地理解这样的话："思念是一种痛，等待是一种煎熬；精彩不可复制，机遇不会再来。"

　　《东北野花生态图鉴》一书，本着少而精的理念，力争用最简短的文字突出该种植物的形态特征和识别要点。在照片方面，本着多而美的考量，尽量传递更多的植物信息，注重知识的普及性。在种类选择方面，为了能够体现出物种及科属的多样性，同一个属中，在观赏价值相同或相近的情况下，尽可能选用其他科属的植物。总之，本书在总体设计上，在保证精美、经典、精致的前提下，最大限度地降低出书的成本，便于广大植物爱好者购买、收藏和查阅。整本书的分类，本着与时俱进的想法，采用的是目前最新的 APG 植物分类系统，从而保证与现代分子生物学科研成果的同步性。

　　出版《东北野花生态图鉴》一书，是一项浩大的工程。既得到了一些植物爱好者的鼎力支持，同时，也凝聚了我参与的科技部科技基础资源调查专项"东北禁伐林区野生经济植物资源调查"项目（项目号：2019FY100500）的科考和调研成果。下面，我用一首小诗表达自己多年来对关东野花研究的执着和热爱。

考察东北野花有感

先去兴安后赤峰，关东大地任纵横。

黎明白山观罂粟，黄昏黑水赏南星。

三江湿地拍荇菜，内蒙草原摄门冬。

风餐露宿不知苦，出版图鉴乐心中。

周繇
2023年5月10日